普通高等教育生物工程"十二五"规划教材

生物安全基础

主　编　夏海林　黄新志

副主编　陈明辉　胡颂平

　　　　杜　娟　李沛波

主　审　吴晓玉

U0206610

西南交通大学出版社

·成　都·

图书在版编目（CIP）数据

生物安全基础 / 夏海林，黄新志主编. —成都：
西南交通大学出版社，2012.8（2022.7 重印）
普通高等教育生物工程"十二五"规划教材
ISBN 978-7-5643-1664-8

Ⅰ. ①生… Ⅱ. ①夏… ②黄… Ⅲ. ①生物技术 – 安
全管理 – 高等学校 – 教材 Ⅳ. ①Q81

中国版本图书馆 CIP 数据核字（2012）第 176426 号

普通高等教育生物工程"十二五"规划教材

生物安全基础

主编 夏海林 黄新志

责 任 编 辑	高　平
特 邀 编 辑	罗在伟
封 面 设 计	原谋书装
	西南交通大学出版社
出 版 发 行	（四川省成都市金牛区二环路北一段 111 号 西南交通大学创新大厦 21 楼）
发 行 部 电 话	028-87600564　028-87600533
邮 政 编 码	610031
网　　　址	http://www.xnjdcbs.com
印　　　刷	成都蜀通印务有限责任公司
成 品 尺 寸	170 mm×230 mm
印　　　张	17
字　　　数	302 千字
版　　　次	2012 年 8 月第 1 版
印　　　次	2022 年 7 月第 2 次
书　　　号	ISBN 978-7-5643-1664-8
定　　　价	32.00 元

编　委

主　编：夏海林（江西农业大学）

　　　　黄新志（江西农业大学）

主　审：吴晓玉（江西农业大学）

副主编：陈明辉（江西农业大学）

　　　　胡颂平（江西农业大学）

　　　　杜　娟（江西中科院庐山植物园）

　　　　李沛波（中山大学）

参　编：裴　刚（湖南中医药大学）

　　　　罗志华（江西农业大学）

　　　　邱　波（江西农业大学）

前　言

　　生物安全问题是当前及今后相当长时间内国内和国际社会所面临的最紧迫的问题之一。生物安全是研究如何评价和控制与农业、人类健康或生命安全及生存环境等有关的所有生物和环境风险的一门高度交叉和综合的新兴学科，涉及生命科学、农业科学、环境科学、食品科学和医学等多个学科领域。本书是从最基础的生物安全知识角度出发，通过参考并收集了国内外最新文字、图片等资料，征求同行意见，逐步形成了较为系统的生物安全基础教材，主要阐述生物安全对人类生活的各个层面的影响，重点介绍转基因生物的生物安全性、外来生物入侵的生物安全性、医药生物技术产品的生物安全性、生物技术大规模生产的生物安全性以及人类所面临的生物恐怖的生物安全性。希望本书的出版对我国生物安全领域有所帮助，对有关的研究人员、工程技术人员、管理人员、教师、研究生甚至是广大生物安全爱好者有所裨益。

　　本书第一章、第二章、第四章由夏海林编写，第三章由夏海林和黄新志共同编写，第五章由李沛波、邱波共同编写，第六章由胡颂平编写，第七章由裴刚、罗志华共同编写，第八章由杜娟编写，第十章由黄新志编写，第九章、第十一章由陈明辉编写。全书由江西农业大学生物科学与工程学院吴晓玉院长主审，霍光华副院长对本书的出版也给予了很大的支持，可贵的是江西农业大学副校长贺浩华教授在百忙中也对本书的内容提出非常有建设性的建议在此一并表示感谢。

　　为本书的出版，各位编写者倾注了极大的热情，付出了艰辛的劳动，但受学识水平所限，错误在所难免，在此恳请广大读者及专家学者不吝指正，以便修订时更正。

编　者

2012 年 5 月于江西农业大学

目　录

▶▶▶▶▶▶

第一章　绪论——生物技术与生物安全

第一节　生物安全问题产生的背景

　　生物安全问题是随着现代生物技术特别是重组 DNA 技术或基因工程技术的发展而逐渐成为全球社会关注的话题。1973 年正式建立的重组 DNA 技术使现代生物技术进入到一个全新的基因工程时代，人类从此可以按照自己的意愿设计、构建生物体，用来改造生物，并进而改造整个自然界，对人类生活和社会进步起着非常重要的作用。但也正是从此开始，重组 DNA 技术的安全性问题引发了一场又一场激烈的争论。

　　美国斯坦福大学的生物化学家 Paul Berg 教授所领导的研究小组开创了基因工程的研究先河，同时也引发了关于转基因生物潜在风险性的广泛争论。

　　20 世纪 60 年代，Berg 教授开始了对猴病毒 SV40 的研究，他设想，SV40 病毒是高等动物病毒，可通过这一病毒将外源 DNA 导入真核生物，例如，采用 SV40 病毒作为细菌 DNA 的载体，将细菌 DNA 导入高等生物。按照这种设想，Berg 和他的同事们经过艰苦的努力和繁杂的实验终于将来自细菌的一段 DNA 和 SV40 病毒的 DNA 连接起来了，获得了世界上第一个重组 DNA 分子，Berg 为此获得了诺贝尔奖。这项研究成果标志着人类跨入了一个科学的新纪元，人们可以利用现代生物技术在 DNA 水平上来改造生物体，进而可能从此改造整个世界。

　　随后，冷泉港实验室的一位年轻微生物学家 Robert Pollack 打电话给 Berg，提醒他正在研究的猴病毒 SV40 是一种小型动物的肿瘤病毒，它能将人的细胞转化为类肿瘤细胞，如果这些研究材料扩散到自然界中，并成为人类的致癌因素的话，将导致一场灾难。

　　根据一些科学家的建议，出于对基因工程技术安全性的考虑，Berg 于 1971 年秋天暂时终止了实验，没有将他得到的重组 DNA 分子去转染真核细胞。

　　1972 年春天，美国加州大学 Boyer 实验室从大肠杆菌中分离出一种限制性核酸内切酶，并命名为 ECORI，它可以在 DNA 的特定序列位置将 DNA 分子

▷▷▷▷▷

有规则地切断，切开后的 DNA 片段又可以重新连接起来。后来陆续发现了各种不同的限制性内切酶，这些发现使生物学家获得了对生物的遗传物质 DNA 进行各种基因操作的工具。从此，重组 DNA 技术得到了迅猛发展，同时，也有越来越多的人开始关注重组 DNA 可能带来的潜在危害。

当 Boyer 介绍完他与 Cohen 合作将来源不同的基因切割、拼接成基因杂合体的工作后，到会的许多生物学家感到非常兴奋。但同时，也有一批生物学家也对即将到来的大量基因工程操作表示了担忧。

1973 年，在美国新罕布什尔州举行的一次讨论核酸的会议（称为 Gordon 会议）上，许多生物学家对即将到来的重组 DNA 操作的安全问题极为担忧（当时主要考虑可能会对实验室工作人员和公众带来危害），建议成立专门委员会管理重组 DNA 研究，并制定指导性法规。

1974 年 1 月，美国斯坦福大学的生物化学教授 Paul Berg 开始筹备一个小型研讨会，并于同年 4 月在麻省理工学院召开，与会者包括 Watson、Nathans 等几位诺贝尔奖获得者。会议给出了一个报告，3 个月后该报告由美国科学院正式发表。报告总结了 Gordon 会议以来重组 DNA 技术的发展，并严肃指出此类研究如不加以限制和指导，可能带来生物危害。报告中提出下列建议：

（1）暂时禁止两类实验的进行，一类是关于制造新的、能自我复制的有潜在危险的质粒实验。这类质粒可能将抗生素的抗性转入其他微生物，或将毒性转入无毒菌。第二类是将癌基因或其他动物病毒基因与质粒或其他病毒基因相连的实验。全世界科学家都应自觉遵守，直至有合适的方法来评价和控制其可能的危害。

（2）对将动物 DNA 和质粒或噬菌体 DNA 相连的实验要慎重考虑。

（3）呼吁美国国立卫生研究院（NIH）建立一个顾问委员会，来负责评价重组 DNA 的风险性，寻找降低这种风险性的途径，制定准则来指导关于重组 DNA 的研究。

（4）在 1975 年再召开一次国际性会议，呼吁从事这方面研究的科学家重点讨论如何对待重组 DNA 分子可能带来的危害。

这次小型研讨会给世界范围内生物学的发展带来很大影响，并直接导致了阿西罗玛（Asilomar）会议的召开。

1975 年 3 月，阿西罗玛会议在美国加利福尼亚州召开，来自十几个国家共 150 多名当时的分子生物学精英们通过讨论使大家认识到，基因工程存在着潜在风险，生物安全的风险是一种综合的长期效应，它可能对其他生物和生态环境带来潜在的影响。其影响也可能在近期表现出来，也可能经过一个较长的潜伏期后才表现出来。阿西罗玛会议是第一个讨论生物技术可能引起生物风险的国际性会议，其目光长远并且采取了战略性综合的态度。大家一致认为，科学要发展，生物学要进步，应该积极地对待在进步中可能带来的风险，要努力采取一些尽可能的方法和措施来预防风险，立足于预防为主的方针，防止危害和风险，确保生物安全。这是各国科学家第一次专门讨论转基因生物安全性问题。

1975 年，阿西罗玛会议召开之后，一些国家着手开始制定有关生物安全的管理条例和法规。1976 年美国国立卫生研究院（NIH）发布的《重组 DNA 分子研究准则》成为第一个有关生物安全的法规。随后，德、法、日、澳等国也相继制定了有关重组 DNA 技术的安全操作指南或准则，经济发展合作组织（OECD）颁布了《生物技术管理条例》，欧盟颁布了《关于控制使用基因修饰微生物的指令》、《关于基因修饰生物向环境释放的指令》等。

1992 年 6 月，联合国环境与发展大会通过的《生物多样性公约》中正式提出生物安全问题。

1993 年，国际经济合作与发展组织（OECD）提出转基因食品安全性分析原则是"实质等同性"原则。即转基因食品及其成分应与市场上销售的对应食品具有实质等同性。这种等同性包括表型性状、分子特性、主营养成分及抗营养因子。

2000 年 1 月 24～29 日在加拿大蒙特利尔正式通过《生物安全议定书》。

2001 年 5 月 23 日，中国国务院第 304 号令颁布了《农业转基因生物安全管理条例》。该条例共分 8 章，分别是总则、研究与试验、生产与加工、经营、进口与出口、监督检查、罚则、附则等。

此后，生物安全管理就成为基因工程发展中必须考虑的一个重要问题。

生物安全问题的产生可由图 1.1 来概括。

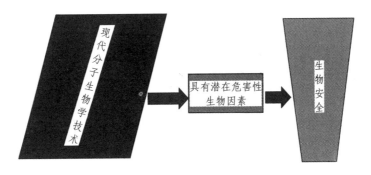

图 1.1　生物安全问题的产生

第二节 生物技术与生物安全

一、生物技术（Biotechnology）概述

生物技术（Biotechnology，BT）一词最早是由匈牙利人 Karl Ereky 于 1917 年提出的，其含义是指利用生物将原材料转变为产品的技术。

随着新技术的出现与发展，生物技术的内涵在不断扩大。20 世纪 30 年代生物技术以发酵产品为主干，40 年代抗生素工业成为生物技术产业的支柱产业，50 年代氨基酸发酵和 60 年代酶制剂工程相继出现，到 70 年代 DNA 重组技术使生物技术得到了突飞猛进的发展，并与信息技术、材料技术及能源技术共同构成了人类新的技术革命的基础，随之也赋予了生物技术更深层次的内涵。

（一）生物技术的定义

生物技术是以现代生命科学理论为基础，利用生物体及其细胞、亚细胞和分子的组成部分，结合工程学、信息学等手段开展研究及制造产品或改造动物、植物、微生物等，并使其具有所期望的品质、特性，从而为社会提供商品和服务的综合性技术体系。

因此，生物技术是一门新兴的、综合性的学科。生物技术是当代科学技术的前沿领域之一，将成为 21 世纪引发新科技革命的重要推动力量。广义的生物技术包括基因工程、细胞工程、发酵工程和酶工程、组织工程、生物信息和生物芯片等一系列生物新技术，其中，以转基因技术为代表的基因工程是基因资源利用的关键技术。

（二）生物技术三个基本要素

1. 涉及现代生命科学的基础理论和技术

现代生命科学的基础理论：遗传学、生理学、生物化学、生物物理学、细胞生物学、分子生物学、生物信息学等许多学科和分支学科。

现代生命科学的技术：重组 DNA 技术、细胞融合技术等。

生命科学涉及生物学、医学和农学等与生命有关的学科领域。其中生物学理论和技术是现代生物技术最重要的基础。

2. 应用生物材料或生物系统

生物材料：微生物、植物和动物体或者它们的器官、组织、细胞以及细胞器。

生物系统：无细胞翻译系统、酶系统等。

利用生物特有的方式，在适当的条件下，经济地制备人类所需要的生物活性物质。

☞ **无细胞翻译系统**：无细胞翻译系统指保留蛋白质生物合成能力的细胞抽取物，在非细胞环境中合成蛋白质的过程。无细胞翻译系统主要包含以下成分：核糖体、各种 tRNA、各种氨酰-tRNA 合成酶、蛋白质合成需要的起始因子和延伸因子以及终止释放因子、GTP、ATP、20 种基本的氨基酸。常见的无细胞翻译系统有：大肠杆菌无细胞翻译系统、麦胚无细胞翻译系统、兔网织红细胞无细胞翻译系统等。现已成功地用无细胞系统合成多种病毒和细菌蛋白以及多种哺乳动物蛋白，例如血红蛋白、轻链和重链免疫球蛋白、肌动蛋白、肌球蛋白等。

☞ **酶系统**：通过基因工程手段把木聚糖降解酶系统中的某个酶的基因引入大肠杆菌或合适的宿主细胞表达，可以简化酶系统纯化工作。

☞ **木聚糖降解酶系统**：主要有β-1,4-内切木聚糖酶、β-木糖苷酶、α-葡萄糖醛酸苷酶、乙酰木聚糖酯酶等，这些酶通过特定的协同机制作用于木聚糖，从而使木聚糖降解为各种单糖。

---

3. 通过一定的工程系统（生产工艺、设备等）获得产品或提供服务

通过工程学途径，规模化地制备市场需要的生物产品，如药品、细胞或 DNA 制品、组织或器官、动植物新品种、食品、饲料、肥料、试剂、材料等，以及提供能治疗预防疾病、改善自然生态环境、消除环境污染等方面的服务。

（三）生物技术应用领域

1. 农业粮食领域

世界人口快速膨胀，农业粮食领域的安全问题正是生物技术应用的直观体现。现代生物技术越来越多地运用于农业中，使农业经济达到高产、高质、高效的目的。

在基因克隆农作物的开发下，除了克隆导入抗虫害基因、抗冻基因外，也在

▶▶▶▶▶▶

增加一些农作物产品的营养价值上做出贡献，获得了一些富含其他营养物质的农作物产品，例如含有维生素 A 的稻米也已问世。在有限耕地下，克隆农作物行之有效地解决了农作物产品品质上的问题。除此之外，观赏用的花卉，也靠着组织培养的技术，将高品质的花卉复制生产，提高花卉价值，例如我国台湾的蝴蝶兰。另外，经过遗传工程技术处理，乳牛能产生凝血因子并在医学上付诸应用。

生物肥料是指主要利用微生物技术制作的肥料种类。生物肥料不仅给作物提供养料、改善品质、增强抗寒抗虫害能力、还能改善土壤的通透性、保水性、酸碱度等理性化特性，可为作物根系创造良好的生长环境，从而保证作物增产。

生物农药是利用微生物、抗生素和基因工程等产生有杀灭虫病效果的毒素物质，生产出广谱毒力强的微生物菌株制作而成的农药。它的特点是没有化学农药那样见效快，但效果持久。与化学农药比，害虫难以产生抗药性，对环境影响小，对人体和作物的危害性小，但是使用范围和方法有一定的限制。

利用生物技术可获得高产优质的畜禽产品和提高畜禽的抗病能力。首先，生物技术不仅能加快畜禽的繁殖和生长速度，而且能改良畜禽的品质，提供优质的肉、奶、蛋产品。其次，生物技术可以培育抗病的畜禽品种，减少饲养业的风险。如利用转基因的方法，培育抗病动物，可以大大减少牲畜瘟疫的发生，保证牲畜健康，从而确保人类健康。

2. 军事科技和生物反恐领域

基因工程武器简称基因武器，例如插入眼镜蛇毒液基因的流感病毒和含有炭疽病毒的大肠杆菌。基因武器的特点是生产成本低、杀伤力大、作用时间长。对方使用难发现、难预防、难治疗。使用方法简单，施放手段多，只伤害人，不破坏武器装备、设施。而且一旦使用会产生强烈的心理威慑作用。美国"9·11"恐怖事件和随后的"炭疽事件"，使大部分美国人感到，今后的生物恐怖事件可能发生，对生物恐怖事件的防卫必须予以重视。生物反恐将与公共健康系统、传统国防工业、生物技术和制药业产生紧密的联系。例如，新型抗菌素和抗病毒处理剂正在研制，以用于对付已是抗病性的病原体；一些公司研究利用单克隆抗体清除血液中的毒素；其他研制中的产品包括专用酶制剂，用于修复被有意污染的环境、快速大气监测仪、传染物诊断试剂、新的药物运送系统等。

3. 工业应用与环境保护领域

1）工业应用领域

在工业领域上，利用工业菌种的特殊代谢路径，来替代一些化学反应。除了专一性提高，也在常温常压下，节约能源。也由于专一性高，产生的废弃物量低，也因此被称为绿色工业。

生物技术在工业领域主要有以下几个方面的应用：

（1）食品方面。

首先，生物技术被用来提高生产效率，从而提高食品产量。

其次，生物技术可以提高食品质量。例如，以淀粉为原料采用固定化酶（或含酶菌体）生产高果糖浆来代替蔗糖，这是食糖工业的一场革命。

再次，生物技术还用于开拓食品种类。利用生物技术生产单细胞蛋白为解决蛋白质缺乏问题提供了一条可行之路。目前，全世界单细胞蛋白的产量已经超过 3 000 万吨，质量也有了重大突破，从主要用作饲料发展到走上人们的餐桌。

（2）材料方面。

通过生物技术构建新型生物材料，是现代新材料发展的重要途径之一。

首先，生物技术使一些废弃的生物材料变废为宝。例如，利用生物技术可以从虾、蟹等甲壳类动物的甲壳中获取甲壳素。甲壳素是制造手术缝合线的极好材料，它柔软，可加速伤口愈合，还可被人体吸收而免于拆线之苦。

其次，生物技术为大规模生产一些稀缺生物材料提供了可能。例如，蜘蛛丝是一种特殊的蛋白质，其强度大，可塑性高，可用于生产防弹背心、降落伞等用品。利用生物技术可以生产蛛丝蛋白，得到可与蜘蛛丝媲美的纤维。

再次，利用生物技术可开发出新的材料类型。例如，一些微生物能产出可降解的生物塑料，避免了"白色污染"。

（3）能源方面。

生物技术一方面能提高不可再生能源的开采率，另一方面能开发更多可再生能源。

首先，生物技术提高了石油开采的效率。

其次，生物技术为新能源的利用开辟了道路。

2）环境保护领域

当环境受到破坏，可以利用生物技术的处理方式，让环境免于第二次受害。现代生物技术建立了一类新的快速准确监测与评价环境的有效方法，主要包括利用新的指示生物、利用核酸探针和利用生物传感器。

人们分别用细菌、原生动物、藻类、高等植物和鱼类等作为指示生物，监测它们对环境的反应，便能对环境质量作出评价。核酸探针技术的出现也为环境监测和评价提供了一条有效途径。例如，用杆菌的核酸探针监测水环境中的大肠杆菌。

▷▷▷▷▷

近年来，生物传感器在环境监测中的应用发展很快。生物传感器是以微生物、细胞、酶、抗体等具有生物活性的物质作为污染物的识别元件，具有成本低、易制作、使用方便、测定快速等优点。

生物具有高度专一性，能针对特殊的污染源进行排除。例如运输原油的邮轮因事故将重油泄漏污染海域，而利用分解重油的特殊微生物菌株对重油进行分解，代谢成环境可以接受的短链脂肪酸等，排解污染。此外，土壤在遭受污染时，亦可利用特定植物吸收污染源。科学家利用基因工程技术，将一种昆虫的耐 DDT 基因转移到细菌体内，培育一种专门"吃"DDT 的细菌，大量培养，放到土壤中，土壤中的 DDT 就被"吃"得一干二净，有效解决了 DDT 对土壤的污染。

4. 医药卫生与人类健康领域

目前，医药卫生与人类健康领域是现代生物技术应用得最广泛、成绩最显著、发展最迅速、潜力也最大的一个领域。像干细胞应用于再生医学领域，如人工脏器、神经修复等；或是以蛋白质结构解析数据，对于功能性区域来开发相对应的抑制剂（如酶素抑制剂）。利用微阵列核酸芯片，或是蛋白质芯片，寻找致病基因；或是利用抗体技术，将毒素送入具有特殊标记的癌细胞；或利用基因克隆技术，进行基因治疗等。

生物技术在医药卫生与人类健康领域的应用主要体现在以下几个方面：

1）疾病预防

利用疫苗对人体进行主动免疫是预防传染性疾病的有效手段之一。注射或口服疫苗可以激活体内的免疫系统，产生专门针对病原体的特异性抗体。

20 世纪 70 年代以后，人们开始利用基因工程技术来生产疫苗。基因工程疫苗是将病原体的某种蛋白基因重组到细菌或真核细胞内，利用细菌或真核细胞来大量生产病原体的蛋白，这种蛋白即可作为疫苗。

2）疾病诊断

生物技术的开发应用，提供了新的诊断技术，特别是单克隆抗体诊断试剂和 DNA 诊断技术的应用，使许多疾病特别是肿瘤、传染病在早期就能得到准确诊断。单克隆抗体以它明显的优越性得到迅速的发展，全世界研制成功的单克隆抗体有上万种，主要用于临床诊断、治疗试剂、特异性杀伤肿瘤细胞等。有的单克隆抗体能与放射性同位素、毒素和化学药品连接在一起，用于癌症治疗，它能准确地找到癌变部位，杀死癌细胞，有"生物导弹"、"肿瘤克星"之称。

DNA 诊断技术是利用重组 DNA 技术，直接从 DNA 水平作出人类遗传性疾病、肿瘤、传染性疾病等多种疾病的诊断。它具有专一性强、灵敏度高、操作简便等优点。

3）疾病治疗

生物技术在疾病治疗方面主要包括提供药物、基因治疗和器官移植等方面。

利用基因工程能大量生产一些来源稀少价格昂贵的药物，减轻患者的负担。这些珍贵药物包括生长抑素、胰岛素、干扰素等等。

基因治疗利用分子生物学方法将目的基因导入患者体内，使之表达目的基因产物，从而使疾病得到治疗，这是现代医学和分子生物学相结合而诞生的新技术。基因治疗作为新疾病治疗的新手段，给一些难治疾病的治疗带来了光明。

器官移植技术向异种移植方向发展，即利用现代生物技术，将人的基因转移到另一个物种上，再将此物种的器官取出来置入人体，代替人体生病的"零件"。另外，还可以利用克隆技术，制造出完全适合于人体的器官，来替代人体"病危"的器官。

（四）生物技术研究热点和发展趋势

1. 当前生物技术发展的热点

1）转基因技术

转基因技术是当前、也是今后相当长一段时期内农业、食品、医药、能源、矿产和环境等领域生物技术产业的核心技术。农业发展面临农业生产调整结构，降低生产成本，减少化学农药和肥料使用，改进农业生态平衡等重大问题。为此，要求大大提高农作物对各种生物或非生物的逆境（病虫草害、干旱、寒冷、炎热、酸性或碱性土壤等）的抗性，向市场提供数量更多、品质更好、营养更丰富的"绿色"食品和饲料。而转基因技术可为上述目标作出关键性贡献。此外，转基因技术正在将植物和动物转变成制造药品、塑料、强力纤维等的"生物反应器"，农业将越来越多地成为人类获取纤维、化工原料、药物、可再生能源等的生产源泉。

2）基因组学技术

基因组学技术是在人类基因组计划带动下飞速发展起来的一门技术。有人预言，基因组学研究将成为整个 21 世纪生命科学发展的基石。

在医疗领域，基因组学的研究成果，不仅提供了用于研究开发基因工程药

▶▶▶▶▶▶

物的大量新基因，还将扩展到研究和开发旨在增进人类健康、提高平均寿命的新医药产业。

在农业领域，欧美相继启动了猪、牛、羊、鸡等主要畜禽的基因组计划，其重点是重要经济性状基因的定位与分析。而植物方面，在完成模式植物拟南芥和水稻基因组全序测定的基础上，玉米、大麦、小麦、油菜、西红柿、桃等一大批重要农作物基因组学研究即将启动。

设计和创造众多重要生物分子是基因组学发展的必然结果。这些分子的应用有可能使许多经济部门产生巨大的经济效益。

3）生物信息学技术

生物信息学技术以计算机为主要工具，开发各类软件，对急速增加的大量DNA 和蛋白质资料进行收集、整理、储存、提取、加工和分析研究，以便鉴定新基因、拼接测序片段、确定基因和蛋白质功能、了解生命起源、进化、遗传和发育的本质。生物信息学技术的源头，是生物基因组的 DNA 序列信息；在获得了蛋白质编码区的信息后，进行蛋白质空间结构模拟和预测；然后依据特定蛋白质的功能，进行天然生物大分子的改性和基于受体结构的药物分子设计，加速新药的发现。

生物信息学的迅速发展，预示着一场新的技术革命即将发生，并将对与人类健康、农业和环境密切相关的生物技术产业，产生重大影响。

2. 生物技术的发展趋势

植根于二十世纪五六十年代、萌发于七十年代、成长于八九十年代的现代生物技术，目前正处在空前繁荣的发展阶段。新概念、新技术、新产业不断涌现，形成了彼此之间相互依赖、相互促进、相互渗透、互动发展的格局。如人类基因组计划的实施，带动了大规模测序技术的发展，而新的测序思想的提出和高效测序仪的研制成功，又促使序列测定时间表的一再提前，从而使结构基因组研究成为现实。下一步对人类基因组这部"天书"的解读，有赖于生物信息学的研究，新基因的发现为生物芯片的研制提供必备的组件。而生物芯片则将是大规模、高通量、进行筛选最有力的工具，使功能基因组和蛋白质组的研究得以迅速发展。药物基因组则将使得每个个体预防和治疗变为现实。植物基因组的发展将大大加速分子农业产业发展的步伐。

（五）生物技术的双重性

人们通过现代生物技术能够直接操作生命遗传物质——基因，通过操作基因可以改变植物、动物、微生物和水生生物的某些生物学性状、代谢产物甚至生命活动的某些过程。这意味着人类可以在一定程度上设计、并定向改造某种生物，而这种人为改造的生物是原来自然界本来就不存在的。将这种生物释放进入到环境中后，它在环境中如何演变以及对其所存在的生态环境起什么作用，特别对其他本土生物物种和生物多样性产生何种影响都是未知问题。由于生物技术具有正负两方面的双重特性，其负效应风险具有不确定性和难预测性，因此，一般情况下，生物技术及其产物是严格受控的。但是，一旦这些人为改造的生物活体逃逸或因疏忽而进入环境，其后果可能是严重的。

现代生物技术产业是高新技术产业，对推进经济发展和社会进步将有巨大作用。生物技术在农业、医药、食品、环保、轻工业等部门会起着越来越大的作用，甚至有取代一些行业原有技术和工艺的趋势，生物技术产业可能成为 21世纪的支柱产业之一，有人甚至还认为"基因世纪"即将到来。生物技术中蕴藏着巨大商机。当前全世界已有几十种转基因植物和现代生物技术药物进入商品化生产，为一些国家带来了巨大的商业利益。但是，在生物技术迅速发展的同时，还必须冷静清醒地看到现代生物技术主要是重组 DNA 技术，而重组 DNA技术有可能给人类及生态环境带来一些潜在的、不确定性危险，造成新型生物安全问题。

二、生物安全概述

自转基因技术出现并逐渐商业化应用以来,生物安全就成为世界关注的一个热点。近些年高致病性禽流感、非典型性肺炎（SARS）、疯牛病等波及全球的疾病及"炭疽事件"等生物恐怖活动更加重了人们对生物安全的重视。

在一个特定的时空范围内，由于自然或人类活动引起的外来物种迁入，外来物种在定居、建群、繁衍、扩展的连串过程中造成对本土物种和生态系统的威胁、危害，使之衰退，甚至退化和灭绝，并由此对当地其他物种和生态系统造成改变和危害；或由于人为造成环境的剧烈变化导致生态环境的破坏、碎化、边缘化和退化，从而对生物的多样性产生影响和威胁；任意滥用和掠夺生物资源，砍伐和捕捞过度，严重时导致物种濒危或灭绝；或由于在科学研究、开发、生产和应用中造成对人类健康、生存环境和社会生活有害的影响及其不确定性和风险性进行科学评估，并采取必要的措施加以管理和控制，使之降低到可接受的程度，以保障人类的健康和环境安全。

▶▶▶▶▶

因此，生物安全的概念可以概括为：转基因生物技术及其遗传修饰产品在其研究、生产、开发和利用的全过程中可能对植物、动物、人类的身体健康和安全、遗传资源、生物多样性和生态环境带来的不利影响和危害，及其研究和避免这种可能带来危害的方法、程序以及法律措施。

简单定义生物安全：生物安全是指生物技术从研究、开发、生产到实际应用整个过程中所引起的影响生态环境和人体健康的安全性问题。有广义和狭义之分。

广义的生物安全包括三方面的内容：即人类的健康安全、人类赖以生存的农业生物安全以及与人类息息相关的生物多样性（环境生物安全）。

狭义的生物安全则是指人为操作或人类活动而导致生物体或其产物对人类健康和生态环境的现实损害或潜在风险，包括转基因技术引起的生物安全问题和引进外来物种造成的生物入侵问题。

☞ **生物安全**：是对生物危害的检测、评价、监测、防范和治理的科学技术体系，是研究各种生物因素对人类健康的影响，应用已有的理论知识、技术、工程设计和设备等，防止从事相关工作的人员、实验室和环境受到具有潜在传染性的物质和生物毒害物质的危害的一门新兴边缘学科。

因此，生物安全的现代概念所涉及的内容是很广泛的。为了便于了解生物安全的概念以及系统地了解生物安全，我们将生物安全所涉及的主要内容概括为以下几个方面：

（1）转基因产品的食物安全；

（2）转基因生物的生态风险；

（3）转基因产品的标识与鉴定；

（4）转基因的社会、经济和伦理问题，公众对转基因的接受意识问题；

（5）重大传染病的生物安全问题；

（6）生物武器与生物恐怖的生物安全问题；

（7）有害外来物种入侵的生物安全问题；

（8）生物安全的管理和法规；

（9）生物安全的评价方法。

☞ **生物多样性**：指一个区域内生命的丰富程度，包括遗传基因多样性、物种多样性和生态系统的多样性三个层次。生物多样性是生命在其形成和发展过程中跟多种环境要素相作用的结果，也就是生态系统进化的结果。

三、生物安全性评价

（一）生物安全性评价的目的

1. 提供科学决策的依据

生物安全性评价是进行生物技术安全管理和科学决策的需要。安全性评价的结果是制定主要的安全监测和控制措施的工作基础，也是决定该项生物技术是否应该开展或者应该如何开展的主要科学依据。

2. 保障人类健康和环境安全

通过安全性评价，可以明确某项生物技术工作存在哪些主要的潜在危险及其危险程度，从而可以有针对性地采取与之相适应的监测和控制措施，避免或减少其对人和环境的危害。

3. 回答公众疑问

对有关生物技术，特别是转基因产品向自然环境中的释放和生产应用进行科学合理的安全性评价，有利于消除公众因缺乏全面了解而产生的种种误解，从而形成对生物技术安全的正确认知。

4. 促进国际贸易，维护国家权益

生物技术及其产品的安全水平与其用途、食用方式及其所处的环境具有极其密切的联系。例如，在一个国家比较安全的生物产品，在另一个国家可能不安全甚至是十分危险的。因此，对进出口产品生物安全性的评价和检测，不仅关系到国际贸易的正常发展和国际竞争力，而且关系到国家的形象和利益。

5. 促进生物技术可持续化发展

通过对生物技术的安全性评价，人们可以科学、合理、公正地认识生物技术的安全性问题，及时地采取适当的措施对其可能产生的不利影响进行防范和控制，生物技术对人类健康和生态环境的潜在危险就可以避免或者降低到可接受的程度。只有这样，生物技术才能逐渐被社会公众普遍接受。生物技术作为一个有巨大应用前景的产业才能走上健康、有序和持续发展的道路。

▷▷▷▷▷▷

（二）生物安全性评价的程序和方法

1. 安全性的分级标准

目前世界各国对生物技术的定义有所不同，对生物安全性的理解和要求也存在明显差异，因此，还没有国际统一的生物安全分级标准。但是，一般按照对人类健康和环境的潜在危险程度由低到高的顺序，可将生物技术的安全性分为 4 个安全等级。我国对生物技术安全管理的重点在基因工程。在原国家科学技术委员会 1993 年发布的《基因工程安全管理办法》中，按照潜在危险程度，也将基因工程工作分为 4 个安全等级，见表 1.1。

表 1.1 生物技术安全性等级的划分标准（中国国家科学技术委员会，1993）

安全等级	潜在危险
I	对人类健康和生态环境尚不存在危险
II	对人类健康和生态环境尚存在低度危险
III	对人类健康和生态环境尚存在中度危险
IV	对人类健康和生态环境尚存在高度危险

2. 安全性等级的划分程序

安全性等级的划分程序、目的、结果见表 1.2。

表 1.2 安全性等级的程序和结果

程 序	目 的	结 果
第 1 步	确定受体生物的安全等级	安全等级 I、II、III 或 IV 级
第 2 步	确定基因操作对安全性的影响	安全类型 I、II、III 或 IV 型
第 3 步	确定遗传工程体的安全等级	安全等级 I、II、III 或 IV 级
第 4 步	确定遗传工程产品的安全等级	安全等级 I、II、III 或 IV 级
第 5 步	确定接受环境对安全性的影响	
第 6 步	确定监测控制措施的有效性	
第 7 步	提出综合评价的结论和建议	

在上述个步骤的每一步都要从以下 3 个方面进行分析：
（1）是否有任何潜在的危险。

（2）危险程度。包括发生危险的可能性有多大，引起哪些可能的不良后果，其不良后果的影响范围，发生频率和严重程度等等。

（3）监控措施。包括有哪些措施可以预防和减少可能发生的潜在危险，如何确保提高监控措施的有效性等等。

（三）生物安全性评价的重要内容

1. 受体生物的安全等级

根据受体生物的特性及其安全控制措施的有效性将受体生物分为 4 个安全等级（见表 1.3）。其主要评价内容包括：受体生物的分类学地位，原产地或起源中心、进化过程、自然生境、地理分布，在环境中的作用，演变成有害生物的可能性、致病性、毒性、过敏性、生育和繁殖性、适应性、生存能力、竞争能力、传播能力、遗传交换能力和途径、对非目标生物的影响、监控能力等。

表 1.3　受体生物的安全等级及划分标准

安全等级	受体生物符合的条件
I	对人类健康和生态环境未曾发生过不良影响；或演化成有害生物的可能性极小；或仅用于特殊研究，存活期短，实验结束后在自然环境中存活的可能性极小等
II	可能对人类健康状况和生态环境产生低度危险，但通过采取安全控制措施完全可避免其危害
III	可能对人类健康状况和生态环境产生中度危险，但通过采取安全控制措施仍基本上可以避免其危害
IV	可能对人类健康状况和生态环境产生高度危险，而且尚无适当的安全控制措施来避免其在封闭设施之外发生危害。例如：可能与其他生物发生高频遗传物质交换的、或者尚无有效技术防止其本身或其产物逃逸、扩散的有害生物；有害生物逃逸后，尚无有效技术保证在其对人类健康或生态环境产生不利影响之前将其捕获或消灭

2. 基因操作对受体生物安全性的影响

根据基因操作对受体生物安全性的影响，可将基因操作分为 3 种安全类型，见表 1.4。其主要评价内容包括：目的基因、标记基因等转基因的来源、结构功能、表达产物和方式，稳定性等载体的来源、结构、复制、转移特性等，供体生物的种类及其主要生物学特性，转基因方法等。

▶▶▶▶▶▶

表 1.4   基因操作的安全类型及划分标准

安全类型	划分标准
1	增加受体生物的安全性。如去除致病性、可育性、适应性基因或抑制这些基因的表达等
2	对受体生物的安全性没有影响。如提高营养价值的储藏蛋白基因，不带有危险性的标记基因等的操作
3	降低受体生物的安全性。如导入产生有害毒素的基因，引起受体生物的遗传性发生改变，会对人类健康或生态环境产生额外的不利影响；或对基因操作的后果缺乏足够了解，不能肯定所形成的遗传工程体其危险性是否比受体生物大

3. 遗传工程体的安全等级

根据受体生物的安全等级和基因操作对受体生物安全的影响类型和影响程度，可将遗传工程体分为 4 个安全等级，见表 1.5。其分级标准与受体生物的分级标准相同。其安全等级一般通过将遗传工程体的特性与受体生物的特性进行比较来确定，主要评价内容包括：对人类和其他生物体的致病性、毒性和过敏性，可育性和繁殖特性、适应性和生存、竞争能力，遗传变异能力、转变成有害生物的可能性，对非目标生物和生态环境的影响等。

表 1.5   遗传工程体的安全等级与受体生物安全等级和基因操作安全类型的关系

受体生物安全类型	基因操作的安全类型		
	1	2	3
I	I	I	I，II，III，IV
II	I，II	II	II，III，IV
III	I，II，III	III	III，IV
IV	I，II，III，IV	IV	IV

4. 遗传工程产品的安全等级

由遗传工程体生产的遗传工程产品的安全性与遗传工程体本身的安全性可能不完全相同，甚至有时会大不相同。例如，防治植物、畜禽和人类病害的疫苗等微生物制剂，在分别作为活菌制剂和灭活（死菌）制剂应用时，其安全性显然是不一样的。遗传工程产品的安全等级一般是根据其与遗传工程体的特性和安全性进行比较来确定的。其分级标准与受体生物的分级标准相同。主要评价内容是：与遗传工程体比较，遗传工程体产品的安全性有何改变。

5. 基因工程工作安全性的综合评价和建议

在综合考查遗传工程体及其产品的特性、用途、潜在接受环境的特性、监控措施的有效性等有关资料的基础上，确定遗传工程体及其产品安全等级，形成对基因工程工作安全性的评价意见，提出安全性监控和合理的建议。

（四）生物安全评价的步骤和原则

1. 生物安全评价的步骤

安全评价及安全等级是根据以下 5 个步骤来确定的：

（1）确定受体生物的安全等级；

（2）确定基因操作对受体生物安全等级影响的类型；

（3）确定转基因生物安全等级；

（4）确定生产、加工活动对转基因生物安全性的影响；

（5）确定转基因产品的安全等级。

2. 生物安全评价的原则

1）通用原则

根据国际通行的做法，在进行农业转基因生物风险评估时，一般须遵循科学透明原则、预防原则、个案分析原则、渐进原则、熟悉原则和实质等同性原则。

2）注意事项

根据"谁研发谁负责"的原则，申请人在准备自我评估资料时，应注意把握：以我国为物种起源中心或基因多样性中心的转基因作物，其种植区是否有该物种近缘野生种的转基因作物，异源还是同源的转基因生物，带有抗生素等标记的食用转基因生物，直接食用的或用于食品加工和食物类的转基因生物。新研发的具有新性状、新用途转基因生物的安全性情况，要尽可能详尽地提供出国内外生物安全研究及安全试验数据。

▶▶▶▶▶

四、生物安全控制措施

（一）控制措施方法及类别

1. 按措施性质分类

生物安全控制措施按性质可分为物理控制措施，化学控制措施，生物控制措施，环境控制措施，规模控制措施，见表1.6。

表 1.6　措施性质类别

类 别	方法含义	举 例
物理控制措施	指利用物理方法限制基因工程体及其产品在控制区外的存活和扩散	如设置栅栏、网罩、屏障等
生物控制措施	指利用生物措施限制基因工程体及其产物在控制区外的生存、扩散，并限制向其他物质转换	设置有效的隔离区及监控区,消除试验区或控制区附近可与基因工程体杂交的物种以阻止基因工程体开花授粉或去除繁殖器官等
环境控制措施	指利用环境条件限制基因工程及其产物控制区外的繁殖	如控制温度、水分、光周期等
规模控制措施	指尽可能减少用于实验的基因工程体及其产物的数量或减少试验区的面积以及降低基因工程体及其产品迅速扩散的可能性,在出现预想不到的后果时,能比较彻底地将基因工程体及其产物清除	如控制试验的个体数量或减少试验面积、空间等

2. 按工作阶段分类

按工作阶段可将生物安全控制措施进行如表1.7所列来分类。

表 1.7　按工作阶段

类 别	措施要求
试验室控制措施	相应安全等级的实验室装备；相应安全等级的操作要求
中间试验和环境释放控制措施	相应安全等级的安全控制措施

续表 1.7

类 别	措施要求
商品储运、销售和使用	相应安全等级的包装、运载工具、储存条件、销售、使用具备符合公众要求的标签说明
应急措施	针对基因工程体及其产物的意外扩散逃逸、转移，应采取应急措施，含报告制度、扑灭、销毁设施等
废弃物处理	相应安全等级要求，采取防污染的处置的操作要求
其他	长期或定期的监测记录及报告制度

注：中间试验：指在控制系统内或者控制条件下进行的小规模试验。

环境释放：指在自然条件下采取相应安全措施所进行的中规模的试验。

3. 生物隔离方法

采用一般的生物隔离方法，将试验控制在必需的范围内。部分转基因作物田间隔离距离见表1.8。

表 1.8　主要农作物田间隔离距离（参考）

作物名称	隔离距离（米）	备 注
玉 米	300	或花期隔离25天以上
小 麦	100	或花期隔离20天以上
大 麦	100	或花期隔离20天以上
芸薹属	1 000	—
棉 花	150	或花期隔离20天以上
水 稻	100	—
大 豆	100	—
西红柿	100	—
烟 草	400	—
高 粱	500	—
马铃薯	100	—
南 瓜	700	—
苜 蓿	300	—
黑麦草	300	—
辣 椒	100	—

▷▷▷▷▷

（二）措施的针对性

　　生物安全控制措施具有很强的针对性，所采取的措施必须根据各个基因工程物种的特异性采取有效的预防措施，尤其要从我国的具体国情出发，研究采取适合我国社会经济和科技水平的切实有效的控制措施。例如，繁殖隔离问题，植物、动物、微生物的生境情况差异极大，即使同属于植物，由于物种起源等原因，相应安全等级的转基因植物其时、空隔离条件要求就有很不相同；又如微生物的存活变异以及转移形态和介体，不同的物种差别很大。因此，当参考、借鉴国外的经验和做法时要经过周密地研究。

（三）安全控制措施的有效性

　　生物安全控制措施的实效如何取决于安全控制措施的有效性。安全控制措施的有效性，决定于下列条件：
　　（1）安全性评价的科学性和可靠性；
　　（2）根据评价所确定的安全性等级，采取与当前科学技术水平相适应的安全控制措施；
　　（3）所确定的安全控制措施是否认真贯彻落实；
　　（4）设立长期或定期的监测调查和跟踪研究。

五、生物安全管理和我国生物安全管理的原则

（一）生物安全管理的内涵

　　各国经验表明，生物安全管理的法规体系建设应涵盖如下事项：
　　（1）建立健全生物安全管理体制的法规体系，明确规定将生物技术的实验研究、中间试验、环境释放、商品化生产、销售、使用等方面的管理体制纳入法制轨道。
　　（2）建立健全生物技术的安全性评价检测、监控的技术体系，制定能够准确评价的科学技术手段。
　　（3）建立、完善和促进生物技术健康发展的政策体系和管理机制，保证在确保国家安全的同时，大力发展生物技术，进一步发挥生物技术创新在促进经济发展，改善人类生活水平和保护生态环境等方面的积极作用。

（4）建立生物技术产品进出口管理机制，管理国内外基因工程产品的越境转移，有效地防止国外生物技术产品越境转移给国内人体健康和生态环境造成的危害。

（5）提高生物安全的国家管理能力，建立生物安全管理机制和机构设置，加强生物安全的监测设施建设，构建生物安全管理信息系统，增强生物安全的监督实力，培训具有生物安全科学技术素养的人力资源。

总之，生物安全管理的总体目标是：通过制定政策和法律规定，确立相关的技术准则，建立健全管理机构并完善监测和监督机制，积极发展生物技术的研究与开发，切实加强生物安全的科学技术研究，有效地将生物技术可能产生的风险降低到最低限度，最大限度地保护人类健康和生态环境安全，促进国家经济发展和社会进步。

（二）我国生物安全管理的原则

了解全球生物安全形势，借鉴先进国家构建生物安全体系的经验，对于我国建立有效的生物安全防范体系，具有特别重要的现实和战略意义。

1. 研究开发与安全防范并重的原则

我们将一方面采取一系列政策措施，积极支持、促进生物技术的研究和产业化发展，另一方面对生物技术安全问题的广泛性、潜在性、复杂性和严重性予以高度重视。同时要充分考虑伦理、宗教等诸多因素，以对全人类和子孙后代长远利益负责的态度开展生物安全管理工作。坚持在保障人体健康和环境安全的前提下，发展生物技术及其相关产业，促进生物技术产品的国内外经贸发展。

2. 贯彻预防为主的原则

发展生物技术必然走产业化的道路。不同的生物技术产品其受体生物、基因来源、基因操作、拟议用途及商品化生产和商业营销等环节在技术和条件上存在多种差异，要按照生物技术产品的生命周期，在其实验研究、中间试验、环境释放、商品化生产以及加工、储运、使用和废弃物处理等诸多环节上防止其对生态环境的不利影响和对人体健康的潜在隐患。特别是在最初的立项研究和中试阶段一定要严格地履行安全性评价和相应的检测工作，做到防患于未然。

3. 有关部门协同合作的原则

生物技术产品分属于农林、医药卫生和食品等行业。这些产品的研制和生

▷▷▷▷▷▷

产面向全社会，关系全国人民的生活质量的改善和提高，也关系国家高新技术产业的发展。其安全性管理既涉及人体健康和生态环境保护，又涉及出入境管理以及国际经贸活动。为此，必须坚持行业部门间的分工与协作，协同一致各司其职，共同为发展我国 21 世纪高新技术产业的战略目标而努力。

4. 公正、科学的原则

生物技术工作是以分子生物学为基础与专业技术学科紧密结合的高新技术。基因工程产品的研制与生产属于科技创新领域。其产品具有明显的技术专利性，知识产权应予以保护。随着改革和发展深刻变化，经济成分和经济利益多样化，社会生活方式多样化，生物安全管理必须坚持公正、科学的原则。其安全性评价必须以科学为依据，站在公正的立场上予以正确评价，对其操作技术、检测程序、检测方法和检测结果必须以先进的科学水平为准绳。对所有释放的生物技术产品要依据规定进行定期或长期的监测，根据监测数据和结果，确定采取相应的安全管理措施。国家生物安全性评价标准与检测技术不仅在本国应具备科学技术的权威性，而且在国际间应具有技术的先进性，其科学水平应获得国际社会的认可。

5. 公众参与的原则

提高社会公众的生物安全意识是开展生物安全工作的重要课题。必须给予广大消费者以知情权，使公众能了解所接触、使用的生物技术产品与传统产品的等同性与差异性，对某些特异新产品应授以消费者接受使用或不使用的选择权。同时在定位普及科学技术知识的基础上，提高社会公众生物安全的知识水平。通过宣传教育，建立适宜的机制，使公众成为生物安全的重要监督力量。在生物安全的管理上对产品的储运、加工、废弃物处理等方面，要充分考虑社会公众对生物安全的认识差异和实际情况，借鉴国外的经验，实事求是地采取一些行之有效的措施，积极保护社会公众的利益，促进生物技术工作在我国迅速健康地发展。

6. 个案处理和逐步完善的原则

通过基因工程使基因在不同生物个体之间，甚至远为不同的生物种属之间转移及表达变为可能性。但就当前的科学水平，人们还不能精确地控制每种基因在生物机体中的遗传信息的具体交换及其影响。事实上，各种受体生物经过不同的遗传操作产生的遗传信息交换的作用影响是错综复杂的。为此，必须针对每种基因产品的特异性根据科学的资证进行具体分析和评价。在此基础上，有关部门将实事求是地根据基因工程工作进展的时段采取相应的安全措施。这些技术措施，随着科学技术的进步、经验的积累，也包括公众舆论和意愿的可接受程度，逐步改进并完善。

表 1.9　近几年发生或研究发现的部分转基因生物事件

转基因生物种类或事件名称	原　因	后　果
转基因大豆	含巴西豆蛋白过敏源	可引起部分人群发生过敏反应
转基因马铃薯	用取食转基因马铃薯的蚜虫饲喂瓢虫	影响瓢虫的生殖力及生存
美国"星联玉米"事件	墨西哥转基因玉米产生一种称为 Cry9c（一种 Bt 抗虫基因）的蛋白质而引起人类过敏反应	禁止作为食品加工原料出售，只能作为动物饲料，导致了一场规模巨大的产品回收活动，花费约 10 亿美元
墨西哥玉米基因污染事件	基因污染	墨西哥本土玉米品种被从美国进口的转基因品种所污染
转 Bt 基因玉米	其根系分泌物和土壤中监测到有活性的 Bt 毒蛋白，活性可以保持 8 个月	对土壤昆虫、土壤微生物威胁很大

第三节　农业转基因生物及其产品的安全管理

一、农业转基因生物

（一）农业转基因生物的定义

农业转基因生物是指利用基因工程技术改变基因组构成，用于农业生产或者农产品加工的动植物、微生物及其产品。通俗一点说，也就是利用基因工程技术把一种生物体内的基因转移到另一种生物体内，以此得到新的物种。这样

▷▷▷▷▷▷

得到的生物被称为"转基因生物"。

（二）农业转基因生物的分类

农业转基因生物主要包括：

（1）转基因动植物（含种子、种畜禽、水产苗种）和微生物。

（2）转基因动植物、微生物产品。

（3）转基因农产品的直接加工品。

（4）含有转基因动植物、微生物或者其产品成分的种子、种畜禽、水产苗种、农药、兽药、肥料和添加剂等产品。

☞ **种畜禽**：是指种用（能用来繁殖配种的）的家畜家禽，包括家养的猪、牛、羊、马、驴、驼、兔、犬、鸡、鸭、鹅、鸽、鹌鹑等及其卵、精液、胚胎等遗传材料。畜是指马驴牛羊猪驼兔犬等家畜；禽是指鸡、鸭、鹅、鸽、鹌鹑等禽类。

二、农业转基因产品安全等级的确定

根据农业转基因生物的安全等级和产品的生产、加工活动对其安全等级的影响类型和影响程度，确定转基因产品的安全等级。

（一）转基因生物安全等级的影响类型

农业转基因产品的生产、加工活动对转基因生物安全等级的影响分为3种类型：

类型1：增加转基因生物的安全性。

类型2：不影响转基因生物的安全性。

类型3：降低转基因生物的安全性。

（二）转基因生物安全等级为Ⅰ的转基因产品

（1）安全等级为Ⅰ的转基因生物，经类型1或类型2的生产、加工活动而形成的转基因产品，其安全等级仍为Ⅰ。

（2）安全等级为Ⅰ的转基因生物，经类型3的生产、加工活动而形成的转基因产品，根据安全性降低的程度不同，其安全等级可为Ⅰ、Ⅱ、Ⅲ或Ⅳ，分级标准与受体生物的分级标准相同。

（三）转基因生物安全等级为Ⅱ的转基因产品

（1）安全等级为Ⅱ的转基因生物，经类型1的生产、加工活动而形成的转基因产品，如果安全性增加到对人类健康和生态环境不再产生不利影响的，其安全等级为Ⅰ；如果安全性虽然有增加，但是对人类健康或生态环境仍有低度危险的，其安全等级仍为Ⅱ。

（2）安全等级为Ⅱ的转基因生物，经类型2的生产、加工活动而形成的转基因产品，其安全等级仍为Ⅱ。

（3）安全等级为Ⅱ的转基因生物，经类型3的生产、加工活动而形成的转基因产品，根据安全性降低的程度不同，其安全等级可为Ⅱ、Ⅲ或Ⅳ，分级标准与受体生物的分级标准相同。

（四）转基因生物安全等级为Ⅲ的转基因产品

（1）安全等级为Ⅲ的转基因生物，经类型1的生产、加工活动而形成的转基因产品，根据安全性增加的程度不同，其安全等级可为Ⅰ、Ⅱ或Ⅲ，分级标准与受体生物的分级标准相同。

（2）安全等级为Ⅲ的转基因生物，经类型2的生产、加工活动而形成的转基因产品，其安全等级仍为Ⅲ。

（3）安全等级为Ⅲ的转基因生物，经类型3的生产、加工活动而形成转基因产品，根据安全性降低的程度不同，其安全等级可为Ⅲ或Ⅳ，分级标准与受体生物的分级标准相同。

（五）转基因生物安全等级为Ⅳ的转基因产品

（1）安全等级为Ⅳ的转基因生物，经类型1的生产、加工活动而得到的转基因产品，根据安全性增加的程度不同，其安全等级可为Ⅰ、Ⅱ、Ⅲ或Ⅳ，分级标准与受体生物的分级标准相同。

（2）安全等级为Ⅳ的转基因生物，经类型2或类型3的生产、加工活动而得到的转基因产品，其安全等级仍为Ⅳ。

▷▷▷▷▷▷

三、农业转基因生物安全及其安全管理

（一）农业转基因生物安全

　　农业转基因生物可能会对人类、动植物、微生物和生态环境构成一定的危险或者潜在风险，因此，需要对于农业转基因生物实施必要的安全防范。

　　农业转基因生物安全是指防范农业转基因生物对人类、动植物、微生物和生态环境构成的危险或者潜在风险。

1. 转基因生物的生态安全性

1）转基因生物可能引起广泛的生态环境安全性问题

　　转基因生物技术在生态环境方面可能出现的危害或风险主要是植物的"转基因逃逸"。有两种逃逸途径：一是因种苗的散失或残存组织的再生，在野外形成自我繁衍的群体，形成转基因的逃逸群落；二是通过花粉的传播，转基因的近缘物种漂流形成杂交的超级生物，后者更为常见，也是一条是更难控制的"转基因逃逸"途径，并会造成"基因污染"，破坏生物多样性与生态环境。

2）可能诱发害虫和野草的抗性问题

　　许多转基因生物的改良品种含有从杆菌中提取出来的特定基因作为外源性基因，这种来自外源的目标基因可能产生一种对昆虫和害虫有毒的蛋白质。若长期大面积使用这种转基因生物，由于进化也可能使害虫产生抗药性，并使这种特性代代相传，不仅转基因植物不再抗虫，原有化学杀虫剂也会不再有效。另一方面，在自然生态条件下，有些转基因作物可能与周围生长的近缘野生品种通过花粉等媒介发生天然杂交，从而将自身的基因（外源性目标基因）传入野生品种。如所传入的基因还具有更强的抗病虫害能力和抗旱能力，则会出现抗病能力更强、蔓生速度更快的超级杂草，扰乱生态系统的平衡。

3）可能诱发基因转移跨越物种屏障

　　所谓转基因生物技术就是人为地实施不同种属间的"基因漂流"，是人为地跨越物种间屏障。当然以这种人为转基因技术来实现"基因漂流"是有目标的或经过特定设计的。转基因技术是跨越物种种属间屏障的人为杂交技术，转基因生物基因的活性必然大于天然生物的基因，使其在"基因漂流"中能跨越物种屏障而同异种属生物杂交，从而发生"基因污染"。在转基因生物技术的激励或诱导下，若基因在非人为控制下混沌跨越种属转移，出现杂乱的"基因漂流"，其后果可能是灾难性的，对生态系统的深刻影响是难以预料的。

4）可能诱发自然生物种群的改变问题

天然的"基因漂流"本来仅限于同种或者近缘物种之间。由于人为的转基因生物技术，转基因生物可能激励或催化诱导"基因漂流"。这样，基因不仅会漂流到野生品种，而且通过转基因生物技术产生的特定基因也可能将扩散到自然界中去。因此，转基因生物给自然基因库带来的"基因污染"，将打破原有的生物种群结构以及生态平衡，对生态环境产生不可估量的冲击。

5）可能诱发食物链的破坏问题

完整的食物链是维系自然界万物共生、生态平衡极为重要的一环。一旦食物链遭到破坏，生态环境将会受到严重的威胁。转基因农作物的大量种植是否会破坏千万年来自然选择所形成的食物链，这一问题引起了国际社会广泛而高度的关注。

2. 转基因生物的健康安全性

转基因生物大多作为食品或饲料提供人们或动物食用。因此，用转基因生物制成的转基因食品（GMF）的安全是社会公众普遍关注的重大问题。转基因食品（GMF）的安全性是转基因生物（GMO）安全的核心问题之一，也是影响转基因产品贸易的第一因素。食用安全是任何食品所应具备的前提条件。有关农业转基因生物及其产品的食用安全性问题概括来说有如下几点：

1）毒性问题

因转基因食品（GMF）的安全性值得质疑，所以应该对 GMF 的代谢生化过程、毒理学、毒物动力学、慢性毒性、致癌、致畸、致突变、生殖功能、内分泌作用、免疫学等多方面做安全评估。"实质等同"概念会掩盖危害性。人们对基因活动方式的了解还很不彻底，没有十足的把握能有效控制基因调整后的结果，普遍担心基因的突变演化可能导致有毒物质的产生。例如，某种转基因大豆接受了一种巴西核桃基因，而此核桃基因容易导致变态反应，这一危险在转基因大豆进入市场之前就已被证明。自这以后，遗传学家就注意不采用来自容易产生变态反应的生物的基因作为外源性基因。又如，马铃薯中含有已知毒素如茄碱（绿马铃薯中含有茄碱可引起疾病），转基因马铃薯中茄碱是消除还是增加就是疑问。马铃薯毒性物质的含量变化完全取决于插入外源性基因的类型。

▶▶▶▶▶▶

> ☞ **变态反应**：也叫超敏反应，是指机体对某些抗原初次应答后，再次接受相同抗原刺激时，发生的一种以机体生理功能紊乱或组织细胞损伤为主的特异性免疫应答。人们日常遇到的皮肤过敏，皮肤骚痒、红肿，就是一种变态反应。

2）过敏性反应问题

过敏性风险即医学上的变应原性风险，它同免疫系统有密切关系。一般而言，人和动物的变应原性风险是非常低的，只有少数人会有严重症状。而转基因作物可能诱发或加重变应原性风险。这是由于农作物中引入外源性目的基因后，会使转基因生物带上新的遗传密码而产生一种新的蛋白质，这些新蛋白质可能引起食用者或接触者出现过敏性反应。人类在自然环境中发育进化形成的人体免疫系统可能难以或无法适应转基因生成的新型蛋白质而诱发过敏症。这是因为在人类发育成长史上从来也未曾接触过这类转基因新蛋白质，于是就可引发过敏症以对抗外来因素的不适应影响。转基因食品（GMF）可能会由于基因转移而诱发某些人的过敏反应。

3）抗药性问题

抗生素都是用来治疗各种非常严重疾病的药物，如氨苄青霉素常用于治疗肺炎、支气管炎、白喉等。已有几种转基因作物是用卡那霉素抗性基因作为标记基因，这种基因只要有单一突变也可产生氨基丁卡霉素抗性。而氨基丁卡霉素被认为是人类医药中的"保留"或"急救"抗生素，是国际医药界储备的应急"救危"药物，而现在却为转基因生物（GMO）捷足先登，并滥用于多种转基因生物（GMO）作为标记基因，广泛在环境中释放，在各种动物机体内产生抗性。氨基丁卡霉素还未为世界医药界启用（只作为储备急救之用），而转基因生物（GMO）的滥用抗生素，使得其抗性已广为传播，这是无法接受的风险，因为这意味着对人畜的疾病是灾难性的，很可能今后一旦患病则无药可用。联合国食品法典委员会禁止在食物中使用抗生素，也包括含有耐抗生素标记的转基因农作物。

4）有益成分问题

有研究发现，外来基因会以一种人们目前还不甚了解的方式破坏食物中的有益成分。英国伦理与毒性中心的实验报告称，与一般天然大豆相比，在两种耐除锈剂或抗除草剂的转基因大豆中具有防癌功能的异黄酮成分分别减少了12%和14%。转基因生物（GMO）中插入的外源性目的基因改变了生物自身原有的复杂生物化学路径，改变了原有的新陈代谢，其生化作用的结果很难预料，还可能受环境条件的影响而导致变异。

5）免疫力问题

转基因生物及其产品有可能降低动物乃至人类的免疫能力，从而对动物及人类的健康安全甚至生存能力产生影响。1998 年 8 月英国科学家披露，实验白鼠在食用转基因大豆后，器官生长异常，体重减轻，免疫系统遭受破坏。

生物工程技术的发展，特别是农业转基因技术的不断发展以及农业转基因生物的推广传播使更多的转基因食品进入市场。人们在看到其好的一面的同时，也逐步认识到其潜在的风险。转基因生物技术和转基因生物都是一柄"双刃剑"，必须明智理性和科学合理地严谨运用掌握，不可放任自流，也不要滥用，重要的是要重视生物安全、正确把握战略、制定完善法律体系、实施法制性的监管。

（二）农业转基因生物安全管理

2000 年，在加拿大蒙特利尔开会获得通过的《卡塔赫纳生物安全议定书》，是专门为生物安全设立的一项议定书，是制定有法律约束力的国际文件的依据。

2002 年 3 月起，我国逐步实施了一系列农业转基因生物管理办法，包括《农业转基因生物安全评价管理办法》、《农业转基因生物进口安全管理办法》、《农业转基因生物标识管理办法》、《关于对农业转基因生物进行标识的紧急通知》等。国家对农业转基因生物安全评价按照植物、动物、微生物 3 个类别，实验研究、中间试验、环境释放、生产性试验和申请安全证书 5 个不同的阶段，Ⅰ、Ⅱ、Ⅲ、Ⅳ这 4 个安全等级，以科学为依据，以个案审查为原则，实行分级分阶段管理。

转基因生物安全管理，是以科学为基础的风险分析过程，包括风险评估、风险管理和风险交流 3 个方面。实施管理的目的是保障人体健康和动植物、微生物安全，保护生态环境，保障和促进农业转基因生物技术及其产业的健康发展。

1. 风险评估

风险评估（即安全评价）是农业转基因生物安全管理的核心，是指通过分析各种科学资源，以转化事件为基础，判断每一转基因生物是否存在危害或安全隐患，预测危害或隐患的性质和程度，划分安全等级，提出安全控制措施和

▶▶▶▶▶

科学建议，进行利弊分析。风险评估按照规定（规范）的程序和标准，利用现有的所有与转基因生物安全性相关的科学数据和信息，系统地评价已知的或潜在的与农业转基因生物相关的、对人类健康和生态环境可能产生负面影响的危害。这些科学研究试验、检验、定性或量化的数据和信息，主要来源于产品研发单位、科学文献、常规技术信息、独立科学家、管理机构、检测检验机构、国际组织及其他团体等。

2. 风险管理

风险管理是农业转基因生物安全管理的关键。主要是针对风险评估中所确认的危害或安全隐患，采取对应的安全控制措施。风险管理以风险评估为依据。风险管理的过程，既是一个安全监管、安全控制的过程，又是一个利益平衡的过程。风险管理的主要内容，是在风险评估结果的基础上，同时兼顾利益的平衡，确定各方面可接受的风险水平，以及将风险降低到可接受程度的措施，并通过安全监管、安全控制措施的贯彻实施，保障生物安全，维护自然环境与经济、社会的持续、稳定、和谐发展。立法和监控是风险管理的两个基本要素。建立完善的法律法规体系、有效的行政监管体系、健全的技术检测体系和标准体系，提高国家转基因生物安全管理能力，是实施风险管理的保障。

3. 风险交流

风险交流是农业转基因生物安全管理的纽带。它贯穿于风险评估和风险管理全过程，是一个包括政府、企业、科技界，研发者、生产者、消费者，新闻媒体及非政府组织等在内的多方面互动的信息交流过程。风险交流在保护申请人知识产权、商业机密，以及在法律法规和行政许可的前提下，进行管理信息和科学信息的交流，使利益相关者能够了解风险评估的依据、逻辑性、必要性以及结果的局限性，为风险评估提供更为广泛的科学基础，促进监控措施的实施，增强研发者的安全意识和法律意识，提高生产者、消费者对生物技术产品的认知和接受程度，回答有关生物安全性问题。

思考题

1. 生物安全的内涵是什么？

2. 为什么需要对转基因生物的安全性进行评价？

3. 生物技术和生物安全的关系？

4. 转基因生物安全吗？有人说"Yes"，有人说"No"，在您的内心，对转基因生物的安全性有哪些想法呢？

5. 有些研究表明，转基因生物可能对生物多样性和生态环境产生多方面影响。目前国际社会关注的主要问题有哪些？

▷▷▷▷▷

第二章 转基因植物与生物安全

第一节 转基因植物概述

一、转基因植物研究应用概况

农业生物技术应用国际服务组织（ISAAA）的报告显示，商业化仅仅经历了 15 个年头，转基因作物的累计种植面积就已经在 2012 年突破了 10 亿公顷。在最初推广的 1996—2010 年间，转基因作物的种植量扩大了 87 倍，在现代农业的历史上，这是应用发展最快的作物技术。虽然经历了十多年的高速增长，近年来的增速也依旧不减，2009—2010 年间，转基因作物的种植量增幅为 10%，相当于每年增加 1 400 万公顷。全球共有 29 个国家种植转基因作物，其中 19 个为发展中国家，10 个为发达国家，美国仍是全球领先的转基因作物生产者，种植面积达 6 900 万公顷，主要转基因作物的平均种植率约为 90%，主要为玉米、大豆、棉花、油菜等；巴西以 3 030 万公顷的种植面积位列第二，但其以增加 490 万公顷的种植面积连续 3 年占据世界增长率榜首，增长率达 20%；印度在转基因棉花栽培方面已有 10 年的成功经验，2011 年印度棉花种植面积达 1 060 万公顷；菲律宾的转基因玉米种植增长率为 20%，种植面积超过 60 万公顷，是唯一种植转基因玉米的亚洲国家；非洲转基因作物的种植面积为 250 万公顷。就作物而言，大豆占转基因作物总面积的 61%，玉米占 23%，棉花占 11%，油菜占 5%；就性状而言，抗除草剂占总面积的 73%，抗虫占 18%，Bt 耐除草剂占 9%，抗病毒/其他低于 1%；工业化国家种植转基因作物的面积在减少，而发展中国家则在增加，2011 年，发展中国家转基因作物的种植面积约占全球的 50%（49.875%），预计 2012 年则有望首次超过发达国家的种植面积。截至 2011 年，美国、巴西、阿根廷、印度、加拿大、中国、巴拉圭、巴基斯坦、南非和乌拉圭仍是主要的转基因作物种植国。

1996—2003 年间全球各国每年转基因作物种植面积排名前 4 位的国家，见

表 2.1；1996—2003 年间全球主要转基因作物种植面积，见表 2.2。

表 2.1　1996—2003 年间全球各国每年转基因作物种植面积排名前 4 位的国家（ $\times 10^4$ hm^2）

年份 国家	1996	1997	1998	1999	2000	2001	2002	2003
美　国	1.5	8.1	20.5	28.7	30.3	35.7	39.0	42.8
阿根廷	0.1	1.4	4.3	6.7	10.0	11.8	13.5	13.9
加拿大	0.1	1.3	2.8	4.0	3.0	3.2	3.5	4.4
中　国	<0.1	<0.1	<0.1	0.3	0.5	1.5	2.1	2.8

表 2.2　1996—2003 年间全球主要转基因作物种植面积（ $\times 10^4$ hm^2 ）

年份 作物	1996	1997	1998	1999	2000	2001	2002	2003
大　豆	0.5	5.1	14.5	21.6	25.8	33.3	36.5	41.4
玉　米	0.3	3.2	8.3	11.1	10.3	9.8	12.4	15.5
棉　花	0.8	1.4	2.5	3.7	5.3	6.8	6.8	7.2
油　菜	0.1	1.2	2.4	3.4	2.8	2.7	3.0	3.5

　　近年来，转基因作物应用越来越广泛，表 2.3 中以 2003 年为例，列举了全球几种主要转基因作物的应用比率。因此，转基因作物的种植面积也越来越广，如图 2.1 所示，从 1995 年到 2002 年，种植面积是年年攀升。表 2.4 列出了 2004 年年种植生物技术作物的国家及种植概况，由此可见，转基因作物将对未来的人类生活产生巨大的影响。

表 2.3　2003 年全球几种主要转基因作物应用比率（ $\times 10^4$ hm^2 ）

作　物	总面积	转基因比率（%）	应用比率（%）
大　豆	76	41.4	54.5
棉　花	34	7.2	21.2
油　菜	22	3.6	16.4
玉　米	140	15.5	11.1

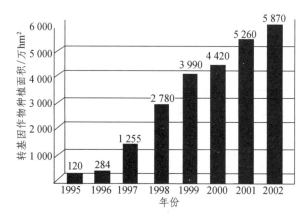

图 2.1　世界转基因作物种植面积

表 2.4　2004 年种植生物技术作物的国家及种植概况

国　家	物　种	面积（单位：百万 hm²）	位次
*美　国	大豆、玉米、棉花、油菜	47.6	1
*阿根廷	大豆、玉米、棉花	16.2	2
*加拿大	油菜、玉米、大豆	5.4	3
*巴　西	大　豆	5.1	4
*中　国	棉　花	3.7	5
*巴拉圭	大　豆	1.2	6
*印　度	棉　花	0.5	7
*南　非	玉米、大豆、棉花	0.5	8
*乌拉圭	大豆、玉米	0.3	9
*澳大利亚	棉　花	0.2	10
*罗马尼亚	大　豆	0.1	11
*墨西哥	棉花、大豆	0.1	12
*西班牙	玉　米	0.2	13
*菲律宾	玉　米	0.1	14
哥伦比亚	棉　花	≤0.05	15
洪都拉斯	玉　米	≤0.05	16
德　国	玉　米	≤0.05	17

* 14 个生物技术作物的种植面积为 50 000 公顷以上的生物技术大国。

（一）转基因植物的定义

转基因植物是指利用分子生物学和基因工程技术（重组 DNA 技术）将外源基因整合于受体植物基因组，改变其遗传组成后产生的植物及其后代。具体点说就是先将编码特殊性状的基因构建在植物表达载体上，通过生物、物理或化学等方法导入到受体植物细胞，然后由受体细胞再生出完整的转基因植株及其后代。因此，转基因植物涵盖了通过转基因技术导入外源基因的所有植物类型，包括植物个体、群体及其衍生的后代。与常规的植物育种方法相比较，通过转基因工程技术来改良农作物品种，可以突破物种的生殖隔离界限，使得可利用的生物遗传种质资源更为丰富，人们可以更自由地选择和利用所需的优良基因和农艺性状。此外，通过转基因技术来培育植物新品种，可以大大地缩短植物育种的周期，从而提高了植物育种的效率，同时也极大地降低了通过转基因技术培育的植物产品的成本。

（二）转基因植物的特点

（1）转基因植物一般都具有一个选择标记基因。

在转基因植物细胞中只有一部分细胞能被转化，抗性标记可以帮助选择、杀死非转化细胞，使转化细胞继续生长。目前，所用的选择标记基因包括氨基糖苷类的抗生素抗性标记基因、除草剂抗性标记基因、植物代谢基因三大类。前两者应用最为普遍，也最为重要。最常用的抗性标记基因是 nptI（新霉素磷酸转移酶）基因，该基因编码的产物提供卡那霉素抗性。选择标记基因在再生植株中持续表达，并存在于所有转基因植物的后代中。

> ☞ **选择标记基因**：是指在遗传转化中能够使转化细胞（或个体）从众多的非转化细胞中筛选出来的标记基因。它们通常可以使转基因细胞产生对某种选择剂具有抗性的产物，从而使转基因细胞在添加这种选择剂的培养基上正常生长，而非转基因细胞由于缺乏抗性则表现出对此选择剂的敏感性，不能生长、发育和分化。

（2）转基因植物中外源基因的插入位点和拷贝数有很大的变异。

外源性基因插入受体植物基因组的位置是随机或非确定性的，其拷贝的数目也不确定，大多数情况是 1 个拷贝，也可能出现 2 个或多个拷贝，甚至偶尔也可能多达 20 ~ 50 个拷贝。外源性基因插入位置的随机性以及拷贝数的变化

▶▶▶▶▶

表明现代生物技术或基因工程远非精确，其表达方式和性状具有较大的不确定性和变异性。

（3）转基因的表达具有组织和发育（时、空）特异性，其表达水平和稳定性随不同植株而不同，且受环境的影响。

选用适当的启动子，可使所转基因在不同器官、组织中或在不同发育阶段表达，其表达水平与启动子的种类、基因的插入位点、基因的甲基化、转录后及翻译后调控等有关。

（4）所转基因往往有多效性，即对转基因植物中的非编码性状有影响，即在表达生成所需产物的同时还产生其他基因产物。

（5）转基因植物存在体细胞变异。

（6）所转基因与植物中的其他基因之间可以发生相互作用。

转基因既可影响植物中原有基因的表达（例如：共抑制），也可与植物中其他基因发生相互作用，从而引起性状的改变。这些特点，是评价转基因植物安全性时的重要参考因素。

1983 年，世界上第一例转基因植物（Genetically Modified Plant）——转基因烟草诞生了。

二、转基因植物的分类

到目前为止，转基因作物可划分两代，第一代转基因作物主要是抗虫、抗病、抗除草剂。其中尤以抗除草剂的转基因作物种植面积最广；第二代转基因作物的开发将使消费者直接受益，如增加营养价值，消除过敏原和抗营养因子，延长水果及蔬菜的保鲜期等。其目标主要有 4 个方面：

（1）改良农艺性状；

（2）更适于采后加工；

（3）提高营养品质或其他利用价值；

（4）减少环境污染。其产业化的趋势将是由单一抗性向多抗、优质、高产等方向发展，由棉花、大豆、玉米等作物向小麦、水稻等主要粮食作物发展。

（一）抗除草剂转基因植物

在现代农业中，除草剂被广泛施用，除草剂在杀灭杂草时，也会对作物造成伤害。农作物转入抗除草剂的基因后，能够有效地降低药害，提高产量。

目前，农作物抗除草剂的基因工程主要有三个策略：通过除草剂作用的靶酶过量产生来进行解毒；改变除草剂作用靶物的敏感性；导入能解除除草剂毒性的酶基因。

（1）通过除草剂作用的靶酶过量产生来进行解毒。

通过大量表达除草剂作用的靶酶来抵消除草剂的毒性，如5-烯醇丙酮酸草酸-3-磷酸（EPSP）合成酶的过量表达，可使植物对草苷磷产生抗性。

（2）改变除草剂作用靶物的敏感性。

修饰除草剂作用靶物以降低农作物对除草剂的敏感性，如 aroA 基因所编码的 EPSP 对草苷磷敏感性降低，导入植物后可使转基因植株产生抗性。

（3）导入解除除草剂毒性的酶基因。

导入能降解除草剂的酶或酶系统基因，这类基因大多数来自于土壤中的微生物。

基于这些原理，市场上已有抗草甘膦（Glyphosate）、草丁膦（Phosphinothricin）、溴苯腈（Bromoxyril）类除草剂等转基因作物。

转基因耐除草剂植物有许多优点：

（1）使农业耕作管理更加容易；

（2）除草效果更加明显；

（3）减少除草剂用量；

（4）增产增收。

现已培育出大豆、玉米、棉花、水稻、油菜、马铃薯、甜菜和苜蓿等抗除草剂转基因作物品种（系），它们中一些已进入或将进入商品化生产。

（二）抗虫转基因植物

虫害往往使农作物遭受重大产量损失。全世界每年用于化学杀虫的费用高达 50 亿美元。杀虫剂的大量使用不仅增加农业成本，还会造成环境污染，破坏生态平衡。因此，将各种抗虫基因导入栽培作物，通过植物自身合成杀虫蛋白或多肽，由植物自己来合成杀虫剂，能够减少农药的使用，有效的降低虫害损失，取得较好的经济效益和环境效益。转入的外源基因根据来源不同可以分为 4 大类：① Bt 杀虫蛋白基因；② 动物源毒素，如蝎毒素、蜘蛛毒素等基因；③ 植物源各种抗虫基因，如蛋白酶抑制剂和植物凝集素；④ 第二代抗虫基因，如胆固醇氧化酶基因和营养期杀虫蛋白基因。

▶▶▶▶▶▶

> ☞ **营养期杀虫蛋白**：是指在苏云金芽胞杆菌营养期中发现的一种非晶体状胞外杀虫蛋白，对鳞翅目昆虫具有广谱的杀虫活性。营养期杀虫蛋白基因在苏云金芽胞杆菌天然菌株中高度保守并较为广泛分布。

1. Bt 杀虫蛋白基因

苏云金芽孢杆菌（Bacillus thuringiensis,Bt）是一种土壤中普遍存在的革兰氏阳性细菌，在不同生态环境中均有分布，是世界上应用面积最广、研究最为深入、应用最成功的杀虫微生物。其主要杀虫作用是在芽孢形成过程中产生的杀虫晶体蛋白，又称为δ-内毒素。敏感昆虫吞食苏云金芽孢杆菌后在肠道的碱性条件和酶的作用下将其降解为 60 kDa 左右的活性肽，并与受体的蛋白结合，嵌合于细胞膜，引起膜穿孔，破坏细胞渗透平衡，引起细胞肿胀甚至破裂，最终导致昆虫瘫痪或死亡。目前，经过密码子优化（如增加 G/C 含量、采用植物编好的编码子、除去不必要的位点及多聚腺苷酸化信号等以适应在植物中表达）的 Bt 基因已被成功地导入棉花、玉米、烟草、辣椒等植物，获得了一大批具良好抗虫性的转基因作物品种及种质资源，可使田间杀虫剂用量减少 80% 左右。

> ☞ **多聚腺苷酸化**：是指多聚腺苷酸与信使 RNA（mRNA）分子的共价链结。在蛋白质生物合成的过程中，这是产生准备作翻译的成熟 mRNA 的方式的一部分。

苏云金芽孢杆菌可以产生伴孢晶体蛋白（ICP），又称 Bt 杀虫蛋白基因。Bt 杀虫蛋白可以为α-外毒素，β-外毒素，δ-内毒素和虱因子，其中用于转基因植物的主要为δ-内毒素简称"杀虫晶体蛋白"。Bt 基因对于高等哺乳动物和人类极为安全，是一种十分理想的杀虫基因，也是当前使用最为广泛的抗虫基因。

2. 动物产生的昆虫毒素基因

蝎昆虫毒素是蝎在长期的进化过程中形成的，它可专一作用于昆虫细胞膜的离子通道，而对哺乳动物无害或毒害性很小。另一类常见的昆虫毒素是蜘蛛毒素，它是澳大利亚 Deakin 公司从一种蜘蛛毒液中分离纯化得到的一种只有 37 个核苷酸的小肽。北京大学成功合成了此肽的基因，并将此基因导入烟草后，转基因烟草表现出了抗虫特性。

3. 植物来源的各种抗虫基因

植物中的蛋白酶抑制剂能削弱或阻断蛋白酶对食物中蛋白质的消化，使昆虫产生厌食反应，最终导致昆虫非正常发育或死亡。在植物中已发现 10 个蛋白酶抑制剂家族，分别抑制 4 种蛋白酶——丝氨酸蛋白酶、胱氨酸蛋白酶、天冬氨酸蛋白酶、金属蛋白酶。与抗虫性关系最大的是丝氨酸蛋白酶抑制剂（包括胰蛋白酶抑制、胰凝蛋白酶抑制剂、弹性蛋白酶抑制剂）。大多数昆虫利用胰蛋白酶消化食物，但大多数植物不含或仅含有微量的这种酶。现已从豇豆、大豆、马铃薯、大麦等中分离出丝氨酸蛋白酶抑制剂，其中豇豆蛋白酶抑制剂（CpTI）基因和马铃薯蛋白酶抑制剂（PinII）基因抗虫效果较好。这些基因来自植物，不必对密码子进行改造就能很好地表达，其抗虫谱也比 Bt 杀虫蛋白基因要宽，而且昆虫难以直接产生抗性。此外，植物中普遍存在的淀粉酶抑制剂对多种昆虫也有抑制作用。

　　植物凝集素（Lectin）是一类特异识别并可逆结合糖类复合物的非免疫性球蛋白。当它被昆虫摄食进入消化道时，会同昆虫肠道周围细胞壁膜糖蛋白相结合，影响营养物质的吸收，同时还可能在昆虫消化道内诱发病灶，导致昆虫生病死亡。可利用基因工程技术将外源凝集素基因导入植物体内，以达到杀虫目的。当前应用较多的外源凝集素基因主要有豌豆外源凝集素（P-lec）、雪花莲外源凝集素（GNA）、半夏外源凝集素（PTA）。豌豆外源凝集素能抑制豇豆象的繁殖，对于稻飞虱、蚜虫一类刺吸式害虫表现出良好的抗性。GNA 存在于一定生长阶段的雪花莲组织中，它对线虫、蚜虫、叶蝉、稻褐飞虱等具有刺吸式口器的同翅目害虫有很好的毒杀功效。

4. 第二代抗虫基因

1）营养期杀虫蛋白基因

　　众所周知，苏云金芽孢杆菌为革兰氏阳性土壤杆菌，它在芽孢形成过程中产生称为 δ-内毒素的杀虫伴胞晶体蛋白，这些蛋白具有很高的杀虫活性。在过去的几十年了，已确定数十种苏云金芽孢杆菌菌系及 130 多种它们编码的杀虫晶体蛋白，近几年克隆 Bt 基因已转入植物，并在植物体内高效表达。尽管如此，Bt 杀虫蛋白对某些农业上较顽固害虫的作用效果不佳，如鳞翅目的小地老虎。在世界范围内，小地老虎危害了 50 余种农作物，其幼虫造成的损失往往是不可挽回的。人们在研究中发现，在芽孢形成前的营养生长阶段，可分泌和产生另一种非 δ-内毒素的杀虫营养蛋白，即 Vip 蛋白（Vegatative insecticidal protein，Vip），被称之为第二代杀虫蛋白。目前，已发现了 3 种营养期杀虫蛋白：从蜡状芽孢杆菌（B. cereus）培养物中分离出的 Vip1、Vip2 和从苏云金芽孢杆菌（B. thuringienses）培养物总分离出的 Vip3A，VipN 末端序列带有数个正电荷氨基酸残基组成的区域和一个疏水核心区。Vip 蛋白可

▷▷▷▷▷▷

与敏感昆虫表皮细胞、尤其是柱状细胞相结合，造成细胞崩解，伴随着肠道严重受损，使昆虫迅速死亡。昆虫摄食 Vip3A 引起的症状与 δ-内毒素致毒表症类似，但是 Vip3A 发症的时间要长些。目前，Vip3A 基因已被克隆，对它的研究也较为深入。生物测试结果表明：Vip3 有广谱鳞翅目杀虫活性，尤其对小地老虎、黏虫和甜菜夜蛾有特效。Vip 的有效作用浓度（30～100 ng）与 Bt 杀虫蛋白类似。

2）胆固醇氧化酶基因

胆固醇氧化酶基因（Cholesterol oxidase，Cho）也被称为第二代抗虫基因，其表达的产物是一类新型杀虫剂。在链霉菌属（Streptomyces）、短杆菌属（Brevibacterium）、假单胞菌属（Pseudomonas）、红球菌属（Schizopylium）等细菌中均发现有胆固醇氧化酶。目前已从链霉菌属中分离出胆固醇氧化酶基因，其编码的胆固醇氧化酶属于乙酰胆固醇氧化酶家族的成员，可催化胆固醇形成 17-酮类固醇和过氧化氢。胆固醇是细胞膜的主要组分，伴随着上述反应，摄食昆虫的肠道表皮细胞出现胞溶现象，由此导致昆虫死亡。生物测试结果表明：胆固醇氧化酶对棉铃象甲（Boll Weevil）及烟青虫（Tobacco Budworm）有明显的毒杀作用，有效作用浓度与 Bt 杀虫晶体蛋白类似。

棉铃象甲是世界性的棉花主要害虫之一，为害部位是棉铃，成虫将卵产于棉花花蕾内，幼虫在棉铃上完成整个发育过程。常规的化学药剂很难到达花蕾内，因此难以控制这类害虫，利用转基因棉花自身产生的杀虫蛋白则能获得理想的杀虫效果。目前，常用的转 Bt 杀虫蛋白基因的棉花对棉铃虫有明显的防治效果，但是对棉铃象甲作用不大，胆固醇氧化酶能弥补这一不足。

总之，当前植物抗虫基因工程是生物技术研究的一个热点，人类为寻找新的抗虫基因在不懈的努力，新的杀虫基因将不断发现，这对抗虫转基因植物的更新换代，防止害虫对某种抗虫转基因植物产生耐受性，具有重要意义。发展趋势是同时转入一种以上的抗虫基因而获得抗虫谱宽、抗虫性强、昆虫难以产生耐受性的转基因植物。

（三）抗病转基因植物

抗病转基因植物的原理为导入病原体的无毒基因诱导植物产生抗性或直接导入防卫基因增强植物的抗病性。可分为三大类：抗病毒转基因植物，抗真菌转基因植物和抗细菌转基因植物。其中抗病毒转基因植物已经进入商业化生产阶段。

☞ **防卫基因**：植物在与病原微生物共同进化的过程中,发展了一系列拮抗病原物侵染的复杂的防御反应体系。在植物与病原互作中,有大量的基因诱导表达,它们编码的蛋白质参与植物对病原物的防卫反应,这类基因称之为防卫相关基因（Defense Related Genes）,或简称为防卫基因（Defense Genes）。根据防卫基因表达产物及其功能,可大致分为次生物质合成基因、水解酶和病程相关基因、细胞壁修饰有关基因和清除活性氧的细胞内防卫酶系统基因四大类。

☞ **病程**（Pathogenesis）：又叫病原物侵染过程（Infection Progress）,是指病原物与寄主植物的可侵染部位接触,经侵入,并在寄主体内定殖、扩展、进而为害直至寄主表现症状的过程,也是植物个体遭受病原物侵染到发病的过程。一般将侵染过程分为接触期、侵入期、潜育期和发病期等 4 个时期。

1. 抗病毒转基因植物

1985 年,Sanford 和 Johnston 提出病原衍生抗性理论。科研工作者根据这一理论,十多年来已经从毒原病毒中开发出许多抗病毒基因及抗病毒转基因植物。病毒基因已成为当前植物抗病毒基因工程的重要工具。研究表明,许多抗病毒转基因作物（如：水稻、玉米、油菜、白菜、苜蓿、西红柿、黄瓜、甜瓜、木薯、马铃薯、甜菜、甘蔗等）的衣壳蛋白介导抗性对许多病毒都是有效的。这种介导抗性的可能机制能阻止病毒脱壳,衣壳蛋白与病毒 RNA 互作或与寄主 RNA 互作影响转录和翻译,衣壳蛋白对病毒在细胞间或更长距离传播的干扰等。1995 年,美国农业部批准第一个转衣壳蛋白基因南瓜品种 Freedom Ⅱ 投入商业应用,该品种对西葫芦黄花叶病毒（ZYMV）和西瓜叶病毒 Ⅱ（WMVII）都具有抗性。在 FreedomII 转基因南瓜的生产应用中,不用杀虫剂即可消灭传播病毒的昆虫,从而提高产量、降低成本。国外已有烟草、马铃薯、黄瓜、西红柿等转衣壳蛋白基因品种相继投入市场,北京大学培育的抗黄瓜花叶病毒（CMV）转衣壳蛋白基因西红柿、甜椒已通过食品安全审查。

2. 抗真菌转基因植物

几丁质和 β-1,3-葡聚糖是大多数病原真菌细胞壁的主要成分之一。几丁质酶和 β-1,3-葡聚糖酶分别具有降解几丁质和 β-1,3-葡聚糖的作用,可用于对抗植物的真菌病原。目前,科学家们已经从水稻、烟草、黄瓜、马铃薯、大豆等作物和某些细菌中获得了几丁质酶。日本、荷兰已有转几丁质酶基因的抗白粉病烟草和抗枯萎病西红柿。

▷▷▷▷▷▷

一般情况下，植物主要通过其抗性基因（R）和病毒的无毒基因（AVR）之间的相互作用诱发过敏反应，并进一步激活防卫基因的表达，从而表现抗病性。由于植物抗性基因和病菌无毒基因通常只在植物与病原物早期识别反应中发生作用，并进一步诱导防卫基因表达，所以真正发挥抗病功能的是防卫基因的产物。因此，直接导入防卫基因可以提高植物的抗性。防卫基因主要有植物抗毒素（PA）基因、病程相关蛋白（PRP）基因、钝化病原物致病酶的蛋白基因、抗真菌肽基因等几类。植物抗毒素又称植保素，是植物受到真菌侵染后产生的一类低分子化合物，在植物防卫反应中起重要作用。植物抗毒素中含量最多的是类黄酮与类内萜化合物。植物抗真菌肽也叫植物防卫素。来自植物种子的抗真菌肽具有广谱的抗真菌活性。植物抗真菌肽有萝卜抗真菌蛋白、大麦和小麦的硫素、线麻的植物凝集素以及许多植物中含有的脂质转移蛋白。

与抗虫和抗病毒基因工程相比，抗真菌基因工程难度较大。但是现在对植物与真菌病原相互作用的分子机理的了解，比以往任何时期都更深入，目前，科学家已经鉴定和克隆了若干对真菌具有强抗性的抗真菌蛋白，同时也已完成了期待已久的抗真菌基因的克隆。抗真菌转基因作物的商业化已为期不远。

3. 抗细菌转基因植物

植物病原菌产生的致病毒素是重要的致病因子。如果能从病原菌或其他微生物中分离并克隆降解毒素的基因，并将之导入植物使之正确表达产物，能使转基因植物具备抵抗产生毒素的病原菌的侵染。

非植物起源的杀菌肽基因在植物上表达可使植物获得对病原细菌的抗性。杀菌肽是由 30 多个氨基酸残基组成的小肽，具有广泛的杀菌谱，对革兰氏阳性和革兰氏阴性菌都具有抗性。

植物病原菌产生的致病毒素是重要的致病因子。如能从病原菌或其他微生物中分离并克隆降解毒素的基因，将其导入植物使之正确表达，便可使转基因植物具有抵御产生毒素的病原菌侵染。植物也拥有抗细菌基因，如拟南芥 Rps2 基因和西红柿 Pto 基因。植物抗病蛋白——硫素的离体表现出对植物病原具有毒性。如大麦 α-硫素基因的表达可大幅度提高转基因烟草对野火病原细菌和斑点病原菌的抗性。

（四）抗环境威胁的转基因植物

环境胁迫是植物不良生存环境的总称，主要有温度胁迫（低温引起的冷害和冻害、高温）、水分胁迫（涝害）和化学物胁迫（盐碱、重金属、有机污染物等）。植物抗环境胁迫特性一般受多基因控制调节。当前抗环境胁迫转基因植物研究主要集中在与植物环境胁迫相关的基础研究方面，如研究胁迫刺激的接受、转换和传递的分子机制。通过克隆有利于提高植物抗环境胁迫能力的基因，以期达到提高植物抗环境胁迫的特性。

目前，应用于植物胁迫耐性改良的外源目的基因包括编码渗透调节产物合成酶、膜修饰酶、活性氧清除酶、胁迫诱导蛋白等基因。重点研究的抗环境胁迫基因有：脯氨酸合成酶基因、甜菜碱合成酶基因、调渗蛋白基因、乙醇脱氢酶基因、热激蛋白基因、苯丙氨酸裂解酶基因、苯基苯乙烯酮合成酶基因、胆碱脱氢酶基因和抗冻蛋白基因等。

现已克隆到来自微生物等有机体的编码生化代谢关键酶和逆境胁迫信号传导的一些重要基因，向栽培植物导入这些外源目的基因，已发展成为改良植物耐（抗）胁迫性的新途径。

如将来源于大肠杆菌的胆碱脱氢酶基因 betA 导入烟草和马铃薯，转基因植株中甘氨酸甜菜碱（一种调节渗透作用的物质）含量可大幅提高，每克干重植物高达 5 μmol 甘氨的甜菜碱，其耐盐碱和抗冻性明显改善。在某些极地鱼中发现的类型 I 抗冻蛋白（AFP）可防止细胞组织中冰晶形成，导入该基因的烟草和西红柿植株，其体内 AFP 积累增加，抗冻性提高。高等植物质膜中脂肪酸的不饱和程度和冷敏感性密切相关。膜脂中心位置顺式双键的存在，可把相变温度降低到接近 0 ℃。将编码生成顺式双键的酶基因导入植物体内，可提高抗冷性。如将拟南芥的叶绿体 ω-3 脂肪酸脱氢酶基因 Fad7 导入烟草，获得的转基因植株抗冷性增强。

脯氨酸是渗透胁迫下易积累的一种氨基酸，也是盐生植物的一个调节渗透压的溶质。因此，增加非盐生植物中脯氨酸的积累量可提高其抗渗透胁迫的能力。

（五）植物发育转基因植物

1. 控制果实成熟的转基因植物

乙烯是植物果实成熟时重要的内源激素，通过控制乙烯合成的关键酶就可以延长某些水果和蔬菜瓜果的保鲜期，ACC 合成酶（1-氨基环丙烷-1-羧酸合成酶）是乙烯合成途径中最为重要的酶。图 2.2 所示为乙烯对西红柿催熟的示意图。

2. 雄性不育基因工程

基因工程不育系的创造主要有几种途径：一种是通过花粉成花药特异性表达启动子，驱动细胞毒素基因在花药或花粉中表达，促使绒毡层细胞消融成花

▶▶▶▶▶

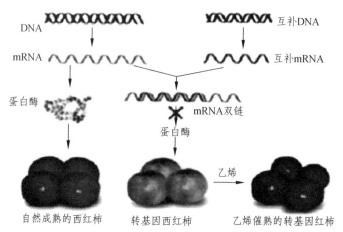

DNA　　　　　　　　　　　　　　　　　互补DNA

mRNA　　　　　　　　　　　　　　　　互补mRNA

蛋白酶　　　　　　　　　　　　　mRNA双链

　　　　　　　　　蛋白酶

　　　　　　　　　　　　　　　　乙烯

自然成熟的西红柿　　　转基因西红柿　　　乙烯催熟的转基因红柿

图 2.2　控制西红柿的成熟

粉自融，达到雄性不育。另一种是利用反义 RNA 抑制花粉发育所必需的基因的表达，从而达到雄性不育。类黄酮色素基因不仅对花的颜色有重要调控作用，而且对花粉的发育同样起调节作用。苯基苯乙烯酮合成酶（CHS）是类黄酮生物合成的一个关键酶。通过基因工程手段抑制花药中 CHS 的合成，从而阻碍了花粉的正常发育，得到雄性不育的植株。

　　此外，通过转基因喷施外源激素可产生条件型雄性不育系。激素是雄蕊正常发育的重要成分，几乎所有的激素都直接或间接与雄蕊发育有关，一种或几种激素含量的改变可导致雄性不育。如今，许多与激素生物合成有关酶的基因已经被克隆出来。

　　农作物杂种优势利用是大幅度提高产量的主要途径之一。由雄性不育而创造的三系法和两系法育种技术，解决了杂交种制种的难题，使得杂交品种得以大面积推广和应用，在作物增产中发挥了重大作用。然而，传统育种方法筛选和培育理想雄性不育系，尤其是核雄性不育系存在诸多困难，基因工程的兴起为培育植物雄性不育开辟了新的途径，尤其使利用核雄性不育成为可能。

3. 改良品质的转基因植物

　　品质改良主要涉及以下几个方面：蛋白质的含量及氨基酸的组成、碳水化合物的组成及含量、微量元素含量以及提高油料作物的含油量及其质量等。

　　（1）转基因改良作物蛋白质营养成分。

　　人类和畜类饮食中的 8 种必需氨基酸通常来源于植物。然而没有任何一种植物储藏器官中全部含有这 8 种氨基酸，如大麦、高粱缺乏赖氨酸和苏氨酸，玉米缺乏色氨酸，小麦等禾谷类粮食作物缺乏赖氨酸，大豆蛋白质中则缺少含硫的蛋氨酸。在食物中，某种限制性氨基酸缺乏时会影响其他氨基酸吸收，因而谷物和大豆蛋白质得不到充分利用。基因工程在克服作物种子蛋白质的这些营养缺陷方面发挥着重要作用。

（2）转基因改良小麦的烘烤品质。

小麦制面包的烘烤品质是小麦品质改良的重点之一。已知小麦的烘烤品质取决于种子蛋白中的麦谷蛋白及其高相对分子质量（HMW）亚基的含量，麦谷蛋白及其 HMW 亚基决定着面团的弹性和延展性。通过增加 HMW 麦谷蛋白亚单位的拷贝数或插入特殊的编码 HMW 亚单位的基因或改变 HMW 亚单位本身的基因表达等基因工程策略，改良小麦的烘烤品质已进行了成功的尝试。

（3）转基因改良作物的碳水化合物组成、含量。

碳水化合物是许多植物的代谢物和储存物，通过转入外源基因可改变植物的碳水化合物组成、含量，提高其品质，这已在不少作物中获得成功运用。植物储藏器官的淀粉由直链淀粉和支链淀粉组成，二者比例决定着淀粉的品质和用途。颗粒结合淀粉合成酶（GBSS）是合成支链淀粉的关键酶，把编码 GBSS 的基因反向导入马铃薯中可产生不含或只含少量直链淀粉，这种淀粉适用于食品业和造纸业。而把大肠杆菌糖原合成酶基因导入马铃薯，使之用于块茎中特异表达，则可产生含量高的支链淀粉。果聚糖是一类非生热的碳水化合物，在食品工业上有极高价值。Vijn 等将洋葱编码果聚糖的基因导入菊苣，获得了能合成果聚糖的转基因植株。

（4）转基因改良作物微量元素含量。

微量元素是影响作物品质的一个重要因素。全世界约有 30% 人口存在铁元素营养不良的现象，特别是以植物食品为主的人群。铁和维生素 A 缺乏会导致严重的贫血、智力发育不良、失明甚至死亡。通过施用铁元素肥料虽然可以提高作物铁含量，但此方法费用较高，而且不精确。Gotoel 等将编码大豆铁蛋白基因导入水稻获得成功。该基因受控于水稻种子储藏蛋白启动子之下，转基因水稻种子胚乳中铁元素含量比对照高出 3 倍。近年来，随着人们对植物体内类胡萝卜素和生育酚（维生素 E）合成代谢途径深入研究及相关重要酶基因的克隆，转基因培育高含量胡萝卜素和生育酚作物品种已成为可能。例如，瑞士科学家 Potrykus 和德国科学家 Beyer 应用基因工程技术，培育出富含维生素 A 的转基因水稻品种——金米。目前，国际水稻研究所正在对其安全性和效用作全面测试。

（5）转基因提高油料作物的含油量及其质量。

油料是人类希望从植物中获得的另一大类物质。大豆、向日葵、油菜、油棕 4 种植物是全球的 4 大油料作物，这 4 种植物给全世界提供了价值可达 70 亿美元的产品。其中最易用基因工程的方法进行改造的油料作物是油菜。迄今，

▶▶▶▶▶

在全世界范围种植的良种油菜有 30% 是转基因品种，预计某种脂肪酸含量高到
90% 的转基因油菜将会问世。近年来，许多编码控制种子储藏油脂含量和质量
的重要酶基因相继克隆问世，并安全用于转基因植物培育出生产高附加值的食
用或工业用油脂化合物。

☞ **金米水稻**：将水仙花的两个基因和一种细菌的一个基因一起植入一种
名为 T309 的水稻种中，获得的一种新水稻品种。这种新水稻品种富含铁元素、
锌元素和可转化为维生素 A 的胡萝卜素，能防止贫血和维生素 A 缺乏病，且
大米又呈金黄色，故称之为金米水稻。

（六）医药领域用转基因植物

由于基因工程技术的发展，植物体正在成为具有重要经济价值的异源蛋白
的生产体系。用转基因植物生产药用蛋白有其独特的优势，比如植物细胞培养
条件简单，成本低、易于遗传操作、细胞具全能性、可利用种子储存运输、对
人类无害等。

据不完全统计，国外已在植物中成功表达了人的细胞因子、表皮生长因子、
干扰素、生长激素、单克隆抗体等几十种药用蛋白或多肽；国内也有单位正在
开展单克隆抗体、口服疫苗在植物中表达的研究。此外，使用具有瞬时高效表
达大量外源蛋白的优点的基因工程植物病毒作载体，也可应用在植物中生产药
用蛋白多肽。

（七）农艺性状（花卉的花形、花色改变）改良的转基因植物

利用转基因技术能改变花形、花色，控制花期。由于花卉为非食用植物，
无需考虑其食用安全性，因此转基因花卉的应用前景十分广阔。

目前，对花色调控机理的了解正逐步深化，已分离克隆到大量相关的酶和
基因，建立许多重要的花卉品种的遗传转化体系，获得了一批转基因花卉，如
矮牵牛（Petunia）、香石竹（Dianthus）、百合（Lilium）、玫瑰（Rose）、菊花
（Dendranthema）、郁金香（Tulip）等。1996 年 10 月，Florigene 公司首次在澳
大利亚出售转基因淡紫色康乃馨，不久，该公司又推出了深紫色康乃馨。加利
福尼亚的戴维斯基因工程公司从矮牵牛中分离出一种新的蓝色编码基因，导入
到玫瑰中，获得了开蓝色花的玫瑰，提高了其观赏价值。

三、转基因生物技术概述

（一）什么是转基因技术

转基因技术（Transgene technology）是指将人工分离和修饰过的基因导入到生物体基因组中，由于导入基因的表达，引起生物体的性状的可遗传的修饰，这一技术称之为转基因技术。经转基因技术修饰的生物体在媒体上常被称为"遗传修饰过的生物体"（Genetically Modified Organism，GMO）。

转基因技术，包括外源基因的克隆、表达载体、受体细胞，以及转基因途径等，外源基因的人工合成技术、基因调控网络的人工设计发展，导致了21世纪的转基因技术将走向转基因系统生物技术-合成生物学时代。

植物转基因技术也称遗传转化技术，通常依据人们一定的需要将已经分离，克隆并组建成一定载体形式的外源基因，借助于物理、化学或生物手段，转入受体植物细胞，实现在新背景下表达和遗传的过程。

（二）转基因技术的重要性

转基因技术可以克服物种之间的遗传屏障，按照人类的愿望创造出自然界里原来没有的生命形态或稀有物种，以满足人类的需求。

转基因技术是现在以及今后相当长时期内农业、食品、医药、能源、矿业、环境等众多领域的生物技术产业的核心技术。

以农业而言，农业发展面临的农业生产结构调整、降低生产成本、减少化学农药肥料的使用、提高单位面积产量、更好地利用太阳能进行更有效的光合作用、提高产品质量（特别是营养组成）、改进农业生态平衡、改善和增强农业生态服务功能等问题都是21世纪的重大问题。为此，要求大幅提高农作物对各种生物或非生物的逆境（病虫害、杂草、干旱、寒冷炎热、酸性或碱性土壤等）的抗性，向市场提供数量更多、品质更好、营养更丰富的"绿色"食品和饲料。转基因技术可为达到这些目标和要求做出关键性贡献。

（三）植物基因工程在农业中的发展前景

近20年来，植物基因工程的发展日新月异，硕果累累。全世界已分离出的目的基因有100多个，获得的转基因植物200多种。基因转化技术的日臻成熟，使

▷▷▷▷▷

育种途径进入一个高新时代。大量转基因植物的研究表明，植物基因工程是在基因水平上改造植物的遗传物质，定向改造了植物遗传性状，扩展了育种范围，打破了物种间的生殖隔离障碍，丰富了基因资源，从而使育种更具有科学性、精确性、目的性、共用性和可操作性。随着分子生物学的发展，反义技术的应用、核酶的发现与应用以及无毒信号基因介导的广谱抗病策略、转座子载体系统介导的基因转化策略等其他新技术的应用，拓宽了植物基因工程技术的视野，进一步有目的地培育出高产、稳产、优质和抗逆能力的植物基因工程的新品种。因而，植物基因工程必须与常规育种相结合，协调好与农业资源遗传多样性保护之间的关系，使之成为作物改良的重要组成部分。转基因植物为农业带来巨大效益，但技术复杂，在具体实施过程中还会出现各种问题，诸如转基因沉默、安全性检测等，要达到真正意义上的安全，还需要科学界和社会的相互理解，植物基因工程的光明前途，无疑会给高科技农业的发展带来举世瞩目的变化。

四、几种常用的植物转基因方法

（一）农杆菌介导转化法

农杆菌是普遍存在于土壤中的一种革兰氏阴性细菌，它能在自然条件下趋化性地感染大多数双子叶植物的受伤部位，并诱导产生冠瘿瘤或发状根。根瘤农杆菌和发根农杆菌中细胞中分别含有 Ti 质粒和 Ri 质粒，其上有一段 T-DNA，农杆菌通过侵染植物伤口进入细胞后，可将 T-DNA 插入到植物基因组中。因此，农杆菌是一种天然的植物遗传转化体系，将目的基因插入到经过改造的 T-DNA 区，借助农杆菌的感染实现外源基因向植物细胞转移与整合，然后通过细胞和组织培养技术，再生出转基因植物，如图 2.3 所示。

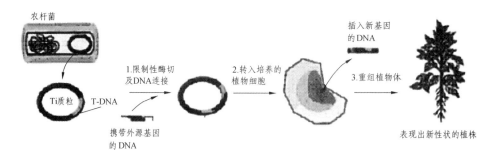

图 2.3　转基因植物发育过程

（二）基因枪介导转化法

基因枪介导转化法是将外源基因或 DNA 在 Ca^{2+} 或精胺等作用下吸附在重金属或钨粒子表面，制成 DNA-微弹，利用火药爆炸或高压气体进行加速（加速设备即称为基因枪），将包裹了带目的基因的 DNA 溶液的高速微弹直接送入完整的植物组织和细胞中，然后通过细胞和组织培养技术，再生出植株，选出其中转基因阳性植株即为转基因植株。与农杆菌转化相比，基因枪转化法的一个主要优点是不受受体植物范围的限制，而且其载体质粒的构建也相对简单，因此也是目前转基因研究中应用较为广泛的一种方法。

（三）花粉管通道法

在受粉后向子房注射目的基因的 DNA 溶液，利用植物在开花、受精过程中形成的花粉管通道，将外源 DNA 导入受精卵细胞，并进一步地被整合到受体细胞的基因组中。随着受精卵的发育而成为带转基因的新个体，我国目前推广面积最广的转基因抗虫棉就是用花粉管通道法培育出来的。该法的最大优点是不依赖组织培养人工再生植株，技术简单，不需装备精良的实验室，常规育种工作者也能容易地掌握。

植物转基因技术的一般过程如图 2.4 所示。

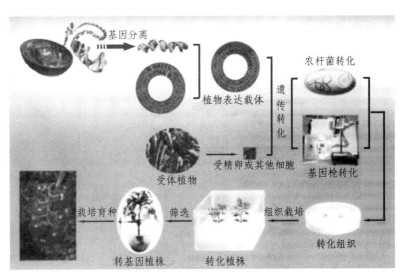

图 2.4　植物转基因技术的一般过程

第二节　转基因植物的生物安全及管理

一、转基因植物的安全性

（一）转基因植物安全性评价的必要性及原则

1. 转基因植物安全性评价的必要性

（1）转基因植物中导入的外源基因通常来源于非近缘物种，甚至可以是人工合成的基因。

由于受到基因互作、基因多效性等因素的影响，很难精确地预测外源基因在新的遗传背景中可能产生的表型效应和副作用，也不了解它们对人类健康和环境会产生何种影响。目前转基因植物大量使用来源于细菌或病毒中的基因序列作为外源基因的组成部分。消费者担心这些外源基因会像细菌或病毒一样会对人体产生毒害作用。

（2）转基因植物研究的飞速发展使得大量转基因农作物进入商业化生产阶段。

转基因植物的大面积种植，就有可能使得原先小范围内不太可能发生的潜在危险得以发生，比如通过基因流破坏生态平衡。

（3）目前虽已制定了有关生物安全的管理法规，但还不完善。

执行中受到了来自企业、科研单位及有关组织等多方面的反对，因而有必要通过客观的全面的对转基因植物进行安全评估，为相关法规的制定和执行提供明确的依据。

（4）由于对生物技术缺乏了解，部分群众对生物技术产品持保留态度，并提出各种各样与安全性有关的疑问。

通过科学的安全性评估资料，向社会证明转基因植物建立在坚实的科学基础之上并在严格的管理监督下有序、安全地进行。

2. 转基因植物安全性评价的原则

转基因植物及其产品风险评估的总原则是在保证人类健康和环境安全的前提下，促进生物技术的发展，而不是限制生物技术的发展。在具体的风险评估实践中，常常遵循一些基本原则，以最大限度地保证风险评估的科学性和评估结果的准确性。目前得到世界经济发展合作组织、世界粮农组织、世界卫生组织以及多数国家认同的安全性评估原则是：科学性原则、熟悉原则、预防原则、个案分析原则、逐步深入原则和实质等同原则。

（1）科学性原则（Science-base principle）。

对生物安全进行评价必须基于严谨的态度和科学的方法，应充分利用最先进的科学技术和公认的生物安全评价方法，认真实施和进行评价。只有通过进行严格的科学实验、认真收集科学数据和对数据进行科学的统计分析，才能够得到有关生物安全的科学结论，达到生物安全评价的目的。

（2）熟悉原则（Familiarity principle）。

在对转基因植物进行安全评价的过程中，必须对转基因受体、目的基因、转基因方法以及转基因植物的用途和其所要释放的环境条件等因素非常熟悉和了解，这样在生物安全评价的过程中才能对其可能带来的生物安全问题给予科学的判断。如果对上述因素非常熟悉，如非常了解受体植物在农业生态系统中使用的情况，是否曾经有过安全的问题等，那么转基因植物的安全评价过程就可以充分地简化，否则，评价的方式可能要复杂得多，评价的过程也会相对较长。

（3）预防原则（Precautionary principle）。

为了确保转基因植物的环境安全，应广泛采用预先防范原则，即对于一些潜在的严重威胁或不可逆的危害，即使缺乏充分的科学证据来证明危害发生的可能性，也应该采取有效的措施来防止由于出现这种危害而对环境带来的灾难性的后果。这就是说，即使不能充分肯定出现这种危害，管理者也应该采取有效的措施来避免这种严重的或不可逆的危害。

（4）个案分析原则（Case-by-case principle）

在对转基因植物进行安全评价的过程中，对不同的个案应采取不同的评价方法，必须针对具体的外源基因、受体植物、转基因操作方式、转基因植物的特性及其释放的环境等进行具体的研究和评价，通过综合全面的考察得出准确的评价结果。因此即使是对于同样的受体植物，如果目的基因或转基因操作方式不同，甚至上述条件均相同，但转基因事件不同，都应该分别对其转基因产品进行生物安全性评价。

（5）逐步深入原则（Step-by-step principle）

对转基因植物进行安全评价应当分阶段进行，并且对每一阶段设置具体的评价内容，逐步而深入的开展评价工作。通常对转基因生物的安全评价应该有如下 4 个步骤：

① 在完全可控的环境（如实验室和温室）下进行评价；

② 在小规模和可控的环境下进行评价；

▷▷▷▷▷▷

③ 在较大规模的环境条件下进行评价；

④ 进行商品化之前的生产性试验。

（6）实质等同原则（Substantial-equivalent principle）。

实质等同原则主要针对转基因植物的食品安全问题，以转基因植物的受体植物（非转基因）为对照，若转基因植物和非转基因对照植物在毒理学、抗营养因子、过敏因子等实验中没有表现出显著差异，则可认为转基因和非转基因植物在食品安全方面具有实质等同性。实质等同原则本身并不是安全性评价，而是用来构建相对于传统亲本的新食品安全性评价的起点。这一概念用来确定新食品与传统亲本食品之间的相似性与差别，有助于确定转基因食品的潜在安全性和营养问题。

（二）转基因植物安全性评价的主要内容

安全性通常是指某事物在一定条件下所引起的危害程度和公众对风险的接受程度。一般而言，转基因植物及其产品的安全性评价主要包括 3 个方面：

（1）导入的外源基因及其产物对受体植物是否有不利影响。

（2）有关转基因作物释放或使用带来的生态学上的安全性，主要有以下几个方面：

① 转基因作物本身转变为杂草；

② 转入的外源性基因可能漂流转移至近缘或远缘物种，进而使其演变为杂草；

③ 转入的外源性基因在水平方向上转移漂流至其他物种带来该物种的消失或生态学上的问题；

④ 转基因以其他不明的方式使作物和野生近缘物种之间的生态关系紊乱；

⑤ 基于上述原因而导致生物多样性丧失以及生态系统的退化和紊乱。

（3）有关毒理学方面的安全性问题。而毒理学方面的安全性，主要集中体现在食品、饲料和其他消费领域的安全性。主要有以下内容：

① 转入的外源性基因可能使作物变得不易加工或消化；

② 它可能影响作物的毒理学特性；

③ 它可能以不明的方式产生某种有害物质；

④ 引起过敏性反应；

⑤ 抗生素作为标记基因产生的医疗抗性可导致无药可用；

⑥ 可能衍生环境激素效应。环境激素的作用机理如图 2.5 所示，对人的影响如图 2.6 所示。

图 2.5　环境激素作用机理

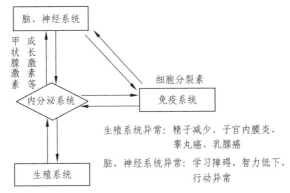

图 2.6　环境激素对人的影响

◆ 知识链接：环境激素（Environmental Endocrine）

1. 环境激素的提出与定义

"环境激素"一词，是由 1996 年由美国《波士顿环境》报记者戴安·达玛诺斯所著的《Our Stolen Future》一书中首先提出来的，它的产生却始于 20 世纪 30 年代，当时人们采用人工合成的方法生产雌性激素（DES）用作药品以及纺织工业的洗涤和印染用剂，这种合成雌性激素在诞生的同时就被指出有导致恶性肿瘤的危险。

环境激素是指环境中存在的一些能够像激素一样影响人体内分泌功能的化学物质的总称。此类物质具有很弱的激素样作用，可能影响到包括人类在内的各种生物的生殖功能、生殖器肿瘤、免疫系统和神经系统等。作用机理是这些物质可模拟体内的天然荷尔蒙，与荷尔蒙的受体结合，影响本来身体内荷尔蒙的量，以及使身体产生对体内荷尔蒙的过度作用；或直接刺激，或抑制内分泌系统，使内分泌系统失调，进而阻碍生殖、发育等机能，甚至有引发恶性肿瘤与生物绝种的危害。而这类化学物质是由于人类的生产和生活活动而释放到周围环境中，对人体和动物体内的正常激素功能施加影响，从而影响内分泌系统的化学物质，又被称为环境荷尔蒙或环境内分泌干扰物。

▶▶▶▶▶

许多除草剂、杀虫剂、医用药物和重金属等都属于环境激素，某些防腐剂、增塑剂、洗涤剂、芳香剂、涂料染料、化妆品材料等也含有一些环境激素。它们会通过空气、食品和水等途径进入人体。

2. 生活中如何预防和减少环境激素对人体的危害

环境激素几乎无处不在，要彻底杜绝它不太可能。这就意味着人类已经别无选择，唯有尽量减少向环境中释放环境激素等有害化学物质，加强对人工合成化学物质从生产到应用的管理，停用或替代目前正在使用的包括杀虫剂、塑料添加剂等在内的环境激素。

（1）尽量减少使用一次性用品。因为垃圾（特别是废旧塑料制品垃圾）焚烧能产生大量二噁英（Dioxin），释放大量环境激素，所以应尽可能减少使用一次性用品，如一次性饭盒、一次性卫生用品、一次性婴儿尿布等。出门在外带着自己的筷子、餐盒、杯子、牙刷洗漱用品，更加方便卫生舒适。

（2）在日常生活中尽量使用布袋、菜篮子等。塑料袋不仅增加垃圾数量、占用耕地、污染土壤和地下水，更为严重的是它在自然界中上百年不能降解，若进行焚烧，又会产生二噁英等有毒气体。

（3）选用简单包装的或大瓶、大袋包装的食品。商品的过分包装，加重了自然界的生态负担和消费者的经济负担。据统计，在工业化国家，包装废弃物几乎占家庭垃圾的一半。在日常生活中选用大瓶、大袋包装的食品，可减少包装的浪费和对环境的污染。

（4）不用聚氯乙烯塑料容器在微波炉中加热。因为聚氯乙烯塑料制品中添加的增塑剂邻苯二甲酸酯类化合物是一种环境激素，而它可能在高温中渗出。

（5）不用不合格的塑料奶瓶。在聚碳酸酯制成的奶瓶中倒入开水后，双酚 A（也称 BPA）会溶出，它可能导致内分泌失调，威胁着胎儿和儿童的健康；欧盟认为含双酚 A 奶瓶会诱发性早熟，因此，应尽量用玻璃制品。

（6）不用泡沫塑料容器泡方便面或饮用热水。方便面容器 90% 以上采用聚苯乙烯泡沫塑料，而原料苯乙烯是一种致癌的环境激素类物质。在这类容器中倒入开水后，苯乙烯会溶出。

（7）多用肥皂，少用洗涤剂。肥皂是天然原料脂肪加上碱制成的，使用后排放出去，很快就可由微生物分解。而洗涤剂成分复杂，多含有各种苯酚类有机物，是重要的激素来源，它的使用特别是含磷洗涤剂的使用，是水体富营养化的罪魁祸首之一。

（8）少用室内杀虫剂。杀虫剂是环境激素的一种，它因毒性、高残留性在生物圈中循环，破坏生态平衡，损害人的神经系统，诱发多种病变，是人类健康的重大隐患。特别是在密闭的室内，杀虫剂会富集和残留，浓度越来越大，严重损害居住者健康。

（9）简化房屋装修。装修房屋不仅浪费大量资源，而且还为健康带来隐患。氡气存在于建筑材料中，可诱发肺癌。石棉是强致癌物质，存在于耐火材料、绝缘材料、水泥制品中。家具黏合剂中的甲醛可引起皮肤过敏，刺激眼睛和呼吸道，并具有致癌和致畸作用。苯等挥发性有机物存在于装修材料、油漆和有机溶剂中，多具有较大的刺激性和毒性，能引起头痛、过敏、肝脏受损。甲醛、苯等物质可释放环境激素，危害人体健康。

（10）回收废旧电池。电池中含有镉、铅、锌、汞等，电池腐烂后，有毒金属渗入土壤、水体中，通过食物链进入植物、动物，最后进入人体内，可导致严重的疾病。为防治电池对环境的污染，请将电池收集到一起，到一定数量后，送到指定地点统一处理，以减少对环境的危害。

（11）减少农药的使用量。农药作为环境激素的重要物质，在植物体内富集或残留于植物表面，通过植物、昆虫、鱼类及气-水流通的作用，转化和富集。一方面，害虫产生了抗药性，使农药的需求量日益增加；另一方面，益虫、益鸟被杀，生态失衡，造成新的、更多的虫害。此外，农药还可通过各种渠道进入人体，引起慢性中毒，有些农药，甚至还有遗传毒性。因此，我们应尽量减少农药的使用，同时推广高效低毒、对环境影响小的新型农药。

（12）避免食用近海鱼。海水中含有各类化学物质，尤其是近海受到有害物质污染的概率更大。随着食物链浓缩、富集和放大，人食用近海鱼后，受到环境激素污染的概率也会增大。

（13）消费肉类要适度。禽畜的饲料中含有大量激素类物质，不要过度食用禽畜肉。

（14）多食用谷物和黄绿叶菜。据研究，多食用谷物和黄绿叶菜，如糙米、小米、黄米、荞麦、菠菜、萝卜、白菜等，有利于化学毒物从体内排出；饮茶有助于将体内的环境激素排出体外。

1. 外源基因对受体植物的影响

1）标记基因对植物的影响

大多数转基因植物在实验中采用两种遗传成分：标记基因和目的基因，应用的标记基因有两大类：报告基因和选择基因。转基因植株中大多数标记基因会表达相应的酶或其他蛋白，它们可能对转基因植株产生危害影响。主要的标

▶▶▶▶▶

记基因及其相应表达的酶与选择因子或底物可综合表达不同的功能作用。

☞ **报告基因（reporter gene）**：是一种编码可被检测的蛋白质或酶的基因，也就是说，是一个其表达产物非常容易被鉴定的基因。把它的编码序列和基因表达调节序列相融合形成嵌合基因，或与其他目的基因相融合，在调控序列控制下进行表达，从而利用它的表达产物来标定目的基因的表达调控，筛选得到转化体。作为报告基因，在遗传选择和筛选检测方面必须具有以下几个条件：① 已被克隆和全序列已测定；② 表达产物在受体细胞中不存在，即无背景，在被转染的细胞中无相似的内源性表达产物；③ 其表达产物能进行定量测定。

2）外源基因的插入对植物的影响

外源性基因插入受体植物基因组的位置是随机或非确定性的，其拷贝的数目也不确定，大多数情况是 1 个拷贝，也可能出现 2 个或多个拷贝，甚至偶尔也可能多达 20 ~ 50 个拷贝。外源性基因插入位置的随机性以及拷贝数的变化表明现代生物技术或基因工程远非精确，其表达方式和性状具有较大的不确定性和变异性。转基因植物的临界性、亚稳定性和混沌性表明其变异的随机性。这可能潜藏着很多不确定性影响：

（1）可能导致转基因失活或沉默。

（2）可能会使受体植物的基因表现插入失活。

☞ **插入失活**，是指 DNA 插入受体基因组后，可能引起受体某一基因断裂，从而使基因失活。如果断裂发生在某种主要基因上，可能改变植物代谢，或引起代谢途径的紊乱，致使有害物质在植物体内积累。但就转基因植物而言，理论上几乎不可能产生这种影响。但是，外源基因插入位置的随机性，使对其精确的控制远不能实现，其性状表达也随之有不确定性。现代生物技术离达到精确可控仍有很大距离，这是应该正视而不容忽视的不确定性风险。在自然界一直存在着自发插入的突变，基因流或"基因漂移"造就了某些种属间的杂交。近缘种间的基因交流而出现杂种是自然界中常见现象。传统育种中也常用插入基因引起突变来创造变异。当然，自然界通过自然选择，育种则通过人工选择，优胜劣汰，目的都是留下有利突变，淘汰不利突变。自然选择和自然进化的原理也适应于转基因作物的育种程序。但是，人为造成的选择和"进化"中也可能潜藏着各种不确定性因素，必须高度警觉。

（3）转基因的混沌性可能导致其随机变异或异化。

（4）使失活基因或沉默基因在外界环境的胁迫或诱导下可能被激活爆发或突变形成意想不到的后果。

3）外源基因对植物的影响

从生态学理论来分析遗传转化产生的植物对生态环境的影响有很多不确定性因素，其后果也难以预测。而从分子生物学来看，转基因植物是现代生物技术的产物，所转入的或修饰的基因是功能明确的已知基因，如对除草剂、病虫害以及逆境的抗性基因、影响品质的基因等。常规育种通常伴随着大量非目的基因的随机组合，例如染色体重组；而植物基因工程所转移的是一个或几个已知基因。从而认为，植物基因工程应比常规育种更安全。当前转基因植物种类中的大多数转基因植株是与病虫害、杂草和逆境的抗性有关，这类转基因植物对环境的适应性有所提高。转基因植株产生对除草剂耐性的蛋白质，意味着它要比非转基因亲本消耗更多的能量。因此，在没有除草剂的条件下，转基因植物并无忧越性可言，最终导致该基因消失。在其他转基因作物上，如转基因烟草、油菜和水稻，也有类似的报道。

2. 转基因植物在生态方面的潜在风险

转基因植物在生态学方面主要的潜在风险：一是，转基因植物本身带来的潜在风险；二是，转基因植物通过基因流对其他物种带来影响，从而给生态系统带来危害。具体内容包括：转基因植株成为杂草的可能性；转基因植株对近缘物种存在的潜在威胁；抗虫转基因作物带来的潜在风险；抗病毒转基因植物带来的潜在风险；转基因作物对生态环境的其他方面的潜在风险等。

（1）转基因植物可能会成为杂草。

由于杂草强大的生存竞争能力，造成世界农作物产量及农业生产蒙受巨大损失。为了控制杂草，世界各国每年都要投入巨大的资金和劳力。1972年统计，全世界因草害使作物减产达204亿美元。1991年仅美国就花费约40亿美元用以控制杂草，这个数字还在逐年增长。鉴于杂草能够产生严重的经济和生态上的后果，转基因作物可能带来的"杂草化"问题便成为最主要的风险之一。转基因作物杂草化问题包含两方面的含义：一是，转基因作物本身的"杂草化"；二是，转基因作物抗性基因（尤其是抗除草剂基因）漂移到杂草上，导致杂草抗性的产生，从而更加难以防除。

在讨论转基因作物变成杂草的可能性时，首先应考虑遗传转化的受体植物有无杂草化的特征，许多重要的农作物并不具有这些特征。一般认为，杂草化

▶▶▶▶▶

是多个基因共同作用的结果，仅仅因为一两个基因的加入就使它们转变成杂草的可能性很小。抗虫、抗病、抗除草剂、抗逆的转基因植物，在一些特殊的生态环境下其生长势、竞争力应有所增加，一旦离开了特定的选择压，其生存竞争能力就不再增加，甚至会丧失。对本身就具有很强的杂草特性的作物，如甘蔗、苜蓿、大麦、水稻、莴苣、土豆、小麦、燕麦、高粱、油菜、向日葵等，由于具备了比原亲本植物更强的生存能力而有更多的机会变为杂草。

　　当转基因作物转入的基因是抗虫、抗病、抗除草剂、抗逆等抗性基因时，将有可能提高接受到这一基因的野生近缘种的生存竞争能力，尤其是当转入的基因是抗除草剂基因时，则可能变成为无法控制的杂草，即"超级杂草"，这是转基因作物环境安全问题的一个重要方面。

> ☞ **杂草**：指非人为种植、对人类而言其不利性多于有利性的一类植物。
> ❖对人类行为或利益有害或有干扰的任何植物（美国杂草科学委员会）。
> 　一个物种可能通过两种方式装变为杂草：一是，它能在引入地持续存在，二是，它能够入侵和改变其他植物栖息地。

　　杂草常有的几种特性见表 2.5。

表 2.5　杂草常有的几种特性（刘谦和朱鑫泉，2001）

特性 1	环境适应性强，能够在不同的环境下萌发和生长
特性 2	种子能够长期保持活力
特性 3	营养生长阶段迅速，很快进入花期
特性 4	只要生长条件合适，植物能够持续产生种子
特性 5	通常能够自花授粉，但不是绝对的自花授粉
特性 6	花粉通过虫媒或风媒杂交授粉
特性 7	在适宜环境下能产生大量种子，在恶劣环境下也能结籽
特性 8	种子具有远、近不同距离的传播能力
特性 9	如果是多年生植物，营养生长能力和植株再生能力强
特性 10	能以某种方式增强其竞争能力，如丛生、攀援生长、产生有毒化合物阻碍其他植物生长等

　　（2）转基因植物外源基因的逃逸——转基因植物通过基因流对近缘物种的潜在威胁。

　　转基因植物外源基因可以通过花粉传播、种子、植物残体及根系分泌物或食物链逃逸。因此，转基因作物的大规模环境释放，可能使转入的外源基因流向其野生近缘种。转基因植物通过花粉途径逃逸是基因逃逸的主要渠道。理论上只要转基因作物大规模种植，而且附近存在有性亲和的近缘种或杂草，转基因作物的外源基因就会通过花粉传递给这些野生近缘种，形成新的具有外源基因的杂种。Bartsch（1996）研究发现转基因抗草甘膦的甜菜与野生种进行人工杂交，研究证实了抗性基因可以通过花粉逃逸的可能。抗性基因（如抗病原体、抗虫、抗环境胁迫基因）可以提高作物对环境适宜性，使植物具有强竞争优势，最有可能在近缘植物群体中得以固定。但由于野生近缘物种群体生长在不同的环境条件下，影响因素很多。很难判定在某一特定环境中，某一基因对某一特定种群来说是有利于还是不利于竞争。这意味着，转基因不一定能在野生种群中固定下来。小群体容易由于随机的基因变异（即遗传漂变）而使某一基因的频率突然下降甚至消失。种群的大小影响到转入基因的命运。如果含转基因的种群数目很小，转基因可能会由于遗传漂变而消失。而即便是不具备竞争优势的外源基因，也有可能在野生种群中得到固定。其原因或是由于种群内有高频率基因流，或是因为外源基因是隐形基因，其竞争劣势由于杂合而被掩盖。即使每代基因流频率很低，随着转基因作物持续的种植，其中的外源基因仍有可能越来越多地进入野生种或杂草种群，并固定下来。

> ☞ **基因流**：描述的是基因在种群内通过相互杂交、花粉授精、扩散和迁移进行的活动。高基因流使种群遗传上彼此相似，受到限制的基因流使种群间发生分化，转基因植物基因可通过花粉向近缘非转基因植物转移，使得近缘物种有获得选择优势的潜在可能性，使这些植物含有了抗病，抗虫害，或抗除草剂基因而成为"超级杂草"。基因漂移的主要途径包括：种子和繁殖体的传播，通过自然媒介（如风力、水流或动物）或者人类活动；水平转移（如从植物到远缘植物、动物或微生物）；花粉散布，主要通过自然媒介如风力和动物。

如若转基因作物在原产地或次生多样性中心环境释放，可能降低生物多样性中的遗传多样性。例如，墨西哥南部山区奥斯科萨卡的野生玉米受到基因"污染"的研究引起了社会对转基因生物中外源基因漂移问题的重视。农作物虽然经过千万年的人工驯化，但在它们被驯化的地方，仍然存在着这些农作物的大量野生亲缘种，农作物仍可与这些野生亲缘种杂交。许多对农业生产有益的基因，如抗虫性、抗病性、高产和优质等基因，分散在这些野生亲缘种中，一直是育种学家研究的重点。农作物的遗传多样性可以帮助农作物适应新的病害和多变的气候环境。转基因玉米造成的墨西哥本土多种野生玉米品系的污染，提

▶▶▶▶▶

醒我们应该加强转基因作物在其原产地和品种多样性集中地的田间试验、环境释放、运输和使用过程的监管，减慢转基因作物应用带来的农作物遗传性多样性丧失的进程。表 2.6 列举了几种主要经济作物的原产地及次生多样性中心分布的地域。

表 2.6　主要经济作物的原产地及次生多样性中心分布地域

主要农作物	原产地域	品种多样性中心地域
玉　米	墨西哥	墨西哥、南美
油　菜	地中海西部	欧　洲
向日葵	美　国	美　国
水　稻	喜马拉雅地区	中国、南亚诸国
马铃薯	秘鲁中部安第斯山脉	秘鲁、墨西哥
西红柿	南美洲西岸	墨西哥
高　粱	埃塞俄比亚	非洲东北部
小　麦	小亚细亚	地中海、东南亚
木　薯	南美洲东北部、墨西哥南部	墨西哥州西南部、巴西东北部到巴拉圭一带
豆	中美洲	中美洲、哥伦比亚
甜　菜	地中海东部	欧洲中部
大　豆	中国东北部	中国、韩国、俄罗斯

　　远缘杂交有可能使转基因植物中的抗病、抗虫、抗除草剂、抗逆境等基因通过水平（转基因向其他物种转移）、垂直（转基因向近缘物种转移）两个方向转移，使原先不是杂草的近缘物种变为杂草。Hoffmann（1994）发现转基因油菜、蒺藜和豌豆中的抗生素标记基因可通过转基因植株的根系分泌物转移到一种与植物共生的黑曲霉中。一个有效的环境监测和预警系统的建立将有助于科学家研究这些长期效应的发生和可能造成的影响。

　　（3）抗虫转基因作物带来的潜在风险。

　　在控制虫害方面，转基因技术与化学杀虫剂相比有很多优点。它不仅可以避免使用化学杀虫剂造成的环境污染，而且由于转基因作物自身合成杀虫蛋白，不像杀虫剂那样施用时受气候等环境条件的影响。抗虫转基因植物的商品化种植不同程度地增加了作物对害虫的抗性，有效地减少了化学农药的施用。但由于抗虫基因并非来自于传统农作物的基因库，抗虫转基因植物可能带来的生态和环境方面的问题已成为国际社会关注的热点。抗虫转基因植物的生物安全研究主要集中在抗虫转基因植物在环境和人类健康等方面是否产生负面效应、靶标昆虫对抗虫转基因植物抗性产生的风险评估、抗虫转基因植物对非靶标昆虫及生物多样性影响的评价等方面。如：

① Bt 基因的大量应用，有可能使害虫对 Bt 产生抗性；

② 对非目标生物的影响；

③ 抗虫转基因作物的大量种植，还可能发生害虫寄主转移的现象。

以抗虫基因中的 Bt 蛋白基因为例，Bt 杀虫蛋白是否会影响人类健康，是公众关注的问题。以转 Bt 基因马铃薯等为材料的许多实验证据表明，转 Bt 基因植物食品除了增加 Bt 蛋白表达外，在营养组成上与传统食品相比并无实质性差别。以哺乳类动物（家兔或鼠类等）为对象的饲喂实验也都没有得出否定的结论。由于在哺乳动物消化道内并不存在 Bt 杀虫蛋白的结合位点，Bt 杀虫蛋白在人类消化道中的吸收消化应不具致敏性和毒性。现在比较公认的看法是：Bt 基因在食品的安全评估方面应积累更多的经验。

转 Bt 基因植物的环境释放，给害虫带来持续的选择压，可能会使害虫的抗性得到提高。现在广泛采用能使作物持续高效表达 Bt 杀虫蛋白的 Bt 基因，虽然杀虫效果大大提高，也可能促使害虫对 Bt 杀虫蛋白迅速产生抗性。McGaghey（1985）最早报道害虫可对 Bt 杀虫蛋白产生抗性。已知至少有 10 种蛾类、2 种甲虫和 4 种蝇类在实验室对 Bt 毒素产生抗性，但关于害虫在转 Bt 基因植物释放的田间产生抗性的实验证据还不足。但一般认为，在转 Bt 基因植物的环境释放时，应该套种一些非转基因的植物，为敏感型害虫建立避难所，能有效的延缓抗性的产生。

转基因抗虫植物是否影响农业生态系统中有益生物的种类和种群数量，也是各国科学家研究的热点。由于不同亚型的 Bt 杀虫蛋白有不同的杀虫谱，因而转基因植物中不同 Bt 基因的表达必然会直接影响到鳞翅目、鞘翅目、双翅目等许多非靶标昆虫的生活力。此外，在田间环境下有许多益虫，它们或以害虫为食或以害虫作为寄主。由于抗虫植物的种植，导致这些害虫的幼虫、卵或蛹数量的减少，继而威胁到这些有益昆虫的生存。现在这方面研究也缺乏一个统一的标准及模式生物，转基因抗虫植物对有益生物的影响具体有多大，是否和有益生物相容，诸如此类的问题没有确定的说法，还需要更多的实验来证实。

此外，转基因抗虫植物的表达产物在土壤中可能有残留，Saxena（1999）发现，Bt 玉米的根部渗出物中含有 Bt 杀虫蛋白，且有很强的活性，能够杀死烟草天蛾幼虫。这也意味着转基因抗虫植物可能对土壤中的无脊椎动物、微生物带来潜在危害进而影响农田生态系统，但现在没有直接的证据证明这一点。

▷▷▷▷▷▷

（4）抗病毒转基因作物带来的潜在风险。

① 产生新病毒的可能性。

自然界存在着植物病毒的重组现象，包括 DNA 病毒和 RNA 病毒。病毒之间的重组或相似核苷酸之间的交换，都会导致新病毒产生。

大多数植物病毒是单链 RNA 病毒，虽然很少发生 RNA 与 RNA 之间的重组，但并非不可能发生。重组对于 RNA 病毒的进化至关重要。在实验室条件下，发现许多单链和双链的 RNA 病毒都存在重组现象，因此对抗病毒转基因植物进行风险评估时，应考虑到 RNA 的重组问题，并针对重组后的结果来验证是否有新的病毒产生。此外，RNA 重组还可能导致病毒寄主范围扩大，Schoelz 和 Wintermantel（1993）曾报道，转基因植物中的花椰菜花叶病毒（CaMV）基因从转基因植物基因组中获得了某一段核苷酸顺序，与外源的花椰菜花叶病毒重组后，产生了一种改变了寄主范围的新 CaMV。这种新的病毒不仅可以侵染原先的寄主类型，而且可侵染其他寄主类型，从而扩大寄主范围。

因此，在田间环境下，本来不侵染某植物的病毒与能侵染的病毒之间发生重组的可能性是存在的。

② 病毒寄主范围可能扩大。

病毒衣壳蛋白（CP）的异装配是指一种病毒的部分或全部遗传物质被另一种病毒的衣壳蛋白包裹。由于通过介体传播的病毒衣壳蛋白表面有决定簇，决定了病毒的介体传播特性。病毒 CP 的异装配可能改变病毒的介体传播特性，扩大了病毒传播的寄主范围。例如，黄瓜花叶病毒（CMV）的衣壳蛋白包装烟草花叶病毒（TMV）基因组，导致原先不能由昆虫作为介体传播的 TMV 可以被昆虫传播，引发烟草花叶病。病毒的转衣壳作用（指一种病毒的部分或全部核酸被另一不同种的病毒产生的外壳蛋白所包裹）可潜在的使寄主范围扩大，但有些只是暂时现象。因为当转衣壳后产生的新病毒到达新寄主后，将进行自身 DNA 的复制，并产生新的衣壳，结果产生的病毒后代依然是原来的病毒类型，仍保持原有的寄主范围。

③ 病毒的协同作用可能会使病毒病变得更加严重。

抗病毒转基因植物可能存在的另一问题，是转基因作物中病毒基因产物与其他病毒或病毒产物之间的相互作用，可能会加速病毒病的发展，或者产生病毒的协同作用。在田间，非致病性的病毒如果与转基因植物中的病毒基因片断发生重组，可能会变成具有侵染性的致病病毒。

（5）转基因作物对生态环境其他方面产生潜在的风险

一旦转基因作物在生态环境中稳定下来，随着时间的推移，可能会在生态系统中积累和产生级联效应。前一次影响可能会引发一系列的反应，而后者将前者的影响进一步扩大了许多。

由于现在还没有很好的模式来预测转基因生物的全部危害，尤其是对于长期作用对生态系统或其他生物健康而造成的影响。转基因生物的可能危害具有一定的不可预见性。对于抗虫、抗真菌病及用来生产药用蛋白的转基因植物来说，因为转基因编码产物不仅会对目标生物起作用，还有可能会对非目标生物产生直接或间接的影响。抗真菌病毒产生的几丁质酶可以有效抑制病原真菌的生长，但它同样可以杀死土壤中的有益真菌，从而破坏正常的生态营养循环流动系统。杀虫基因的导入，可杀死有害昆虫，但它也可杀死无害昆虫和益虫，甚至可能通过食物链对其他动物产生危害。例如，蛋白酶抑制剂 BBI 可能导致蜜蜂的死亡率增加，还会降低蜜蜂的嗅觉能力。此外，抗虫转基因植物表达的外源蛋白还可能进入食物链中，对害虫天敌产生影响，影响天敌的生长发育。利用转基因植物可用来生产药用蛋白或食用疫苗，那么这些产品是否会对人类及其他生物有害呢？实际上有关对非目标生物的影响，人们还知之甚少，而且还没有肯定的实验证据说明这种危害的存在。对于真实环境中，转基因生物对非目标生物的长期毒理影响，还缺少比较敏感的模式生物来预警。

二、植物转基因产品的检测

依据欧盟转基因食品标签法规，植物转基因产品检测分为 3 个步骤：筛选、鉴定和定量。筛选是为了确定植物产品中是否含有转基因成分；鉴定是要确定转入外源基因的类型；定量是确定转基因成分的含量。评价转基因产品检测方法，需要考虑以下几个方面：检测的特异性和灵敏度、可行性和有效性、方法的标准化潜力、时间和资金投入量等。

植物产品中转基因成分的筛选是转基因产品检测的第一个环节，这个环节通常只要求对转基因成分进行定性检测。在转基因植物中，转入的目的基因大都带有启动子序列、编码序列和终止子序列，绝大多数还至少带有一个选择标记基因，针对这些因素，常用的筛选方法有：基因芯片法、Southern 印迹和定性 PCR 等。

外源基因类型的鉴定是植物转基因产品检测中的第二个环节。现有商品化的转基因作物大多数使用了花椰菜花叶病毒（CaMV）35S 启动子和胭脂碱合酶（NOS）终止子，它们可以作为检测的靶序列。但是自然界中存在的 CaMV 35S 启动子或者 NOS 终止子，可能污染检测样品，造成假阳性结果。因此，为

▷▷▷▷▷▷

了避免假阳性和假阴性结果的干扰，更需要对转入的外源基因序列进行准确检测。常用的鉴定方法和筛选使用的方法差异不大，另外还可以用巢式 PCR 以去除非特异性扩增、扩增片段长度多态性法等。

转基因成分的定量检测是植物转基因产品检测中的最后一环，也是最重的一环。外源基因转入植物后其表达产物是蛋白质。转基因植物中的某些选择标记基因也表达为蛋白产物，通过对这些蛋白质的定量检测可以达到检测转基因植物中转基因成分含量的目的。常用的方法有：酶联免疫分析法和定量 PCR 法等。

植物转基因产品检测方法常见的有表达蛋白质分析法和 DNA 分析法，见表 2.7。

表 2.7　植物转基因产品检测方法的比较（Ahmed，2002）

方　　法	表达蛋白质分析法			DNA 分析法			
	蛋白质印记	酶联免疫分析	蛋白检测试纸	Southern 印记	定性 PCR 包括基因芯片	定量 PCR	实时 PCR
操作难易程度	难	中	易	难	难	难	难
仪器（是否需要）	需要	需要	不需要	需要	需要	需要	需要
灵敏度	高	高	高	中	很高	高	高
定量（是或否）	否	是	否	否	否	是	是
适用范围	实验室	检测机构	田间	实验室	检测机构	检测机构	检测机构

三、转基因植物的安全管理

自从基因工程技术诞生起，人们就开始注意它可能会带来的危害，并主动采取措施对其安全性进行评估和管理，以期将风险减少到可忽略的水平。然而转基因植物带来的风险并不像预料的那样严重，至今转基因生物的释放还未发生过威胁人类健康和环境的事故。因此，目前各国政府对转基因技术的管理趋于宽松化、简约化，但并不是说对这一技术就不加约束任其发展。伴随着大量转基因生物的环境释放，也伴随着转基因作物种植年代的增加，即便是很小的危险也会暴露出来，甚至在某一特定条件下还有可能会被激化，成为难以控制的严重问题。

由于各国环境条件各异，经济发展水平参差不齐，安全管理的重视程度也不尽相同，在建立地区或国际性规则时各自的出发点就不同，因此建立为所有国家都能接受的统一的管理和评估标准十分困难。即便是发达国家之间管理和评估标准也不尽相同。

尽管如此，已有几项原则在国际上取得了共识，这几项原则是：

（1）基因工程的操作及评价、管理工作应以对人类和环境安全为首要原则；

（2）对基因工程工作的评估应建立在科学的方法之上；

（3）对生物技术的应用与发展应给予必要的支持与鼓励，不应对其进行过多的束缚；

（4）各国之间的安全管理应协调发展，努力建立地区性和国际性的统一标准。

总之，加强国际合作，对转基因技术的发展是促进而不是限制和阻碍，同时又要充分保障转基因植物对人类健康和生存环境不会产生危害，已成为当今世界生物安全评估及管理的普遍指导方针。

四、转基因植物安全性争论的原因

1998 年，苏格兰 Rowett 研究所的资深营养学家 Arpad Pusztai 博士在他的研究中指出，幼鼠在食用转基因土豆后，会使内脏和免疫系统受损。这是对转基因植物提出的最早的、有科学依据的质疑。这在英国乃至全世界范围内引发了一场有关转基因植物生态安全性问题的争论，这个问题至今依然是世界各国政府和科学家争论的热点。

从表面上看，关于转基因植物安全性的争论似乎只是一场学术性的争论。然而它却有着更深层次的原因，那就是经济利益的冲突。世界各国对转基因植物的安全性态度各异，但均出台了相应的管理办法。美国、阿根廷、加拿大等发达国家对转基因植物持一种相对积极、宽松、乐观和公开支持的态度，他们认为转基因植物是安全的，因为他们是世界上转基因植物种植面积最广的国家，出口转基因作物或食品可以获得巨大的经济利益，所以他们极力主张推广转基因植物。而欧盟、日本及许多第三世界国家以及环保组织则极力抵制转基因作物的进口，因为这样会造成本国的贸易逆差，影响国家经济的发展，但同时这些国家并未放松对转基因植物的研究，因为转基因植物商业化带来的巨大利益是显而易见的且极具诱惑力的。

思考题

1. 转基因植物种类有哪些?

2. 转基因植物的特点有哪些?

3. 转基因植物安全性评价的原则和主要内容有哪些?

4. 以转基因棉为例,简要说明转基因推广的利与弊。针对存在的问题提出解决方法。

5. 您觉得我国应该批准转基因作物的商业化种植吗?

6. 有人说"我国正在申请商业化种植及在研的 8 个转基因水稻品系,无一拥有独立的自主知识产权,上述 8 个转基因水稻品系至少涉及 28 项国外专利技术。这些专利分别属于美国孟山都、德国拜耳和美国杜邦这三家跨国生物公司。此次颁布证书的两种转基因水稻,至少涉及 11~12 项国外专利。专利的归属,将直接体现在未来种子的价格上。如果转基因水稻商业化,那么中国农民可能会面临种子价格不断上涨的风险。"另外一部分则认为"与转基因大豆、转基因棉花不同,中国的主粮有多样性,不只是稻米一类;主粮消费有文化性,受文化地理、饮食习惯、生活习俗等影响和制约。转基因水稻商业化种植后,仍会保持多种主粮并存、多种稻米并存的状况。以为转基因水稻会"一统天下、消费者别无选择,其实是杞人忧天。"这两种观点,您更倾向于哪一种呢?为什么?

第三章　转基因微生物及其产品的生物安全

在农业生产上，无论是病害、虫害、草害、鼠害的生物防治和生物固氮，还是植物生长发育调节和化学农药残留的生物降解，微生物直接或间接地发挥着重要的作用。自然界的微生物由于长期进化对生存环境具有高度的适应性。这种适应性是农业微生物发挥作用的重要基础，但同时也阻碍和限制了其他有益效应发挥的程度。随着现代生物技术向农业科学的渗透和发展，农业微生物基因工程技术自 20 世纪 80 年代中期以来一直都是国内外研究的热点，进入 90 年代更成为一个发展最为迅速、应用前景看好的领域。

第一节　转基因微生物概述

与动物、植物相比，微生物具有个体小、结构简单、繁殖快、易于培养和操作的优点，并且微生物在生理活动、遗传机制等方面与动物、植物等高等生物有许多相似之处，因而是研究生命现象基本规律的理想材料。对于微生物的理论和应用方面的研究进展，都带动了整个生命科学学科的研究。重组 DNA 与基因工程技术的研究开发正是源于对微生物遗传学的深入研究。在具体应用方面，由于微生物代谢能力强，功能各具特色，产物多种多样，易于大批量培养，在农业、医学、食品和许多工业中得到应用。通过常规技术手段筛选各类天然微生物菌株加以利用有久远的历史，但就传统技术而言，效率低、周期长、成本高，选出的菌株有很多缺陷和不足，如具有杀虫作用的毒力效力不高，防病作用的菌株效力不够持久，防治对象单一，降解环境污染物的土壤微生物对环境要求很严格等。通过基因工程技术改良农业微生物，可以有效地弥补传统微生物技术的缺陷，提高微生物在实际生产实践中的应用效果。

转基因微生物主要应用在以下 3 个方面：

（1）在发酵工业中，作为生物反应器，生产各种酶制剂、维生素、激素、抗生素等食品或饲料添加剂，通过转基因技术可使这些微生物的生产效率明显

>>>>>

提高。目前，奶酪生产中使用的凝乳酶，饲料中使用的植酸酶以及养殖业中使用的牛生长激素（BST）和猪生长激素（PST）等，大部分来自转基因微生物。

（2）在作物生产中，如包括微生物农药、微生物肥料（如重组固氮菌）等。

（3）在环境净化中，用于降解环境中的污染物。

转基因微生物的应用，具有广阔的市场前景。世界上首例通过遗传工程菌安全性并进入有限商品化生产应用的是工程根瘤菌，它是美国 Scupham（1996）通过整合固氮正调节基因（NIFA）和四碳二羧酸转移酶基因（DCT）进入苜蓿根瘤菌产生的。在东南亚，如菲律宾等国，微生物肥料已广泛应用于水稻等粮食作物，能有效地减少水稻的氮肥用量。微生物农药研究与应用的发展也十分迅速，其中以苏云金芽孢杆菌（Bt）为典型的代表。目前，各国生产的苏云金芽孢杆菌（Bt）的商品制剂已达 100 多种，是世界上产量最大的微生物杀虫剂，广泛应用于防治农业、林业、储藏物和医学害虫。此外防病微生物、饲料用酶等也有着广阔的市场前景。

一、植物用转基因微生物及其发展现状

（一）植物用转基因微生物

植物用转基因微生物是指通过重组 DNA 技术研制的，直接应用于植物上用以杀虫、防病、固氮、调节生长等作用的微生物。

应用重组 DNA 技术有目的地改变微生物或其产品的遗传性状和生物学活性，可进一步增强杀虫防病效果、扩大作用谱、延长田间持效期、提高经济效益。由于转基因微生物种类及其应用环境的多样性，也由于人们对转基因工作可能产生的各种表型变异及其持效作用还缺乏足够的了解，因此现阶段对其安全性的评价一般采取个案分析的原则。其毒理学资料是安全性评价的主要依据。

（二）植物用转基因微生物发展现状

目前，国内外已经生产应用或已显示出良好应用前景的植物用转基因微生物按其用途可以大体上分为防病杀虫微生物和固氮微生物两大类，通常称为微生物农药和微生物肥料。

1. 微生物农药

习惯上，将用于防治植物病、虫、草害以及对植物生长发育具有调节控制作用的微生物制剂称为微生物农药，这一类微生物主要有细菌、真菌、病毒、原生动物等。

（1）杀虫微生物。

在所有杀虫细菌当中，苏云金芽孢杆菌（Bt）是当今研究最多，应用最广的杀虫细菌。它最早是由日本人石渡于 1901 年从家蚕病尸虫体中分离出来，并在 1915 年由德国人 Berliner 正式命名的。Bt 杀虫活性成分主要是 β-内毒素（伴孢晶体），它本身无毒，但在昆虫体内专一性活化酶的作用下，分解成毒蛋白，发挥杀虫效力，使害虫在几分钟内停止取食，1~3 天内因败血症及饥饿而死亡。这种微生物杀虫剂对棉铃虫、菜青虫、小菜蛾、玉米螟、水稻螟虫、松毛虫、尺蠖等 20 多种农林害虫及其抗性有良好的防治效果，且不伤害天敌，对人畜不产生危害，不影响农产品品质。特别适用于无公害蔬菜及水果种植区、园林绿化区、自然保护林及优质粮棉生产基地使用。

由于自然菌株和常规技术选育培养的微生物品种也有一些不足，如产品储存期短（Bt 菌悬液的保存一般不到一年）、见效慢（杀虫防病效果不如化学农药快）、防治对象比较单一（多数 Bt 菌株仅对鳞翅目的一些种类有效；昆虫病毒的寄主范围更窄，往往只对有害昆虫的一个属甚至一个种有效）、易受自然环境影响（如 Bt 杀虫晶体蛋白易受紫外线照射分解失效，田间有效杀虫期一般仅 2~3 天）等。因此，应用以重组 DNA 技术为核心的现代生物技术对生防微生物及其产品进行改造，进一步增强杀虫防病效果、延长田间持效期、提高经济效益、改善人类健康和环境质量，具有重要的科学意义和实际应用价值。

（2）防病微生物。

微生物之间相互竞争是自然界普遍的现象。早已发现，许多微生物对植物病原菌具有抑制和拮抗作用。例如，不少细菌、放线菌和真菌通过产生抗生素或争夺营养与生存空间而阻止病害的发生与蔓延，但防治病害的效果也受到复杂的环境条件的影响而不稳定或持久。现在，有些问题已经可以通过基因工程加以克服和解决。农用抗生素在农作物病害防治中占有重要地位，我国农用抗生素的研究虽起步较晚，始于 20 世纪 50 年代初，但发展迅速，至今已取得了很大的成绩。井冈霉素、公主岭霉素、农抗 120、梅岭霉素、武夷菌素、春雷霉素等农用抗生素品种相继研制和利用。经过几十年的研究探索，我国对新农用抗生素的筛选方法有了较大的改进和提高，近年又开发出天柱菌素、新多氧霉素、中生菌素等抗生素，江西农业大学涂国全教授利用南昌链霉菌发酵生产农用抗生素梅岭霉素取得较好的杀虫效果，其中叶螨、蚜虫、甘薯天蛾、玉带

▶▶▶▶▶

凤蝶、扁刺蝗和黏虫对梅岭霉素最为敏感。另外，梅岭霉素对线虫的作用也很强。

☞ **生物农药**：广义上讲，生物农药是指直接利用生物产生的生物活性物质或生物活体作为农药，以及人工合成的与天然化合物结构相同的农药。这种农药也叫生物源农药。包括微生物农药、生物化学农药、转基因生物农药和天敌生物农药。

2. 微生物肥料

微生物肥料是具有改善植物氮、磷、钾及微量元素营养，能够促进植物生长的生物制剂的总称，主要包括可自生或与植物共生，能增加氮素供应的根瘤菌与联合固氮菌，用于增加磷、钾营养的解磷、解钾细菌，以及促进植物生长作用的根际促生微生物（PGPR）等。

固氮菌的作用就是把空气中不能直接被作物吸收的气态氮，转化成可以直接吸收的氨态氮素。微生物肥料以固氮菌为主还包括能够提高土壤肥力，改善植物营养条件的其他微生物。土壤中一些微生物具有固氮、溶解磷钾等方面能力，可以直接作为生物肥料以提高作物对一些养料的吸收和转化利用效率。例如，根瘤菌在豆科作物上结瘤固氮，已在世界上许多国家广泛推广应用。国际上，许多科学家对固氮微生物中固氮和结瘤基因已进行了深入的研究。通过外源固氮基因及其调控基因的转移所构建的转基因固氮微生物已经进入大规模田间试验和商品化生产阶段。

解磷细菌和解钾细菌可以分解人工施入的难溶性养分磷、钾和土壤矿物态养分磷石灰、云母、钾长石等，使其转化为速效养分，供作物吸收利用。在上述微生物的活动中，土壤的肥力得以提高，作物的营养条件得以改善。微生物在繁殖过程中会产生一些分泌物，如多种有机酸、维生素、激素、抗生素、嗜铁素等，这些分泌物可以刺激作物生长，防止作物病虫害的发生，使作物自身生长调节能力增强。此外，微生物在繁殖过程中还能产生大量糖类物质，如左聚糖、葡萄糖、阿拉伯糖等，既改善了作物品质，糖类物质能让土壤形成团粒结构，透气性好，又使土壤变得疏松，软绵，保水性能加强，水、气、热更加协调。

概括起来讲，微生物肥料可以有效地改良土壤，改变作物生长能力，改善作物的品质，保护环境，具有广阔的前景。

（三）植物用转基因微生物的前景

总体效果还不理想是植物用转基因微生物发展缓慢的另一个主要的原因。

与常规微生物农药品种和微生物肥料相比，现有转基因微生物制剂的田间效果虽然有所提高或有某些特点，但总体看来仍然有限，特别是效果稳定性问题还是没有从根本上得到解决。

随着现代生物技术的进一步发展和不断完善，今后研制生产的新型转基因微生物农药和肥料，将不仅比传统产品更为安全有效，而且拥有更大的应用潜力。随着研究的深入，在植物上应用的转基因微生物种类和功能还会进一步发展和丰富，其带给人类社会和生态环境的效益是巨大的。可以肯定，伴随着对生物安全知识更为科学、全面的了解，转基因微生物一定会进一步展现其光明的前景。

二、动物用转基因微生物及其发展现状

动物用转基因微生物是指利用基因工程技术进行修饰的动物用微生物如细菌、病毒及其他微生物。生物技术，特别是基因工程技术在动物（兽）用疫苗研究中的应用改变了疫苗的传统制备工艺，以基因工程疫苗为代表的转基因动物用微生物的研究与开发在国外的研究起步于20世纪80年代初，最早研究的对象是口蹄疫病毒，因此口蹄疫的基因工程亚单位疫苗是最早报道的基因工程疫苗。一些发达国家对基因工程疫苗的研究与开发十分重视，近20年来，已相继研制成功一批用于动物疫病免疫预防用的基因工程亚单位疫苗、基因工程重组活载体疫苗、基因缺失疫苗、DNA疫苗等。

（一）国外研发现状和发展趋势

利用体外表达系统（如大肠杆菌、杆状病毒、酵母等）大量表达病毒的主要保护性抗原蛋白作为亚单位疫苗不仅具有优良的安全性，而且便于规模化生产。利用非疫苗用蛋白作为抗原建立的诊断方法将可以区分亚单位疫苗免疫的动物和自然感染的动物。异源宿主表达系统包括细菌、酵母和杆状病毒。迄今为止，已有为数众多的动物病毒抗原基因在杆状病毒、酵母等表达系统中成功表达。用低致病力的痘病毒、疱疹病毒、腺病毒或细菌作为载体，将外源基因插入其基因组中的复制非必需区构建成基因工程重组或载体疫苗。此疫苗具有常规弱毒疫苗的所有优点。而且便于构建多价疫苗。利用非疫苗用基因或其表达产物可以建立鉴别诊断方法。这类疫苗主要有以下几类：

▷▷▷▷▷▷

1. 痘苗病毒载体疫苗

在痘病毒中，最早研制的是痘苗病毒表达载体，截至 1990 年，已经有 36 种病原的基因在痘苗病毒中进行表达，都显示出不同程度的免疫保护性。目前，比较成功的有表达狂犬病病毒蛋白 G 的重组疫苗病毒和表达牛痘病毒蛋白 F 和 HA 的重组痘苗病毒疫苗。

2. 家禽痘病毒疫苗

家禽痘病毒疫苗包括鸡痘病毒（FPV）、金丝雀痘病毒（CVP）和鸽痘病毒载体疫苗。目前，利用禽痘病毒载体成功地表达了新城疫病毒蛋白 F 和 HN、禽流感病毒的蛋白 HA 和 NP 等。

3. 腺病毒载体疫苗

目前，已有许多外源基因被插入腺病毒并得到表达，如 HSV-1、B 型肝炎病毒、呼吸道合胞体病毒等。

4. 疱疹病毒载体疫苗

目前，兽医领域研究的疱疹病毒载体有：火鸡疱疹病毒、伪狂犬病病毒、牛疱疹病毒 Ⅰ 型和鸡传染性喉气管炎病毒。

5. 以细菌为载体的重组活疫苗

以细菌包括大肠杆菌、沙门氏菌、李氏杆菌等为载体的重组活疫苗，这也是目前国际上基因工程疫苗研究与开发的热点之一。

目前，其他一些新型疫苗如可食性疫苗、多表位疫苗、T 细胞疫苗、RNA 复制子疫苗等也是国际上研究热点。基因工程疫苗的产业化与应用是目前和今后的发展趋势，国际上对这一点十分重视。

此外，发达国家十分重视基因工程技术在动物疫病检测与诊断中的应用。欧、美国家有专门的诊断试剂公司，不仅开发除了绝大多数畜禽病毒病、细菌病、真菌病和寄生虫病的诊断试剂盒，而且还有国外、野生动物疫病等的诊断试剂盒。诊断试剂的产业化主要是在公司进行的，如国际著名的 IDEXX 公司就是专门的动物疫病诊断技术公司，他们已开发了上百种动物疫病诊断试剂盒，并销售于全世界数十个国家。

（二）国内研发现状和发展趋势

在以基因工程疫苗为代表的动物用转基因微生物的研究方面，我国与发达国家之间没有实质性差距，但在产业化方面的差距比较明显，主要表现为资金投入和企业介入严重不足。"十五"期间，国家"863"计划在动物用基因工程疫苗与诊断试剂的研究与开发方面的投入有所加强。近几年，我国动物用基因工程疫苗研究呈现出加速发展的态势，已有多种基因工程疫苗问世，并进入安全性评价的不同阶段。

近年来，进入安全性评价不同阶段的产品越来越多，数量不断上升，主要产品有各类动物疫病的基因工程重组活载体疫苗、细菌的基因缺失疫苗、DNA疫苗、以重组蛋白为抗原的诊断试剂等。

此外，饲料用转基因微生物在我国也取得成功，如转植酸酶酵母已通过农业部转基因生物安全评价，并已产业化生产和应用。近年来以转基因植物为表达系统的可食性疫苗也已成为我国的研究热点。

基因工程疫苗的产业化和商品化是我国在这一领域的发展方向，此外，如何提高基因工程疫苗免疫效力，达到或超常规传统疫苗的免疫保护效果，以期在我国动物疫病的预防和控制中发挥作用，也是目前和今后我国科学家所面临的重要任务。

第二节　转基因微生物的生物安全

从生物安全的角度看，微生物可能带来的危害主要集中在以下几个方面：

（1）病原微生物给农业、林业、畜牧业、养殖业带来的病害；

（2）对人体健康造成威胁；

（3）影响营养物质在自然界中的流转，进而影响到整个生态系统。

一、植物用转基因微生物的安全性评价

（一）植物用转基因微生物及其产品安全性的特点

1. 微生物在生物安全性上的特点

（1）个体小、繁殖速度快、数量大。

从生物安全的角度上看，与高等植物相比，微生物的显著特点是个体小、繁殖速度快、数量大。

▶▶▶▶▶

（2）微生物还具有很强的遗传变异与适应能力。

由于缺少组织结构，直接生活于自然环境中，微生物容易受周围环境条件变化的影响而发生变异。

（3）分布广泛，生命力强、容易扩散。

微生物广泛的分布范围和在高等动、植物不能生存的极端环境（如高空、深海、地下、厌氧、高温、高压、强酸、强碱、高盐）中能够生活的本领也是潜在的不安全因素。微生物还容易在不知不觉中传播扩散。许多微生物可以通过空气、水、土壤、动植物及其残体进行远距离传播。据报道，有些细菌和真菌借助于高空气流可以传播到千里之遥，一旦成为有害生物，其传播之快、影响面之大，往往是始料不及的。

考虑到微生物的上述特点，转基因微生物成为有害微生物对地下水、土壤和食物链产生污染和广泛传播造成危害的可能性，就自然地成为社会公众担忧的安全隐患之一。而生态学家更关心大量人工培养生产的转基因微生物在农田和生态系统长期应用后，会不会对作物生产力和可持续生态系统造成显著的不利影响。

2. 植物用转基因微生物的相对安全性

首先，这些转基因的受体微生物通常都有深入系统地科学研究为基础以及在国内外农业生产上长时间安全使用的历史和经验，所转移的外源基因，不仅是来自安全的生物，对其遗传情景和生物学功能也都为人们所掌控，而其基因操作方法往往还能进一步增加转移基因的安全性。

其次，转基因微生物从研究开发到生产应用的各个环节都要进行安全性的试验，通过所在单位和农业部门有关生物安全委员会分阶段的评审把关。

最后，即使进入大规模生产应用之后，也要继续进行长期应用的跟踪和监测。

（二）植物用转基因微生物安全性评价的主要内容

对植物用转基因微生物及其产品进行安全性评价的主要目的是，针对植物用转基因微生物及其产品在研究、开发、生产、使用、越境转运、废弃物处置等各个环节中的有关活动，从技术上分析其可能对人类健康和生态环境造成危害的潜在危险程度，确定其安全等级，为采取相应的安全管理措施、防范和控制有关活动的潜在危害提供科学依据。由此可知，生物安全评价的主要内容可以划分为对人类健康的潜在危险和对生态环境的潜在危险两个方面。

1. 对人类健康的潜在危险

1）致病性

植物用转基因微生物对人的致病性主要是指其感染并导致人发病的能力，此处的病是一个广义上的概念，往往还包括毒性、致癌、致畸、致突变、致过敏性等。

2）抗药性

（1）转基因微生物可能直接与人接触。

（2）转基因微生物及其质粒上携带的抗病性基因可能通过水平基因转移使人体内的细菌（如：大肠杆菌）获得该基因使人类健康面临新问题。

所以，在从事植物用微生物或农业微生物基因工程工作的过程中，科学家尽量避免使用对人、畜常用的抗生素和其他主要药物有抗性的基因，现在即使作为标记基因使用的抗药性基因也采用诸如无标记基因（marker-free）等一些新技术使其不能表达、不能遗传或者自动解离，这样人类健康就能得到更好的保障。

3）食品安全性

植物是人类和畜禽的主要食物来源。转基因微生物及其产品应用于植物之后，对植物作为食品、饲料和添加剂的安全性会不会有影响是一个值得关注的问题。

2. 对生态环境的潜在危险

植物用转基因微生物及其产品在农田、菜园、果园、茶园、草地、森林等生态系统应用后，特别是在长时期、大规模应用后，其对环境质量或生态系统会不会造成不利影响，需要在实践中进行研究和认识。目前，对转基因微生物及其产品对环境影响的评价主要考虑以下 6 个方面：

1）致病性和毒性

微生物对环境中植物和动物的致病性和毒性通常可以分别从植物、动物病原目录中查出。转基因的致病性和毒性主要根据该基因的结构和功能来确定。转基因微生物的致病性需要结合受体微生物和基因操作两方面情况进行分析，在一定的阶段（如中间试验、产品登记）还应通过试验研究确定。

由于科学家在试验研究的起始阶段，就十分重视其研究的对象对于环境中植物和动物健康的影响，将那些可能对非目标植物和动物有毒性或致病性的微生物菌株排斥不用，所以迄今为止，已经进入田间试验和生产应用的转基因

▶▶▶▶▶

微生物尚无一例对非目标植物和动物发生严重不良影响的报道。但是，大面积、长时期应用之后，转基因微生物的生态环境效应问题仍有待进一步跟踪研究。

2）生存竞争能力

植物用微生物的生存竞争能力包括存活力、繁殖力、持久生存力、适应性和抗逆能力等。一般地，这些能力越强，微生物的生存竞争力就越强，其对生态环境造成影响的可能性也就越大。

3）传播扩散能力

传播扩散能力是指微生物通过土壤、空气、水、植物残体、昆虫或其他动物等进行近距离或远距离转移的能力。微生物传播扩散能力越强，其对环境影响的风险性越大。植物用转基因微生物在使用区内和向使用区外的环境（特别是水体和高空气流）中传播与扩散的能力、机制及其对生态环境的潜在危险是生物安全评价的一个极重要的指标。随着生命科学和生物技术的发展，将新的技术手段（如分子生态学的技术）用于转基因微生物和自然发生微生物传播扩散能力的研究和比较，不仅可以为有关生物安全性的评价提供科学依据，而且有助于促进微生物学科的发展。据研究，植物用微生物（包括转基因的与非转基因的）可以通过空气、水、土壤、昆虫、蚯蚓、植物及其残体等传播或扩散。其中，取食植物的蚜虫、叶蝉，土壤中的线虫、蚯蚓等具有传播多种微生物的能力。

4）遗传变异能力

遗传变异能力是指转基因微生物及其基因（特别是转基因）在不同生理生态条件下遗传性的稳定性及其发生适应性变异或突变等的能力。与高等动植物不同，多数微生物是以单细胞甚至非细胞的简单形态直接在自然界生活，容易随环境条件的改变发生变异。由于其生长繁殖速度快，即使是低于百万分之一甚至亿万分之一的变异率，也能在较短的时间内迅速发展为数量可观的种群。所以，遗传稳定性是安全性评价的一项重要指标。

5）遗传转移能力

遗传转移能力是指转基因微生物（特别是转基因）向非转基因的本地土著微生物和动植物发生遗传物质转移的能力，即所谓水平基因转移。

研究表明，在自然环境条件下，微生物之间，特别是土壤细菌之间发生遗传物质的转移或交换是一种非常普遍的自然现象。但是，自然生态系统中具有丰富的生物多样性，植物体表、体内、地下土壤及其周围环境中存在的大量微生物都是与植物长期共同进化的结果，这些本地微生物具有强大的缓冲能力，一般情况下，人为引进的微生物很难与本地微生物竞争。正因为如此，许多有益的土壤微生物经人工培养后大量应用到植物上，既防治植物病虫害（生防菌），又提高了土壤肥力（固氮菌），并且也没有引起大的生态环境问题。

　　6）对生态环境的不利影响

　　植物用转基因微生物对生态环境可能发生的不利影响主要包括：转基因微生物广泛传播扩散或通过遗传变异成为有害生物或与其他协同作用增强对生态环境的危害性；转基因微生物的基因向其他生物转移产生新的有害生物或使原有害生物加重其危害性；对非目标生物造成危害，如生物防治微生物扩大寄主范围或杀虫杀菌谱而对蜜蜂、珍贵蝴蝶、有益微生物等造成危害、破坏生物多样性、改变生态系统的结构和功能，产生各种复杂的生态效应，例如一些生物物种种群数量显著减少甚至灭绝、生态系统内能量流动和物质循环受到严重影响并可能导致土壤肥力和土壤结构遭到破坏从而出现新的生物灾害或环境问题影响农业生产的可持续发展等。

　　在对上述内容进行评价时，一般要着重完成以下 3 项工作：

　　（1）确定主要影响对象和危险类型。

　　（2）划定可能受影响的地域范围，预测受影响的严重程度。

　　（3）考查拟采取监控措施的有效性。评价时，内容还应包括对未应用转基因微生物即生态环境未受影响之前，该地域内土著生物个体、种群、群落、生态系统的自然状态，以及对土壤，空气、水体等（即标准体系或对照体系）有关信息资料的考查；工作地点的生态环境条件中对转基因生物存活、繁殖、传播扩散的有利和不利因素的分析，如是否存在可能从转基因微生物中接受转基因的生物，是否存在需要重点保护的生物等等。微生物具有丰富的多样性，在人类生活中发挥着重要的作用。保护利用有益微生物资源是人类共同的心愿。随着生物技术和生物安全研究的不断发展，扩大应用转基因微生物产品的同时并能保护生态环境，为提高人类生活质量服务，最大限度地兴利弊害，是可以达到的。

二、动物用转基因微生物的危害

　　动物用转基因微生物与动物和人类的健康以及生态环境密切相关。因此，动物用转基因微生物在其研究、开发和利用中存在的安全性问题，尤其是对人

▶▶▶▶▶

类、动物健康和生态环境的潜在危险性引起了科学家和公众的高度重视和关心。搞清楚这些问题，认识到可能存在的风险及其程度，并采取相应的安全管理、防范和控制措施，将有助于动物生物技术更好地发展。动物用转基因微生物主要包括动物用转基因活疫苗和动物用转基因活微生物饲料添加剂，其安全性问题主要表现在对人类、动物健康和对生态环境的潜在危害等方面。

（一）对人类和动物健康的潜在危害

动物用转基因微生物对人类、动物健康可能造成何种危害，其严重程度（如症状轻重、愈后情况、人群或动物群体免疫力、是否引起流行等）如何，目前的科学水平还难以给予准确的回答。但是，根据国内外对常规弱毒活疫苗长期应用的经验，结合近年来在转基因微生物安全性方面已经积累的一些试验研究数据，可以将动物用转基因微生物对人类、动物健康的潜在危害性分为以下 3 个主要方面。

1. 致病性

动物用转基因微生物对人、动物的致病性主要是指其感染并致人和动物发病的能力，包括毒性、致癌、致畸、致突变、过敏性等。在转基因工作中，人们对受体微生物、外源基因和标记基因等可以进行有意识和有目的地选择和控制，但基因的多效性和次生效应则有时会产生不可预知的变化，使得重组体与供体和受体微生物相比较，可能增加新的致病性，或使原有的致病性增强。

2. 抗药性

病原菌对药物的抗性是治疗疾病时经常会遇到的一个问题。对抗生素类药物的抗性问题尤其突出。因此，转基因工作所涉及的微生物、基因及其产品对抗生素和其他主要药物的抗性自然备受关注。人们对转基因微生物的抗药性基因可能导致人和动物对抗生素等药物产生抗药性表示担忧，不仅因为相关的转基因微生物可能直接与人和动物接触。还因为转基因微生物或其质粒上携带的抗药性基因有可能通过基因转移而使其他与人类和动物关系更密切的致病性微生物获得该基因，从而引发更大的麻烦。所以，在动物用微生物转基因工作中，科学家尽量避免使用对人、畜常用的、重要的抗生素和其他主要药物有抗性的微生物和标记基因。即使在工作中需使用作为标记基因的抗药性基因，也采用一些新技术使其不能表达甚至自动解离，从而使人类和动物的健康能够得到更好的保障。

3. 食品安全性

动物是人类食物的重要来源之一。因此，人们对转基因微生物应用于动物之后，对动物产品作为人类食品的安全性也抱有疑虑。首先，转基因微生物进入动物体后是否致癌、致畸和致突变，人类食用此种动物产品后是否对健康产生影响。其次，转基因及其表达产物等是否残留在动物产品中，人类食用后是否对健康产生影响。这些疑问需要科学研究加以澄清。

（二）对生态环境的潜在危害

人类对于地球上复杂的生态系统和各种微生物对生态系统作用的认识还是比较肤浅，因此，科学界（包括生态学家）对转基因微生物对于生态环境的影响还存在争议。动物用转基因微生物应用于动物后，微生物可以经消化、呼吸等系统释放到环境中，从而对环境质量或生态系统可能造成不利影响。目前，转基因微生物对环境的影响主要有以下 6 个方面的考虑。

1. 致病性和毒性

在环境中动物用转基因微生物可能对动物（包括靶动物、非靶动物和非脊椎动物）和植物具有一定的致病性和毒性，也可能与供体微生物和受体微生物相比较，产生更强或新的致病性和毒性。Ronald 等（1996）报道，猪伪狂犬病病毒基因缺失疫苗菌株和野生型强毒株均可在靶动物浣熊体内存活并繁殖，这就为两个毒株间的基因重组、进而导致毒力增强提供了先决条件。

2. 生存竞争能力

微生物在环境中的生存竞争能力包括存活力、繁殖力、持久生存力、定殖力、竞争力、适应性和抗逆性等。一般而言，这些能力越强，微生物对生态环境造成影响的可能性也就越大。转基因微生物是否具有自然发生的微生物所不具备的生存竞争优势；是否能够通过对生态位点和营养的竞争将一种甚至多种本地微生物减少到对生态环境和生物多样性造成严重影响的程度；甚至这些微生物进入人或动物体后，是否对正常肠道菌群产生影响；人们还不能作出完全肯定或者否定的回答。但也有一些试验结果表明，除极少数情况外，大多数转基因微生物与其非转基因的亲本微生物（受体微生物）在自然环境中的存活、定殖和竞争能力基本上是一致的，并不具有特殊的生态竞争优势，甚至在相当多的试验条件下，转基因微生物的生存竞争能力比非转基因微生物的生存竞争能力还弱。

▷▷▷▷▷▷

3. 传播扩散能力

传播扩散能力是指微生物通过土壤、空气、水、植物残体、昆虫或其他动物等进行近距离或远距离转移的能力。微生物传播扩散能力越强，其对环境的影响就越大。动物用转基因微生物在使用区内和向使用区外的环境（特别是水体和高空气流）中传播、扩散的能力、机制及其对生态环境的潜在危害是生物安全评价的一个极重要的指标。

4. 遗传变异能力

遗传变异能力是指动物用转基因微生物及其基因（特别是转基因）在不同生理生态条件下遗传的稳定性及其发生适应性变异或突变等的能力。由于微生物生长繁殖速度快，即使是低于百万分之一甚至亿万分之一的变异率，也能在较短的时间内迅速发展为数量可观的种群，从而对生态环境造成影响。所以，遗传稳定性也是安全性评价的一项重要指标。

5. 遗传转移能力

遗传转移能力是指动物用转基因微生物（特别是转基因）向本地非转基因的同种微生物和其他生物（包括微生物、植物和动物）发生遗传物质转移的能力。与动物用转基因微生物属于同一物种的本地微生物以及其他生物物种在获得该遗传物质（完整的转基因或其一部分）后，有可能存在其演化为新的有害生物或增强有害生物危害性的风险。例如，有多篇研究报告报道，猪伪狂犬病病毒基因缺失疫苗菌株可以与野生型强毒株进行基因重组，从而使重组病毒毒力增强，并且失去诊断标记基因，进一步则可导致标准血清学试验不能检测的强毒株扩散，使疫病扑灭计划难以实现。因此，动物用转基因微生物中的抗生素抗性基因和其他外源基因（如诊断标记基因、增强生存竞争能力或传播扩散能的基因等）向自然环境中的本地微生物或其他生物发生遗传物质转移的可能性及其可能带来的生态环境影响也是生态学家十分担忧的一个问题。

三、动物用转基因微生物的安全评价原则

（1）以促进兽医基因工程技术在动物疫病预防和治疗等方面的发展和应用，同时保障人类健康和生态环境的平衡为基本原则。

（2）采取个案分析，实事求是的原则。

（3）从受体微生物的安全性、基因操作的安全性和动物用转基因微生物及其产品的安全性等3个方面内容和对动物、人类与环境的安全性3个角度进行评价。从动物安全角度，着重评价动物用转基因微生物及其产品对靶动物和非靶动物的安全性；从人类健康角度，着重评价对人类、禽兽以及形成的食物链（食品）的影响；从生态环境角度，着重评价转基因动物用微生物及其产品对自然生态环境和畜牧业生态环境的影响。

（4）涉及危害人类、动物健康和生态环境平衡的动物用转基因微生物及其产品，应对其安全性进行严格评价。

（5）从事动物用转基因微生物研究机构或个人应逐级申报。国外公司在我国申请注册的动物用转基因微生物及其产品，应按阶段进行安全性评价。

（6）国家农业转基因生物安全委员会负责对动物用转基因微生物及其产品的安全进行评价。动物用转基因微生物及其产品在获得农业转基因生物安全证书后，还需申报兽用新生物制品并进行审批，获得兽用新生物制品证书后方能进行商品化生产和应用。

（7）从事动物用转基因微生物研究的机构或个人应按照《农业转基因生物安全管理条例》及相关配套管理办法的规定履行安全性评价的申报手续，填写安全性评价申报书并提供相应的技术资料。

（8）申报动物用转基因微生物研究的机构或个人应首先按规定的试验规模和内容，严格根据农业部《农业转基因生物安全评价管理办法》规定的阶段，获得安全审批后，方可进行相应阶段的试验；申报下一阶段的试验和生产，应提供其前一阶段经合法批准的试验中获得的安全性评价试验资料。

（9）动物用转基因微生物及其产品的中间试验申请一次只批准1年，安全证书一般一次批准3~5年。

四、转基因微生物其他安全性问题综述

由于微生物个体小、数量大、繁殖快、易变异、传播隐蔽等特点，所以对外来微生物入侵和防治的研究有着重要意义。许多微生物在入侵过程中具有很强的破坏性，再加上潜伏期长、较隐蔽、易变异，一旦定殖就很难根治，造成持久危害。此外，许多微生物传染性强，能直接危及人们的生命，如艾滋病、鼠疫、霍乱、炭疽等。总而言之，微生物入侵可能给生态、人类社会、经济带来很大的损失。

▷▷▷▷▷

转基因微生物，从本质上来说可以看做一种外来的微生物，考虑到微生物的上述可能危害，转基因微生物成为有害微生物对地下水、土壤和食物链产生污染和广泛传播造成危害的可能性，就自然地成为了科学家们研究的主题，同时也是公众最担忧的安全隐患之一。在现今复杂多变的国际形势中，以微生物为载体的生物恐怖袭击可能给一个国家的经济、社会安全和稳定造成极大的损失，外来微生物入侵和生物武器的防范应对将是未来国家安全的重要组成部分。因此，转基因微生物的生物安全的机制性研究对生物武器防范的研究也有参考价值。如何客观、科学、有效地评价转基因微生物的生物安全，将是切实推动转基因技术在微生物领域中普遍应用的基础，也是国家安全的基础之一。

目前，对转基因微生物及其产品对环境影响的评价主要考虑以下几个因素：

（1）转基因微生物在土壤、植物和动物中的持久性和定居、传播能力；

（2）外源 DNA 在本地土壤-细菌生态系统的传播能力；

（3）微生物本身的遗传变异能力；

（4）环境因子对转基因微生物在土壤中生存、定居以及基因转移的影响；

（5）转基因微生物对非靶标生物的直接和间接影响等。

在根据上述因素对转基因微生物进行风险评价时，一般要完成以下几项工作：

（1）确定主要影响因素、对象和可能危害；

（2）根据所研究的微生物的特性，划定可能受影响的地域范围，预测受影响的严重程度；

（3）比对采取监控措施前后一些指标的变化，来考查拟采取监控措施的有效性。指标（标准体系）可以包括该地域内本地生物个体、种群、群落、生态系统的状态、土壤、空气、水体等的有关信息，环境释放过程中对转基因微生物存活、繁殖、传播扩散的有利和不利因素，存在可能从转基因微生物中接受转基因的生物的相关信息，释放环境中是否存在需要重点保护的生物等。

第三节　转基因农业微生物应用与生物安全

一、转基因农业微生物的其他应用和发展趋势

在农业生产上，无论是病害、虫害、草害、鼠害的生物防治和生物固氮，

还是植物生长发育调节和化学农药残留的生物降解，微生物直接或间接地发挥着重要的作用。自然界的微生物由于长期进化对生存环境具有高度的适应性。这种适应性是农业微生物发挥作用的重要基础，但同时也阻碍和限制了其他有益效应发挥的程度。

随着现代生物技术向农业科学的渗透和发展，农业微生物基因工程技术自20世纪80年代中期以来一直都是国内外研究的热点，进入90年代更成为一个发展最为迅速、应用前景看好的领域。转基因农业微生物除了在微生物肥料、微生物农药方面的应用之外，还在以下几个方面也有比较好的应用。

1. 饲料用酶制剂

饲料微生物在国际上正在发展成为畜牧学科的一个新的分支。新型饲料微生物制剂的研究已经成为饲料产业技术革新和产品更新换代的主要手段，对于消除抗营养因子、提高资源利用率、开辟新的饲料来源以及解决畜牧业环境污染都有重要作用。近年饲料用酶工程的研究十分活跃，目前国外一些企业已开发出多种工程酶制剂进入国际市场。

2. 食品用微生物酶制剂

在食品工业中，微生物可作为食品的发酵剂，也可以用于生产酶制剂、氨基酸、有机酸、维生素、色素、香料等添加剂。从理论上讲，所有发酵用或食品添加剂生产用菌种都可以采用基因工程技术进行改良，而实际情况比较复杂。氨基酸、有机酸、维生素、色素和香料等生产菌种的改良，因涉及的基因较多并且调控复杂，因而不易利用基因工程技术进行改良，因此，大多处于研究阶段，只有少数氨基酸和维生素是以转基因微生物生产的。而在酶制剂方面，则因牵涉的基因单一，非常适合于利用基因工程技术进行改良，酶制剂的产量和特性方面都可以得到提高和改变，从而降低生产成本或开发新用途。因此，利用转基因微生物生产食品酶制剂是食品工业应用基因工程技术的一个重要领域，开发前景十分广阔，经济价值也不言而喻。生产食品酶制剂的转基因微生物包括浅青紫链霉菌、锈赤链霉菌，枯草芽孢杆菌、地衣芽孢杆菌、特氏克雷伯氏菌、解淀粉芽孢杆菌、米曲霉和黑曲霉等。利用基因工程技术改良微生物菌种而生产的第一种食品酶制剂是凝乳酶。

3. 环境净化用微生物制剂

具有丰富多样性的微生物在各类农业环境污染的分解中可以发挥独特的作用。能够有效分解植物秸秆、禽兽粪便、残留农药、工业废水、生活垃圾等

▶▶▶▶▶

多种污染物的微生物菌株正在陆续发掘应用。生物分解和生物恢复技术具有效率高、速度快、成本低、反应条件温和以及无二次污染等显著优点，成为国际上农业环境治理的重要研究方向。由于污染物成分和环境因素的复杂性，用于环境净化的微生物不仅要有很强的降解能力和对环境的耐受性，而且要有降解功能的多样性。通过常规手段，利用单一底物选择压力筛选和分离的菌株常常因降解作用不强或作用靶标单一而难到达理想的效果。采用基因工程的办法自不同菌株中分离特异的降解基因，然后进行基因的修饰、累加、转移可能是一条解决问题的有效途径。美国科学家将来自不同假单胞菌菌株的 4 种降解质粒结合转移构建了"超级菌"，可同时降解多种石油芳烃，而且降解速度比单一菌株提高了数十倍。国内针对土壤中多种农药污染，也筛选得到了不同降解细菌，为有关基因的分离改造创造了良好的条件。类似的研究在国内外已广泛开展，不久的将来可望会在应用上获得较大的突破。

二、转基因农业微生物安全管理的意义和内容

（一）转基因农业微生物安全管理的意义

从本质上讲，遗传重组微生物与自然发生的或常规技术选育的微生物菌株并无差异，通过基因工程所转移的目的基因的结构和功能通常都是已知的，对于遗传重组微生物的基因型和表现型从理论上应能具有更精确的预见性，因而在实际应用中应该比常规选育的菌株更为安全可靠。

然而，以重组 DNA 技术为代表的基因工程工作毕竟不同于传统的常规技术。

首先，转基因微生物来源极为广泛，重组 DNA 技术和转基因技术的发展打破了常规育种亲和性的限制。使人类有能力按照自己的意愿实现基因在动物、植物和微生物之间的相互转移，甚至可以将人工设计合成的基因导入不同的生物中实现表达，从而有目的地改变动物、植物和微生物的特性，乃至创造新的物种。

其次，基因工程育种实践的时间短，在目前的科学技术水平，人们对于转基因生物可能出现的新性状及其对人类健康和生态环境潜在的危险性还缺乏足够的认识和预见能力，还不能完全精确地预测转基因在受体生物遗传背景中的全部表现，例如：基因表达水平、基因及其表达产物与受体生物的相互作用、基因多效性、受体生物变异和转基因生物在环境中生态效应如转基因生物与环境（微）生物的相互作用、环境条件对基因表达的影响、转基因的稳定性、基因特别是抗性基因在环境中的转移与扩散等等。

　　因此，为了促进基因工程产品研究和开发工作的健康发展，防止其对人类健康和生态环境可能带来的不利影响，必须对有关微生物基因工程工作的安全性进行评价，并在安全性评价的科学基础上提出有关遗传工程微生物进入田间试验和环境释放所应采取的安全监控方法和应急措施。

　　同时，转基因微生物研究的迅速发展也迫切要求建立科学的安全性评价与管理体系。

　　目前，环境释放的遗传工程微生物在整个转基因生物中所占比例不大，但申请进行田间试验和环境释放的数量在快速增加，基因工程微生物实用化、商品化和产业化的发展迫切要求进行科学的安全性评价。而且，由于公众缺乏对生物技术的了解，对生物技术产品安全性有疑问，因而有必要通过安全性研究、评估和管理实践，积累足够的证据和资料来打消公众的疑虑，向公众证明转基因微生物的开发应用有坚实的科学基础、健全的安全性评价体系、严格的监督和管理措施，对人类健康和生态平衡是安全的。只有这样公众才能理解、接受并支持生物技术及其产品的研究与开发。此外，建立完善的安全性评价与管理体系，加强转基因生物安全性评价，对促进我国生物技术的开发应用和微生物遗传工程体及其产品实用化和商品化，乃至进入国际市场也具有十分重要的意义。

（二）安全性评价的主要内容

　　遗传工程微生物及其产品安全性评价和管理内容涉及各个方面，主要内容如下：

1. 受体微生物安全性评价

　　受体微生物安全性评从涉及的主要内容有受体微生物的生物学特性（分类地位、环境分布、定殖、存活、传播特点、遗传特性及潜在危险程度等），对动物、植物和其他微生物及人类健康与生态环境的影响及潜在程度，应用的历史记录，遗传背景及遗传变异的可能性与潜在的危险程度，监测方法与监控措施等。

2. 基因操作的安全性评价

　　基因操作的安全性评价涉及目的基因的来源、结构、功能、用途，载体的来源、特性与安全性，重组 DNA 分子的结构、构建方法和安全性，转基因方法，目的基因表达水平、遗传稳定性等。

▶▶▶▶▶

3. 遗传工程体安全性评价

遗传工程体安全性评价涉及转基因微生物在环境中的存活、定殖、扩散、遗传变异能力和对人类健康与环境生态系统的影响、毒性、致病性和其他有关特性及人类对转基因微生物的监控能力等。

4. 遗传工程产品安全性评价

与遗传工程体相比，遗传工程产品安全性的变化。

5. 释放地点安全性评价

释放地点安全性评价包括释放地点地理环境和气象资料，生态环境及其对遗传工程体存活、定殖、扩散、遗传变异能力的影响和遗传工程体中目的基因向其他生物转移的可能性等。

6. 试验方案安全性评价

试验方案安全性评价涉及试验时间、地点、面积和对象，遗传工程体生产、包装、运输、储存和使用方法，试验结束后试验地及相关材料的处理方法、监控方法、应急措施等，其中对人畜的健康和生态环境的影响是安全性评价的重点。

思考题

1. 什么是植物用转基因微生物？
2. 植物用转基因微生物安全性评价的主要内容有哪些？
3. 谈谈您对人类应用转基因技术创造新的物种的看法。

第四章　转基因动物及其产品的生物安全

第一节　转基因动物概述

　　1980年，耶鲁大学的Gordon等将一种新的基因通过受精卵原核微注射的方法导入小鼠受精卵原核，被导入新基因的受精卵经胚胎移植后所获得的后代小鼠携带了导入的新基因。1983年，Gordon和Ruddle将这种携带了新基因（外源基因）的动物称为转基因动物，这是学术界首次使用转基因动物这一术语。

一、转基因动物的定义

　　转基因动物是在经典遗传学、分子遗传学、结构遗传学和DNA重组技术的基础上，通过实验方法人为地将人们所需要的目的外源基因导入某种动物的受精卵或早期胚胎细胞，使外源基因与动物本身的基因组整合，随细胞的分裂而增殖最终得以表达，这样培养的动物即称为转基因动物（Transgenic Animal）。其实质就是按人们的需要有计划、有目的地定向改造动物的遗传组成，赋予转基因动物新的特征，使之更好地为人类服务。

　　这种动物包括两类：一是，生殖系（种系）DNA发生了改变并因之可遗传至后代的动物；二是，体细胞发生了改变但不遗传至后代的动物。第一类实例，包括需要对配子、早期胚胎或胚胎干细胞系通过体外操作方法而使生殖系DNA发生改变的动物。第二类实例，包括通过类似于基因治疗途径（如直接注射质粒DNA或由病毒介导的基因转移手段）而使其体细胞DNA发生改变的动物。

　　利用转基因技术，人们可以在动物基因组特定的位点引入所设计的基因突变，模拟造成人类遗传性疾病的基因结构或数量异常；可以通过对基因结构进

▷▷▷▷▷▷

行修饰，在动物生长、发育的全过程研究体内基因的功能及其结构功能的关系；可以在动物基因组引入病毒基因组以模拟病毒性疾病的发病过程；可以通过引入具有重要药用价值蛋白的编码基因，使动物成为该药物蛋白的生产场所；可以将所引入的 DNA 片段作为环境诱变剂作用的靶向 DNA，通过对它回收后的结构分析，研究诱变剂造成的 DNA 损伤和诱发基因突变的规律。转基因动物技术不仅在生命科学研究中的应用越来越广，而且技术本身发展也越来越快，逐步逼近修饰的精确性与可调性。

二、转基因动物研究进展

转基因动物技术已经经历了近 20 年的发展，从原理、技术及在生命科学研究领域中的应用来看，可将转基因动物研究大致分为以下 3 个部分：

（1）上游部分，克隆目的基因，分析基因的结构并在体外或其他系统中进行功能研究。

（2）中游部分，设计遗传修饰策略（包括载体系统的构建等），选择适当的靶细胞进行基因转移和鉴定，在此基础上将遗传修饰由细胞向整体动物过渡，实现对整体动物基因组进行人为修饰的目的。

（3）下游部分，按育种程序进行工程动物的选育和建系，在整体动物的背景上对目的基因的功能进行详细的研究，并进一步地开发利用符合设计要求的遗传工程动物。

转基因动物研究的重点包括：开展培育具有优良性状、提高抗病力的家畜育种、建立"生物反应器"和疾病模型进行药物筛选等方面。

转基因动物研究的具有里程碑意义的事件如图 4.1 所示及见表 4.1 所列。

表 4.1　转基因动物研究的里程碑事件

时　间	事　件
1966	配子的微注射技术建立
1977	mRNA 和 DNA 转移爪蟾卵细胞
1980—1981	转基因小鼠获得成功
1981	小鼠胚胎干细胞转移
1982	转基因"超级鼠"
1983	转基因小鼠组织特异性表达

续表　4.1

时　间	事　件
1985	转基因家畜
1987	嵌合体"敲除"鼠成功
1989	定位整合的种系嵌合体小鼠
1994	精子细胞的移植
1997	绵羊的体细胞克隆
1998	利用核移植技术产生转基因绵羊
1999	"敲除"家畜获得成功

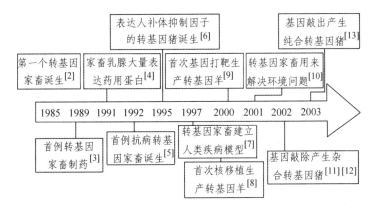

图 4.1　转基因动物研究中的里程碑事件

1. 转基因鼠

Palmiter 将大鼠生长激素基因与金属硫蛋白基因启动子拼接成融合基因，导入小鼠受精卵后，获得了称为"硕鼠（Supermouse）"的转基因小鼠，这是外源基因首次在动物体内得到表达，被认为是世界上首批转基因动物。

2. 转基因猪

为解决猪-人异种移植的超强免疫排斥反应，以缓解人体器官短缺的困难，英国科学家首次采用人的基因注入猪胚胎中，育出了带有人类基因小猪的这一创新性研究。

携带细菌基因的转基因猪可产生更清洁、污染更少的绿肥。这些基因，可帮助猪除去食物中的磷酸盐，从而有助减少猪畜牧业中产生的对农业有害的废物。植物含有许多有机磷，而普通猪不能消除这些磷，导致未吸收的磷流散在环境中。一旦这些磷流入溪流中，便会危害溪流中的生物，产生温室气体。转基因猪经过遗传修饰，在唾液中产生肌醇六磷酸酶，从而可以吸收植物中的磷，消除了普通猪因不能消化磷而产生的一系列问题。通过对转基因猪产生的肥料进行分析发现，它们比普通猪的排磷量减少了75%。

3. 转基因鱼

由加拿大、美国和新加坡组成的科学研究小组找到了一种极度活跃的生长素基因，他们将其导入太平洋鲑鱼的卵中，培育出了比正常鲑鱼大37倍的巨型鲑鱼。之后不久，世界上先后研制出转基因虹鳟、沟鲶、鲑鱼、斑马鱼、罗非鱼、白斑狗鱼、非洲鲶鱼、大鳞大麻哈鱼、银大麻哈鱼等，转移的基因主要有生长激素（GH）基因、抗冻蛋白（AFP）基因和某些作为标记用的报告基因。

4. 转基因牛

20世纪80年代末，美国科学工作者采用转基因的方法育成了世界第1头带有人类雌性激素基因的转基因牛，该牛能产出不饱和脂肪含量少并适于喂养婴儿的牛奶。在以后的几年中，又培育出了2头能产出胰岛素生长因子的新类型牛。2003年，李宁教授的研究小组培育出了中国首批转基因体细胞克隆牛，标志着我国转基因体细胞克隆牛的生产技术体系已经成熟。

5. 转基因禽类

生产转基因鸡可以改进现有品种的遗传特性，例如增加抗病性、提高生产性能、降低鸡蛋中的脂肪含量和胆固醇水平等。英国罗斯林研究所通过改造母鸡的基因，培育出一种能产抗癌蛋的转基因鸡。

第二节 转基因动物的制作策略

一、转基因动物的遗传修饰策略

转基因动物的遗传修饰策略包括：

（1）导致产生新功能的基因组修饰（Gain of Function，GOF），主要有普通转基因及基因重复。普通转基因指在基因组中转入一个能有效表达的基因，该基因可以是原基因组所没有的，也可以是有相应的内源基因的，还可以是结构发生了变化的内源基因等；基因重复指利用造成基因重复的基因打靶技术，在内源基因的邻近部位引入一个与内源基因含有相同调控序列的基因拷贝，而且原则上不破坏原基因邻近位点上的基因的结构。

（2）导致功能丢失的基因组修饰（Loss of Function，LOF），主要有插入突变、大片段缺失突变、点突变及条件性基因缺失突变。

（3）导致基因替换的基因组修饰，主要利用基因打靶技术使替换位点上的内源基因被另一个基因取代，使得内源基因丢失的同时。获得另外一个基因的功能，这种策略通常比较精确，不影响邻近位点基因结构。

（4）染色体畸变。

1976年，Jaenisch利用反转录病毒感染胚胎的方法进行转基因，这是最早的动物转基因方法。

二、转基因动物技术导入外源基因的步骤

转基因动物技术导入外源基因有以下几个步骤：

（1）外源目的基因的制备。

（2）外源目的基因有效地导入受体生殖细胞或胚胎干细胞。

（3）选择获得携有目的基因的细胞。

（4）选择合适的体外培养体系和宿主动物。

（5）转基因细胞胚胎发育及鉴定和筛选所得的转基因动物品系等。

三、转基因动物的主要制作方法

1. 原核期胚胎显微注射法（Microinjection）

原核期胚胎显微注射法由美国人Gordon发明，其基本原理是通过显微操作仪将外源基因直接注入受精卵，利用受精卵繁殖中DNA的复制过程，将外源基因整合到DNA中，发育成转基因动物，如图4.2所示。

▶▶▶▶▶

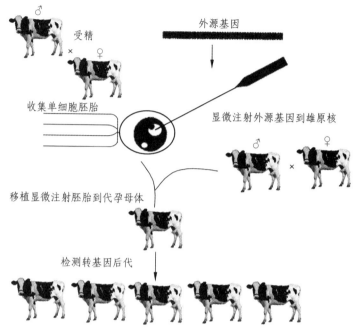

图 4.2　原核期胚胎显微注射产生转基因动物的示意图

原核期胚胎的显微注射法获得 GOF 模型的效率较高，操作简便，实验周期短。其转基因的长度没有严格限制，适用的动物物种广泛。但由于转基因的整合是随机的，因此整合的位点、拷贝等均难以精确控制。同时随机整合也可造成较严重的插入突变，影响基因组的其他结构和功能，无法满足精确修饰的要求。此外遗传修饰的方式无法在细胞阶段得到确证，必须在得到转基因动物后才能验证。

2. 逆转录病毒载体感染发育早期的动物的胚胎法（Retrovirus Mediated Genetransfer）

利用逆转录病毒在感染寄主时可以将病毒的部分 DNA 整合到宿主细胞的特点，可以将体外构建的基因重组到病毒载体上，再用带有目的基因的病毒感染发育早期的动物胚胎细胞，以达到将病毒携带的目的基因转入动物细胞的目的。

逆转录病毒载体法的优点是操作简单，外源基因的整合率较高。动物病毒所具有的启动子不但可以引发一些选择标记基因的表达，还能引发所导入的外源基因的表达。在各种基因转移方法中，通过逆转录病毒载体把基因整合到受体细胞核基因组中是最有效的方法之一。但是逆转录病毒载体容量有限，并且外源基因难以植入生殖系统，成功率较低。病毒衣壳大小有限，不能插入大的外源 DNA 片段。它们只能转移小片段 DNA（≤10 kb）。因此，转入的基因很容易缺少其邻近的调控序列。携带外源基因的病毒载体在导入受体细胞基因组过程中有可能激活细胞 DNA 序列上的原癌基因或其他有害基因，其安全性令人担忧。

3. 精子载体法（Sperm Mediated Gene Transfer）

将精子细胞（通常是灭活后，即细胞膜被破坏后）与转基因载体 DNA 混合共浴后，将精子头部直接注射入卵细胞，经过人工授精的受精卵移入假孕母体输卵管继续发育获得转基因动物个体。Bracket 等在 1971 年开始了精子介导外源 DNA 转移的研究，他们以精子作为载体，通过受精将外源 DNA 携入卵母细胞从而获得转基因动物，并可得到转基因系。后来 Rottman 等对精子载体法进行了改进，将外源 DNA 与精子共同孵育之前用脂质体包埋，脂质体与 DNA 相互作用形成脂质体 DNA 复合体，这种复合体比较容易和精子细胞膜融合，从而进入细胞内部，这种改进以后的精子载体法在转基因鸡的制作上获得了满意的结果。

精子载体法涉及的基因转移方法简便、效率高，育种所用的体外授精技术已经相当成熟，动物育种不经过嵌合体，实验周期短。鉴于体外授精技术比较成熟，该途径也可能成为较有效的 GOF 转基因动物的建立技术，也可以作为进行生殖系细胞基因治疗的实验研究途径。但从目前的研究结果来看，该体系和"受精卵显微注射"途径一样具有目的基因整合的随机性和无法早期验证修饰事件等特点，成功的例子不多，还有待进一步的研究。

4. 胚胎干细胞技术法（Embryonic Stem Cells）

胚胎干细胞（Embryonic Stem Cells，ES 细胞）是指囊胚期的内细胞团中尚未进行分化的细胞，这种细胞具有类似癌细胞无限繁殖和高度分化的潜能，将目的基因转移入 ES 细胞并重新导入囊胚或经筛选后对转入外源基因的 ES 细胞进行克隆，便可培育转基因个体。

ES 细胞在发育上类似于早期胚胎的内细胞团细胞，当被注入囊胚腔后，可以参与包括生殖腺在内的各种组织嵌合体的形成，因此将外源 DNA 导入胚胎干细胞就可以实现基因的转移，产生转基因动物。

尽管建立大家畜 ES 细胞系仍很困难，ES 细胞介导法转基因仍是一条极具魅力的技术路线，随着一些相关关键技术的成熟，ES 细胞介导法将会在转基因动物的研究中起到更加重要的作用。

▶▶▶▶▶

5. 体细胞核移植技术

体细胞核移植法是以动物体细胞为受体,将外源目的基因转移到体外培养的动物体细胞,再将这些体细胞的核移植到去核的卵母细胞中,进行动物克隆,从而获得转基因动物。体细胞核移植技术的具体操作是先把目的基因和标记基因的融合基因导入培养的体细胞中,再通过标记基因的表现来筛选转基因的阳性细胞及其克隆,然后通过显微操作技术将阳性细胞核移植到无细胞核的成熟卵母细胞中经体外培养,最后移植到母体,发育成个体,如图 4.3 所示。其最有意义的贡献在于证明了体细胞的分化不是不可逆的,成熟体细胞的细胞核也具有如胚胎干细胞一样发育成整个生命体的全能性。

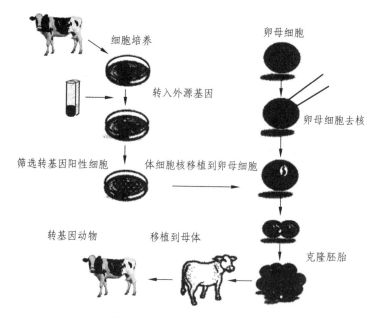

图 4.3　体细胞核移植技术产生转基因动物过程示意图

体细胞核移植技术的发展和成熟为转基因动物的制作开辟了一条潜力巨大的道路。从目前已有的几个体细胞克隆动物的实验结果看,普遍的结果是实验的成功率较低。该体系的成熟和推广应用依赖于受精卵和核移植卵发育程序的准确启动和精细调控,而这方面的基础研究较为薄弱,目前尚难在规模水平上开展。世界上首例体细胞克隆动物"多利羊"出现早衰现象,而且只长到 6 岁就死亡,这反映出在体细胞重新回复到发育全能性细胞的过程中,尚存在许多基因表达精细调控的未知细节。

从长远的观点来看,大力发展体细胞克隆重组技术并推广应用到转基因动物的建立，必将大大推动转基因动物技术的发展，它可以综合所有途径的优点，又可以克服它们的缺点，应该说是理想的发展方向。同时 ES 细胞在体外能长期培养，又能维持正常的核型，这是其他核型正常的体细胞所不具备的，可能成为在细胞水平对基因组进行精确的遗传修饰的一个重要基础。所以，在 ES 细胞中完成各种遗传修饰，再利用体细胞克隆技术将遗传修饰向整体动物过渡，将可能是一条非常有效的途径。

6. 人工酵母染色体法

人工酵母染色体载体是近年发展起来的新型载体，具有克隆百万碱基对（Mbp）级的大片段外源 DNA 的能力，可以保证巨大基因的完整性；保证所有顺式作用因子的完整并与结构基因的位置关系不变；保证较长的外源基因片段在转基因动物研究中整合率的提高；鉴于基因的完整性，目的基因上下游的侧翼序列可以消除或减弱基因整合的位置效率。此法的关键技术为：ES 细胞（胚胎干细胞）转染 YAC 后体外筛选，阳性 ES 细胞囊胚腔注射，YAC 的原核微注射。

7. 电转移法

电转移法就是将生殖细胞或体细胞置于电场内。同时加入外源基因，利用短暂电脉冲使外源基因渗过细胞膜，因而能允许完整的大分子渗入细胞内。

8. 基因打靶法（gene targeting）

基因打靶也称为定向基因转移，是精确地人工修饰基因组的一种技术。它具有以下 3 个重要特征：

（1）直接性。直接作用于靶基因，不涉及基因组的其他地方。

（2）准确性。可以将事先设计好的 DNA 插入选定的目标基因座，或是用事先设计好的 DNA 序列去取代基因座中的相应的 DNA 序列。

（3）有效性。在技术上有实施的可能，具有实用意义。

20 世纪 90 年代出现的新的外源 DNA 导入技术即基因敲除（Gene knock out）和基因楔入（Gene knock in）。基因敲除类似于同源重组（Homologous recombination），指外源 DNA 与受体细胞基因组中顺序相同或非常相近的基因发生同源重组而整合到受体细胞的基因组中。此法结合位点精确，基因转移率高，但不能产生核苷酸水平上的突变。条件性基因敲除技术则可以解决这个问题。条件性基因敲除指在某一特定的细胞类型或细胞发育特定阶段敲除某一特定基因，常用打完就走（Hit and run strategy），标记交换（Tag and exchange strategy）和 Cre-loxP 重组系统等新的基因转移策略。自从 Capecchi

▶▶▶▶▶

等人（1987）首次成功利用基因打靶技术在小鼠 ES 细胞实现定点突变以来，这项技术已经成为研究小鼠基因功能的最直接手段。

第三节　转基因动物的应用

一、转基因动物的主要应用

一般来讲，根据不同的目的，转基因动物操作可以简单地划分为四种类型：疾病型转基因动物，利用转基因动物制药，动物改良型，基础生物学研究。常见的应用如下：

1. 促进动物生长、提高畜产品产量、改善产品品质

外源 GH 调节生长的机理被认为是可以刺激宿主动物胰岛素样生长因子的合成与分泌。1996 年，新西兰科学家发表的一篇关于转基因绵羊羊毛产量增加的报道吸引了不少同行的目光。Powell 等（1994）将毛角蛋白 II 型中间细丝基因导入绵羊基因组，使得转基因羊毛光泽亮丽，羊毛中羊毛脂的含量得到明显的提高。

2. 动物抗病育种

导入抗病或抗寄生虫的外源基因，增强动物抗病力。通过克隆特定病毒基因组中的某些编码序列，对之加以一定的修饰后转入畜禽基因组，如果转基因在宿主基因组中能得以表达，那么畜禽对该种病毒的感染应具有一定的抵抗能力，或者应能够减轻该种病毒侵染时为机体带来的危害。

3. 生产药用蛋白

利用转基因动物生产的药用蛋白主要是通过 3 种渠道。一是通过血液，DNX 公司（1988）通过将人的血红蛋白基因转移给猪种，这样可以通过转基因猪来生产人血红蛋白。二是通过尿腺，利用脾脏中尿腺合成和分泌蛋白的功能来作反应器，这种渠道的优点是转基因动物不论公、母和年龄（整个一生）都将产尿，并且尿中几乎不含脂肪和其他蛋白，容易纯化。三是通过乳腺，泌乳是动物的一种生理活动，对动物健康没有影响，加之乳腺摄取、合成、分泌蛋白质的能力很强，并且能对重组蛋白质进行多种翻译后加工，包括 β- 羟基化，糖基化，γ- 羟基化等，同时能将重组蛋白质折叠成有功能的构象。实际上，

利用转基因家禽（如家鸡）产蛋的特性，试图在禽蛋中表达有价值的蛋白也是国际上动物生物反应器研究的热点之一，但还没有证据直接表明生产外源基因能够稳定遗传的转基因家禽技术已经成功。此外，转基因昆虫（如家蚕）生物反应器也有不少的报道，但影响太小。因此，动物乳腺是目前公认的生产重组蛋白质的理想器官。

4. 生产营养保健（医疗）品

营养医用品或营养保健品是美国医学创新基金会创始人和会长 Stephen De Felice 提出的名词，它的定义是"食品或食品的部分成分有医疗和保健的功能，包括预防和治疗疾病"。营养医用品一般分为 3 类：食物保健品、功能性食品和药物食品。欧美等发达国家在此领域已经开始了激烈的竞争，全球一些大的制药公司都纷纷投资到营养医用品的研究开发，而一些巨型生物技术公司则将某些营养保健品作为拳头产品。利用转基因动物生产营养保健品的现状见表 4.2。

表 4.2 利用转基因动物生产营养保健品现状

公司名称	营养保健品	主要功能	潜在市场（亿美元/年）	R&D 阶段
Pharming B. V.	人乳铁蛋白	抗胃肠道感染、铁、锌等载体	50	临床前期，转基因奶牛（1.5 g/L）
	人溶菌酶	抗胃肠道感染	5	转基因奶牛（1.2 g/L）
PPL therapeutics plc	人胆盐刺激脂酶	助脂消化	6	临床前期，转基因奶牛（2 g/L）
Genzyme transgenics corp	人催乳素	提高免疫力	3	临床前期，转基因奶牛（1 g/L）
Wyeth-ayerst	人乳清白蛋白	苯酮尿症	5	转基因奶牛（5 g/L）
GelaGen	人免疫球蛋白	提高免疫力	10	转基因奶牛（0.5～2.5 g/L）
	人乳清过氧化酶	提高免疫力等	3	
	人分泌性抗体	尿道感染，蛀牙等	5	转基因奶牛（3 g/L）

* 资料引自 Inter Nutria 报告、Nature Biotcchnology 1998, 16（8）：728～731。

▷▷▷▷▷▷

> ☞ **R&D**（**Research and Development**）："研究与开发"、"研究与发展"
> 或"研究与试验性发展"，包括基础研究、应用研究、试验发展三类活动。

5. 生产可用于人体器官移植的动物器官

器官移植已成为现代医学领域一个不可缺少的组成部分。在美国，心脏坏死的人数是患艾滋病而死亡的 4 倍，每年为此付出 80 亿～350 亿美元。在 65 岁以下的美国人，每年有 45 000 人需要做心脏移植手术，但是只有 2 000 人能获得新生心脏。可见供体器官严重匮乏，因此，人们不得不重视异种移植（Xenotransplantation）的研究。由于猪与人在解剖和生理方面具有许多相似的生物学特性，其妊娠期短，产仔数多，后代生长快，而且与灵长类动物相比不存在伦理学方面的问题，更重要的是猪在不同发育时期的器官与不同年龄的人的器官在大小上比较接近，所以，猪被视为人类器官移植的理想材料。

6. 建立诊断、治疗人类疾病及新药筛选的动植物模型

通过转基因技术（主要是通过基因打靶技术或称为同源重组技术）生产许多生物模型，用这些生物模型来研究人类疾病和基因的功能。建立了转基因小鼠模型的遗传性疾病有：动脉粥样硬化症、镰刀形细胞贫血症、老年痴呆症、自身免疫病、淋巴系统病、皮炎及前列腺癌等，因此人们可以采取适当的措施来预防和治疗疾病。

转基因动物作为疾病模型可以代替传统的动物模型进行药物筛选。利用转基因技术可建立敏感动物品系及产生与人类疾病相同的疾病动物模型，这种动物模型应用于药物筛选的优点是准确、经济、试验次数少、能显著缩短试验时间。现已成为人们试图进行"快速筛选"的一种手段。例如，随着癌基因的不断发现，越来越多的肿瘤疾病模型被用于药物筛选。Komori 等曾用携带有哺乳动物细胞色素 P-450 的果蝇进行毒性试验，筛选致突变和致癌物质。Mehtali 等曾建了一种新的用于体内筛选抗艾滋病病毒的转基因鼠模型。

7. 克隆濒危动物

一些人认为，克隆濒危动物将会进一步缩小这些物种已经萎缩的遗传多样性。所以，对此项技术的安全性也有待探讨。

二、转基因动物研究中出现的问题

（一）制作转基因动物效率低

制作转基因动物效率低是目前几乎所有从事转基因动物研究的实验室都面临的问题，也是制约这项技术广泛应用的关键。以显微注射法生产转基因动物为例，1980 年通过该法获得第一只转基因小鼠，到目前为止仍是最常用的制作转基因动物的方法，但 Brem（1997）统计小鼠、大鼠、兔子、牛、猪、绵羊转基因阳性率分别为 2.6%、4.4%、1.5%、0.7%、0.9%、0.9%。

（二）外源基因在宿主基因组中的行为难以控制

转基因随机整合于动物的基因组中，很有可能引起宿主细胞染色体的插入突变，还可造成插入位点的基因片段的丢失及插入位点的基因位移，同时也可能激活正常情况下处于关闭的基因。其结果导致转基因阳性个体出现不育、胚胎死亡、流产、畸形等异常现象。

（三）转基因表达水平低

许多转基因的表达水平受到宿主染色体上整合位点的影响，往往出现异位表达。影响转基因的表达能力或基因表达的组织特异性，因而使大部分转基因表达水平极低，极少部分表达水平过高。

三、转基因动物的发展方向

转基因技术以其巨大的生命力影响着人类的生活，并已逐步渗透到人类生活的各个领域，例如，利用转基因技术提高或改良动物的生产性能，为人类提供更多更好的优良畜牧产品；利用转基因技术进行生物制药，生产人类所需的治疗有关疑难病症的特效药物；利用转基因动物还可以进行动物的遗传改造，为人类提供大量可供移植用的器官；最近的研究结果显示，利用转基因动物还可生产能生物降解、具有特殊强度的生物材料，应用于国防、医药和建筑业。所有这些都充分显示了转基因动物的巨大优势和广阔的市场前景。我国为此也

▶▶▶▶▶

进行了许多卓有成效的研究开发工作。世界范围内已经掀起了转基因动物研究热潮，生物工程产品不断推陈出新，大型转基因动物公司相继应运而生，加剧了转基因动物研究与开发的激烈竞争，同时也充分显示了转基因动物的无穷魅力。主要发展方向：

（1）应用转基因动物建立人类疾病的实验动物模型，探讨疾病发生机理、治疗方法和新药筛选技术。

（2）进行生物反应器制药，治疗人类的疑难病症。

（3）人类器官移植的器官供体，克服免疫排斥。

（4）应用于国防和生物材料，提高国家综合国力。

（5）转基因技术与动物克隆技术完全结合，融为一体。

第四节　转基因动物及其产品的生物安全

转基因动物及其产品将在本世纪形成巨大的产业，影响到人类社会活动的每一个方面，极大地造福人类。为了确保转基因动物及其产品不对人类社会产生负面效应，对转基因动物及其产品的安全性评估显得十分必要。

一、供体动物和受体动物

提供配子或胚胎干细胞的动物（供体）以及受体的动物需要有详细的履历，包括受体、供体的背景资料、生物学特性、生态环境、健康状况及其他系谱资料等。动物的健康状况应由兽医专家进行评估，包括与物种及繁衍有关疾病问题的特定检查。为控制某些偶发性病原菌的传播，供体和受体动物应满足同样的建立生产群所要求的偶发性病原菌检查标准。而作为异种移植供体使用的转基因动物，对其供体和受体动物来源地区的传染病监测更为严格。

一般来说，转基因动物 R&D（research and development）及产业化过程的安全性评估要点是：

（1）转基因结构的产生和定性。

（2）转基因始祖动物的创建和定性、遗传及表达。

（3）建立可靠持续的转基因动物、精子和胚胎库。

（4）生产群的产生和选择。

（5）转基因动物饲养管理。

（6）转基因产品的纯化和定性。

（7）临床前的安全评估。

二、基因操作的安全性

为了确保终产物具有预期的特性，必须对用来产生转基因动物的重组 DNA 构件进行严格地鉴定，转基因构件的组装、克隆、纯化及最后的鉴定均应有质量监控，每一具体细节均需慎重对待。

（一）转基因及表达系统（功能的异源获得）

提供准备导入动物的基因的详细特征，天然蛋白质及其功能以及表达形式，并说明用于克隆和分离基因的方法。转基因结构的描述应包括适当比例的图谱、曾报道过或最新测定的核酸序列。对于诸如酵母人工染色体中的大片段 DNA，若全部核苷酸序列尚未确定，应提供详细的限制性内切酶图谱，但无论如何，cDNA 序列应该确定。需要详细说明转基因构件的策略。原始载体即转基因构件均应通过限制内切酶图谱和核苷酸序列对其特征作全面的说明。调节元件的来源尤为重要，需详细交代。转基因的转录控制（包括增强子区、启动子、阻遏子等元件乃至基因座控制区等），若在转基因构件中有定位表达，应有报告资料；若采用起正调节或负调节因子作用的新转录因子，则应充分加以说明。

（二）通过同源重组实现基因的定位整合（功能的同源丧失）

同源重组技术可用于动物基因组特定区域的定点隔断或缺失，从而生产一个无效等位基因，这项研究的应用可导致靶基因功能的丧失。已有几例靶基因功能不完全丧失的报道，其机理各不相同。因此说明定位整合的基因其产物不存在任何潜在的功能就显得十分重要。

（三）转基因及其表达产物的安全性鉴定

1. 标记基因及其表达产物的安全性鉴定

在转基因动物制作过程中，为了提高转基因动物的制作效率，往往需要应

▶▶▶▶▶

用标记基因对早期胚胎进行筛选，而且这些标记基因会是终身表达的，这样就需要对标记基因及其表达产物进行安全性检测。转基因动物的用途不同，这种安全检测的侧重点及检测方法也是不同的。对所有使用过的标记基因的种类、来源，是否进行过改造等要作详细的记录并备案保存。对于随机插入激活毒性代谢途径的问题要给予足够的重视。

标记基因的产物可能会有 3 个效应：

（1）直接毒性效应。

（2）过敏效应。

（3）因蛋白的催化功能而产生的副作用或产生对人类有害的物质。

因而制作转基因动物中应选用表达产物对人或动物无直接毒性，不引起动物和人产生过敏反应的标记基因。在制作转基因动物中还应尽量选用表达产物与目标蛋白性质差异比较大的标记基因，以便于分离或标记，标记基因的启动子和目标蛋白的启动子具有不同组织器官的表达特异性，可以在某种程度上避免标记基因表达产物对目标蛋白的污染。此外在转基因构建中标记基因使用早期胚胎特异性表达的启动子是彻底解决标记基因产物对目标蛋白污染或是对异种移植带来的负面问题的一个很好的策略。

2. 转基因载体系统的安全性评价

目前，转基因动物的制作方法有很多如显微注射法、精子载体法和逆转录病毒载体法等，不同的制作方法的安全性是不同的，因此在制定转基因动物制作方案时应说明采用哪一种基因导入方法。用病毒类载体制作转基因动物要特别慎重。这些载体的一些表达产物也有可能对动物或人类带来潜在的危害。已经使用此类方法制作的转基因动物需要经过严格的测试后方可使用。

三、转基因动物释放的安全性评价

（一）遗传稳定性

不论何种方法生产的转基因动物都需要将其释放到环境中，这就要在释放前对其释放的安全性进行评估，转基因的遗传稳定性和表达的稳定性是一个值得重视的问题。外源 DNA 嵌入宿主动物生殖系的过程往往牵涉多拷贝的 DNA 同时整合到染色体的同一位点上。但也可能整合位点多于一个，以及整合过程中或整合后，全部或有些基因发生重排或缺失。在传代过程中也可能发生染色体交换、易位等引起转基因在基因组中的位置或基因结构的变化，进而引起所编码的蛋白发生变化以及新基因的灭活或激活沉默基因等。鉴于此，经过若干生殖系世代（经育种）后，其稳定性应该通过诸如 Southern 或测序等方法来检测。一般来说，过几个世代后，在单一染色体位点中的转基因拷贝数会稳定下来。若有可能，在单一染色体位点整合应直接在首建动物这一阶段确证；若做不到这一点，可采用多个子代的繁育研究和 DNA 限制性酶分析来确定转基因的单一位点整合。

（二）表达稳定性

转基因表达的稳定性会发生改变，这种改变取决于宿主动物的遗传背景与转基因之间互作的程度，以及转基因由于父系或母系遗传所表现出的印记作用。有观察结果表明，随着转基因传递代数的增加，转基因表达水平会降低。因此，在一个世代中和经过若干世代的繁衍后，转基因的稳定性应从表达量角度来确定。转基因产物的稳定性应在转基因动物的整个生产期进行监测。应确定一个可接受的表达量的范围作为生产群体可接受的标准。可能时，正常的或预期的转基因 RNA 转录水平还应包括转录物的大小、相对丰度、RNA 生成的组织和细胞系等角度进行验证。方法可包括 Northern 印迹、RT-PCR、DNA 酶防护等相应技术。对预期产物的产量，或者可能的表达量，应从多个转基因动物系谱中检测，低于确定量最低值者，生产时应不使用。最低值的确定则应通过每一动物直接还是作为合并后的平均数与之相关，以及纯化材料中活性组分的浓度是否高到足于确保得以恰当纯化来考虑。

在完成上述评估前应严格控制转基因动物个体，不能发生丢失和与本研究无关的个体发生交配，一旦发生上述意外事故，必须采取必要的措施加以处理。

四、转基因动物在动物福利和社会伦理等方面的潜在危害和对策

1. 转基因动物可能引起社会伦理学方面的问题

（1）转基因技术的应用可使产量增加，进而导致价格下降，转基因的动物专利化后，一些生产单位因购买不起专利导致生产效率低下而破产，从而导致生产过剩和人们的购买力相对下降的矛盾的激化，在人口众多的发展中国家，

➤➤➤➤➤

这一问题更为突出。另外，多数转基因动物的研究是由公共基金资助的，然而并不是所有的公众都能从转基因动物的研究与开发中获得利益。这种不公平将带来社会矛盾的激化，带来一些社会问题。

（2）食品安全问题和宗教信仰冲突。尽管许多科学家已经证实在严格的检测监控下转基因动物产品作为食品所具有的安全性并不比常规来源的食品差，但仍然有为数众多的公众对此持怀疑态度。另外，在一些宗教信仰中有些动物食品是禁食的。这样就带来一个问题，当将禁食动物的基因转移到非禁食动物中并淘汰了非禁食动物后，就会带来宗教信仰冲突。当然如果只是一两个基因的转移，作为禁食动物的信仰者或许能够接受，当多个基因转移时可能就会带来宗教信仰的冲突问题。

（3）转基因动物往往具有更强的生存能力，一旦释放到环境中，在自然选择的基础上将非转基因动物淘汰，从而破坏生态平衡。

（4）转基因动物的研究与开发会影响人类的价值观，人们通过转基因动物所获得的产品的自然属性会下降，因而在人们的心目中自然的价值会逐渐下降，这将是对自然界的一个重大威胁。

针对以上的问题，有以下的一些解决办法：

（1）通过高税收、高福利的办法解决利益分配不公的问题

（2）通过强制性的措施保证非转基因动物数量的办法来解决食品安全与宗教信仰冲突的问题。

（3）通过限制转基因动物的饲养范围的办法解决转基因动物给生态平衡带来的潜在威胁。

（4）通过加强自然环境教育的办法解决人们心目中自然的价值下降的问题。

转基因动物引起的人类社会伦理问题还有以下几个值得关注的问题：

（1）改变食品组成可能引起伦理争议，例如将动物肉质基因转移给植物，素食者就难以接受；而人的一些肌肉发育或相关基因转移给动物，这些转基因动物作为食品时也会受到强烈的质疑。

（2）器官异种移植可能引起法律纠纷，例如当接受移植了许多转基因猪种器官的人受到有意或无意的伤害时，对侵犯者裁定量刑就有困难，因为这种伤害方式曾经只对猪有害而对人无害；器官异种移植还可能引起其他社会伦理问题，例如体内有许多猪种器官的人在接受教育、求职和婚姻等方面是否有歧视问题。

（3）转基因干细胞克隆可能引起人权的不平等，例如干细胞克隆可以极大地延长人的寿命、提高智商和增加体力，而由于经济、社会地位等因素，并非人人都有同等的机会获得这种转基因干细胞克隆。

2. 转基因动物制作引起的动物福利问题

1）转基因制作方法给动物带来的危害

制作转基因动物的方法中如原核期显微注射法，使用显微注射的方法将外源 DNA 注射到单细胞期的受精卵的雄原核中去。受精卵是动物生命的早期形式，显微注射会为之带来极大的损伤，这是对早期生命的一种摧残。而且显微注射法对外源 DNA 的行为无法控制，外源 DNA 在受体动物的基因组中的整合位点是随机的，而且整合的拷贝数也是无法控制的，因此外源基因的整合给动物带来的伤害是无法控制的。胚胎干细胞法中外源基因的整合位点和整合拷贝数虽可以控制，但这种方法只在小鼠中比较成熟，而且目前主要用于制作基因敲除小鼠作为研究人类疾病的动物模型。基因敲除法实际上是将小鼠的某些正常基因灭活以研究这些基因的效应，这将对小鼠带来极大的危害。这从某种意义上讲是不人道的。

2）繁殖技术对动物带来的伤害

繁殖操作包括超排、精液采集、人工授精、胚胎收集和胚胎移植等是转基因动物制作中常用的技术。这些操作对动物本身是一种伤害。比如在制作转基因动物时要给动物注射药物使之排卵或形成假孕动物，在此过程中动物处于应激状态，会给动物本身带来很大的伤害。人工授精、胚胎收集和移植等对于有些动物的器质性伤害比较小，但对于其他的一些动物器质性伤害则比较大甚至需要将个体杀死，这是对动物的极大伤害甚至可以说是一种残忍。一些繁殖操作以及转基因的插入效应又会带来很高的死亡率和发育畸形等。

3）转基因技术为动物带来的人为的突变

用原核期胚胎显微注射法制作转基因动物，外源基因随机整合到受体基因组中，很有可能会因为插入突变引起正常的基因表达异常或受阻，因而导致动物发育畸形甚至死亡。在小鼠中这种插入突变的概率大约为 5%~10%，有资料表明在家畜中的突变率与此相近。而且这些突变所导致的死亡多发生在出生前。这对于动物来讲是一种极大的伤害和生存践踏。

4）外源基因表达给动物带来的影响

动物体内的基因是受到严格调控的，在什么时期什么组织中表达都是固定的，而外源基因的表达却难以很好地控制，外源基因的易位或（和）易时表达，会对动物带来严重的健康问题。

另外，外源基因的表达产物有可能意外激活动物体内的一些正常生理过程或抑制、改变动物体内的一些正常过程，从而导致动物发育异常或疾病。

▷▷▷▷▷▷

5）转基因动物个体差异给对动物福利的评估带来的影响

由于转基因动物的外源基因整合位点和整合拷贝数的差异，使得每一个转基因动物的外源基因的表达效率以及外源基因的插入突变效应和表达后效应都有所不同。另外，外源基因及其表达产物的影响具有一定的隐蔽性，或在特定时期或一定的条件下才会表现，这些都为动物福利问题的评估带来了很大的难度。

6）转基因技术在有些方面对动物本身有利

比如提高抗病性能、改变畜禽的性别比例以避免资源浪费，以及去除牛的长角性状以避免公牛对人和其他个体的伤害等的转基因操作对动物本身是有利的，但人们对此还是存在争论的。但从总体上来看转基因技术目前对动物福利的损害要大于给予动物的利益，这一点我们不能否认。因此加强转基因动物制作方法的研究，开发出对动物伤害比较小而效率较高的转基因方法，同时通过法律规定转基因动物的制作过程中哪些方法不得使用，并随着技术的不断进步对允许使用的方法进行修改以淘汰过时的技术，生产出更多的对人类有重大意义的转基因动物，并在此基础上对转基因动物的饲养条件加以改善，也许是解决这一问题的有效方法。

五、环境问题

和植物相类似，转基因动物的目的基因在野生种中稳定下来也可能造成生态问题，可能使野生近缘种获得选择优势，影响生态系统中正常的物质循环和能量流动。另外，还可能会导致野生等位基因的丢失，从而造成遗传多样性的下降。而野生物种基因库中有大量的优质基因，是人类的宝贵资源。这些正是人们最担心的问题。因此，对于转基因动物，必须采取有效的跟踪管理措施，防止其种间杂交，从而保证环境安全。

第五节　转基因动物安全性检测与监控

一、转基因动物安全技术检测的内容

转基因动物安全技术检测的主要内容包括转基因动物外源基因表达及遗

传稳定性检测、转基因动物环境安全检测和转基因动物食用安全检测3个方面。

（1）转基因动物外源基因表达及遗传稳定性检测，主要包括外源目的基因、标记基因、基因表达调控元件（启动子、终止子）、转基因动物内源基因及其表达量等。根据需要还可以对具有特异性、构建特异性、品系特异性及转基因动物遗传稳定性进行检测。

（2）转基因动物环境安全检测，主要包括转基因动物生存竞争力、对生物多样性的影响等。针对不同转基因动物要求有所不同，检测的侧重点略有差异。

（3）转基因动物食用安全检测，主要包括大、小鼠急性毒性试验，大鼠90天喂养试验，致畸试验，二代繁殖试验，表达蛋白对热、肠胃和加工方式稳定性试验，抗营养因子测定和营养成分测定等。

在上述检测中，包括目标性状检测，如转基因动物的抗病、品质改良和育性改变等目标性状进行检测。

二、转基因动物安全技术检测的方式

根据目前我国的安全评价的规定和需要，转基因动物安全技术检测主要包括3种形式：

1. 自行检测

按照"谁研发、谁负责"的原则，由研发单位（申请单位或申请人）提出安全评价申请或申请前，根据《农业转基因生物安全评价管理办法》附录及申请书的内容和指标，自行到相应的农业部农业转基因生物安全监督检验测试中心进行检测，将检测报告作为申请资料之一，供国家农业转基因生物安全委员会和农业部进行安全性评价评审。此种检测属于"委托检测"。

2. 要求检测

国家农业转基因生物安全委员会进行安全评价后，根据农业部的批复意见即通知要求，研发单位（申请单位或申请人）到相应的农业部农业转基因生物安全监督检验测试中心进行检测，将检测报告作为申请资料之一或补充性资料，供下次或转入下一阶段试验的安全评价评审。要求检测包含"委托检测"和"验证检测"两种方式，农业部指定检测机构进行检测，属于"验证检测"。

▷▷▷▷▷▷

3. 统一检测

根据国家农业转基因生物安全委员会进行安全评价的要求和农业部行政审批的需要。对涉及农业转基因生物安全的一些重要指标，由农业部直接统一组织农业部农业转基因生物安全监督检验测试中心实施的复核检测。检测报告作为国家农业转基因生物安全委员会安全评价和农业部行政审批的重要依据。统一检测属于"验证检测"。检测工作由农业部农业转基因生物安全管理办公室负责安排，委托农业部科技发展中心具体组织实施。

三、转基因动物及其产品安全性监控

（一）研究和开发的监控

1. 转基因的导入方法监控

应详细描述导入外源基因的方法，包括全部程序和技术：卵母细胞的分离、体外受精、显微注射、胚囊或胚胎干细胞的显微、胚胎的发育和移植以及新建立的方法。改变受体细胞遗传物质的方法也应详细地描述，以便进行评估和监测。还应提交转基因过程中废弃物的处理方法和检测方案，以免造成意外的泄漏。

2. 转基因首建动物分析

应提交鉴定转基因首建动物及首建动物后代中转基因个体的鉴定方法及检验方法的灵敏性的有关资料。整合了外源基因但没有外源基因产品的个体应同未整合外源基因的个体区别开来，作为食品处理时应受到相关部门食品安全性及检查服务机构管理。应详细提供确证首建动物产生预期且符合标准的产品和方法，并介绍其产量随季节、年龄及其他因素的变化而发生的变化。核实转基因在预期的组织位点或宿主生命中特定时间内的表达情况。应详细监测和核实产品在组织中的分泌和正常修饰。产品发生不是自然组织条件下分泌该产品的组织时，产品的翻译后加工方式可能不同，因此应分析该产品的生物学效应及免疫学活性。此外转基因的高水平表达可能会对宿主动物不利和产生副作用甚至影响到内源蛋白质的表达水平，进而影响到动物的健康和利用。因此，要做好监控工作，保证产品的稳定性。

3. 遗传及表达稳定性

外源 DNA 插入宿主基因组的方式一般为多拷贝插入，往往在同一染色体位点上，而这样的位点在宿主动物基因组中可能不止一个，并且转基因在插入过程中或插入后就有可能发生重排或缺失。由于上述原因，可采用 Southern 印迹杂交、测序或其他方法监测几代转基因动物基因组中外源基因在遗传过程中的稳定性。经过数代后，同一位点上的拷贝数应趋于稳定。若有可能，对首建动物还应进行外源基因插入位点的确定。如果对一些特定的物种不能确定，经过数代的选配以及 DNA 限制性酶切分析应该能够确定转基因的插入位点，同样的方法可用于建立插入拷贝数量、无重排、无缺失的转基因动物品系。

转基因表达的稳定性可能会发生改变，这种改变取决于宿主动物的遗传背景与转基因之间的相互作用程度，以及转基因过程中父系或母系遗传所表现出的印迹作用等因素。因此，每个首建动物系都应建成无论是同代还是多个世代间转基因表达水平都比较稳定的品系或家系。对转基因动物在整个生产期的转基因表达水平都应该进行监测。确定接受的转基因表达水平的最低水平标准，并将其作为生产群的标准。在条件许可时，应根据转录水平的高低、转录产物的相对丰度以及 RNA 产生的组织或细胞系确定转基因转录水平的正常值及期望值。可采用的方法包括 Northern 杂交，逆转录 PCR、RNA 酶保护分析或其他相关技术。应对每个转基因系的转基因表达产量予以测定，产量低于最低标准的个体绝对不能用于生产。

4. 研究与环境监控

转基因动物的研究应严格地按照《农业生物基因工程安全管理实施办法》中所规定的安全等级进行相应的转基因动物环境监控，防止不良的环境释放。

1）生物安全 I 级

适合于从事已知不会对健康造成人为危害，但对实验工作人员和环境可能有微弱危害的实验工作。界定限制区，限制通过限制区或动物饲养区的通道，限制区内应定期检查，对遗传工程体做好永久性标记。遗传工程体应具有明显不同或可生化监测的 DNA 序列便于同非转基因动物相区别。除用于繁殖的个体外应采取相应的措施防止公、母畜禽生殖交流，防止限制区转基因动物的丢失或意外的环境释放。

2）生物安全 II 级

除具备生物安全 I 级的基本要求外，还有其他一些要求，工作人员要经过

▶▶▶▶▶

操作病原因子的专门培训，并由能胜任的专业人员的指导和管理。安全及安全设施、设备要求：

（1）工作时限制外人进入实验室；

（2）某些产生传染性气溶胶或溅出物的工作要在生物安全柜或其他物理封闭设备内进行；

（3）对污染的锐器采取高度防护措施。

3）生物安全Ⅲ级

除具备生物安全Ⅱ级的基本要求外，实验人员要接受过在处理病原体和可能致死性微生物方面的专门培训，并由具有从事上述工作经验能胜任的专家进行监督管理。所有废弃物污染物等都应进行高压灭菌。传染材料的所有操作要在生物安全柜或其他物理防护设备内进行，工作人员要穿适宜的防护服或相关装备。生物安全Ⅲ级实验室要经过专业的设计和建造，相对独立，要有连锁门的缓冲间，全新通风系统以及室内负压。

4）生物安全Ⅳ级

除具备生物安全Ⅲ级的基本要求外，每一名实验室工作人员在处理极为有害的感染性致病微生物方面要有特殊的和全面的培训，了解标准操作和特殊操作、防护装备的Ⅰ级和Ⅱ级防护功能以及实验室设计的特点。由经过培训的，对这些微生物有经验的，具有法定资格的专家来监督管理。实验室负责人要严格控制进入实验室的人员。要制定或采纳一种特殊的实验室安全工作细则。在实验室的工作区内，所有的工作都要限制在Ⅲ级生物安全柜里或者是Ⅱ级生物安全柜与一套由生命维持系统供气的正压个人工作服联合使用。生物安全Ⅳ级实验室对防止微生物扩散到环境中有特殊的工程和设计要求，实验室是独立的建筑物或是建筑物内的隔离区，即与建筑物的其他区域完全隔离。专用供气、排气、真空和净化系统。全新通风系统和消毒灭菌设备等。要制定并执行一种特殊的实验室安全工作细则。

（二）繁殖与育种的监控

1. 转基因动物品系的建立

动物寿命有限，不像细胞那样可以无限期保存，为了长期可以从转基因动物获取我们所需的产品，就需要建立一些可以长期保持转基因动物品系连续性的方法，在此研究中不仅要充分考虑将每一代个体由于外源基因与不同背景的宿主基因组之间的相互作用，还要考虑这种作用潜在地影响产品质量、数量以及纯度的可能性。可以参照类似细胞生产方案制度建立类似的生产方案以确保生产的连续性。建立首建转基因动物库（Master Transgenic Bank，MTB）和生产用转基因动物库（Manufacturers Working Transgenic Bank，MWTB）。这些库可由数目有限、高度特征化的转基因动物组成，若技术可行，来自转基因首建动物和它们下一代的精子和胚胎均可用于建库，一般保存有价值的转基因系。此种做法的优点是，库中的转基因动物可以稳定地产生后代，而这些后代能生产出合乎标准的产品。当然转基因动物也可以通过其他方式繁殖，同样达到确保转基因持续生产的目标。应严格描述转基因首建动物产品的表达特征及产品的安全性，同时对首建动物后代产品的表达特征也应予以描述，从而保证后代动物具有严格的转基因动物的特征。

2. 生产动物群的组件和选择

首建动物经鉴定和确证后，它们即可用于繁殖生产转基因动物。首建转基因动物与转基因动物或非转基因动物交配，即可将转基因性状和其他性状一起传递给后代。为保证转基因动物终身都能稳定地提供数量合理、使用安全的产品，应以严格的标准选择转基因后代以组建生产群。应该为来自某个特定的转基因动物的每一个新的品系以及转基因动物与非转基因动物交配产生的品系，建立与之相符合的标准。对于每一个转基因生产的转基因动物均应能追踪到其首建动物，应详细记录其出生地、出生时间、生产情况、发病率、病历以及最后的处置。借鉴育种理论建立良好的完整的系谱图、统计近交系数、记录不同时期、不同生理状态下各种性状的变化情况。

应详细记录呈报转基因动物的繁殖技术，包括精液的采集利用、保存、人工授精、胚胎移植的程序及应用的标准。若应用体外授精技术，应描述收集和选择精子和卵母细胞的标准，同时应报告分离和移植胚胎的程序。用于转基因的精子或胚胎的受体动物应是健康的不携带任何传染病。为确保生物工程产品的质量合乎标准，避免携带传染病的个体进入生产群，应建立严格的转基因动物进入生产群的标准。绝不允许病畜进入生产群，健康动物在转入生产群之前必须经过长时间的隔离、监测后，确认可转入的方可转入。

为确保转基因动物的维持，应制定详细的转基因动物维持计划，包括转基因动物健康的监测、圈养设施、终止利用、最后的处置及其副产品的利用。

转基因动物制作完成后必然要在自然环境中进行养殖与生产，无疑会接触到各种病原菌或病毒，加之转基因动物生产方向的改变，对环境的和疾病的抵抗力可能会发生正向或反向的变化，因而建立切实可行的免疫程序和紧急的疾

▶▶▶▶▶

病处理措施是非常重要的。针对不同的物种、不同的用途，借鉴原有野生种的疾病防治措施对转基因动物进行免疫注射，观察生理生化水平的变化情况，以及免疫前后对转基因动物现有生产性能和产品质量、疗效的影响。筛选易感病原、提出有效的治疗和防范措施。监测转基因动物的健康一方面可确保转基因动物正常生长、生存和生产；另一方面可避免一些偶发因素造成的污染。健康记录应包括用于生产的所有转基因动物从出生到死亡的全部材料，包括使用过的药物及疫苗。报告还应包括监测技术、治疗结果。还应建立相应的预防和治疗疾病的方法。

含有可能来自疯牛病病原的动物的舍弃物质的饲料不能用于转基因动物的饲喂，同时还应考虑监测饲料中农药的残留，记录饲料组成及消耗水平。考虑到转基因动物的特殊生产性能，其对饲料的要求和非转基因动物有一定的差异，对环境的依赖性会更强，因此应建立合理的转基因动物饲料标准和饲料配方，以便使转基因动物的生产性能得到最大限度地发挥。对转基因动物进行营养代谢试验，以研究不同的饲料标准以及不同的饲养管理方法对转基因动物生产性能的影响。通过适当的加工方法使饲料中对转基因动物个体有害成分失活，以保证产品的数量和质量。

转基因动物在生产中的保持和限制应严格执行国家卫生部门、环保部门和农业部等管理部门制定的规章制度。养护转基因动物的环境应详细说明，包括动物群体的大小、物理隔离和牵制、生殖隔离和生物安全牵制。若圈舍并非用于单一物种繁育，应考虑其他物种的外源病原侵袭的可能性。圈舍应能防止动物逃出、阻止其他动物的偶然闯入。转基因动物配种后可独立饲养或考虑去势、结扎，以及减少因逃逸或疏忽而与非转基因动物群交配的可能性。考虑转基因动物患病、停止生产、外来病原体、受伤等多种因素制定动物暂时或永久退役的详细标准。若动物由于患病暂时离开生产群，则应如实记录对患畜的养护、诊断和治疗的结果。若要重新回到生产群应严格按标准执行。

退役及死亡的转基因动物的处理应严格按照国家卫生、农业、环保部门所制定的有关规定执行。目的基因导入失败的非转基因动物可以用作食品，但要严格进行检查并做详细记录。转基因动物用作动物食品时，必须进行严格的检查和得到有关部门的论证和审批。如果可能的话应考虑设置预警动物进行卫生评估。

（三）生产和加工的监控

转基因动物生产产品不像细胞培养那样可以连续生产，在设计收集程序时应最大限度地确保安全、无菌、保证药效和产品纯度。来自转基因未纯化的产品，批与批间微生物及病毒污染方面差异非常明显，因此应详细记录产品的变动范围并制定适合的下游生产程序，确保提供安全、质量一致的产品。

源于转基因动物的产品在医学上研究应用之前，必须进行安全性、特征、纯度及药效方面的分析证明。此外，应参照天然的或重组分子的特性，还应当进行产品相似性及差异性的研究。

转基因产品加工的特性描述应侧重于：已知的和潜在的人类内源及外源的病原体；终产品中免疫原及毒性物质的含量；产品批次之间物理和化学特征及药效变化。

为反映转基因产品的特征、纯度和药效，进行物理化学、免疫学及生物学特征的研究也十分必要。

转基因产品的生产地可能与天然的产品生产地点不同，因而可能出现化学修饰，进而可能会影响与天然分子具有相同活性的特定生物制品的纯化能力。尽可能除去与终产品有关的污染物，并确定与产品共纯化的污染物质的变动范围。用于监测产品结构、纯度和药效的分析技术一经确定，就应根据动物群状况以及与产品源物质有关的变化（不同季节、不同动物、长期保存、泌乳周期等）来确定终产品活性的变化范围。

监测产品的质量以及在生产过程中待确定产品在许多环节的纯度，一旦检查产品化学结构以及药效变化范围的灵敏检查方法确定，由此得出的结果应该是有效的并作为释放的主要依据。确定各批次的检测标准和对应条件（批次大小、收集存储时间、过滤灭菌时间等）。纯化产品在最终配制前，应按照其他类似产品的要求介绍其特征和特性，终产品可以通过一系列反映产品特性和作用的临床应用与分析进行确定。产品释放所能接受的终产品的污染水平、用药剂量、用药途径、用药频率、持续时间以及适应症就可通过临床前的实验确定下来。加工过程以及终产品的无菌程度、纯度、产热原性、特征和稳定性、总的安全性应参照有关规定，以便决定是否可以进行环境释放。

（四）质检和自检

很多动物都可用作宿主动物进行药用产品的生产，但是由于缺乏对这些动物的详细实验资料，这就增加了潜在外源病原的威胁。对外源的病原应逐例分析并详细记录在案。对动物的健康检查十分必要，但这并不能完全确保没有污染物的存在，因为有时群体的健康状况改变使产品性能改变，但并没有迹象表明由外源病原或化学污染物质进入了动物体内。应认真考虑外源病原导致的污染，并制定严格的措施在生产过程中有效地除去或失活外源病原。严格控制动物宿主的传染性病原，及时有效地取出产品中外源病原应考虑以下的因素：产

▶▶▶▶▶

品的计划用途、产品的组织来源、产品的收集方法、纯化过程、首建动物的制备和生产管理措施。仔细征询兽医专家的意见，充分考虑传染性病原以及如何杜绝它们的存在。

转基因动物源物质中含有大量潜在的人类病原菌，应探索一种能确保产品生物安全性分析和相应纯化方法。从不同的动物物种以及同一种动物不同组织中分离到的有关细菌和病毒的差异很大，应征询有关专家的意见，根据优先的顺序列出一张特殊的病原菌清单以及可以接受的检查方法和手段，以免感染人类。提交的材料应包括病原菌监测方法以及灭活病原菌的措施，并将其补充到药物生产质量控制规范、农业生物基因工程安全管理实施细则以及相应的数据库中，为其他的生产提供借鉴。至少应进行细菌、病毒、真菌即支原体检验，同时要考虑准许收集源物质的标准，这些标准应与标准兽医的习惯做法一致，并应得到批次一致性检验结果的支持。

收集源物质所要求的检测范围随个体不同而发生改变。监测范围主要包括源物质的量及一次从一头转基因动物所能获得的产品量。如污染物有可能在终产品中浓缩的话，应考虑在生产加工的终端检查过敏原、中毒金属及其他潜在的污染物。如果重组 DNA 是通过质粒的直接注射、病毒载体导入或其他的类似方法导入宿主的，应检验产品中是否含有转基因，应考虑这种污染的可能性、避免及检查其存在的方法。

转基因动物作为提供人类移植的组织或器官来源时，应该安排足够的时间来检查组织和器官的安全性。检测水平必须足以保证有效的安全性，待移植的组织或器官必须无菌、无外源性病原体。候选组织临床前的安全性检测对于确保移植的安全性、无菌以及无外源性病原体也是很重要的。动物模型在确保来自转基因动物组织或器官的安全性方面也是十分有用，因为该模型十分注重外源性病原体存在与否。

思考题

1. 什么是转基因动物？

2. 转基因动物研究中常出现哪些问题？

3. 谈谈转基因动物在动物福利和社会伦理等方面的潜在危害和对策。

4. 设计表格看看您身边的人对转基因了解多少？如何转变人们谈"转基因色变"的意识？

第五章　转基因水生生物的生物安全

第一节　转基因水生生物概述

一、转基因水生生物的定义

利用分子生物学手段，将某一特定目的基因导入水生生物体内，而使其遗传组成和遗传背景发生改变的水生生物即被称做转基因水生生物。世界首例转基因鱼于 1985 年在我国问世，1997 年批准中间试验，跨时 12 年，截至 2000 年尚未进入商业化，在其他国家也尚未见转基因水生生物有进入商业化生产的确切报道。目前，国内外对转基因技术在水生生物上的应用日益多元化、完善化，涉及的对象包括各种海、淡水经济鱼类、海洋贝类及藻类等。转入的目的基因有生长激素基因、抗冻基因、抗病基因、抗污染基因、药物蛋白基因等，整合率也提高到 20% 以上，部分品种高达 50%。通过基因转移技术，人们可以创造具有重要经济价值的水生生物。有关学者预言，转基因技术将成为水产养殖业的一场技术革命。

二、转基因水生生物的优势及其应用潜力

（一）转基因水生生物的优势

水生生物（尤其是鱼类）与其他脊椎动物相比，具有以下几个显著的优势：

（1）繁殖潜力大，一次可产生成千上万个卵细胞，提供大量遗传组成一致的受体材料，可用于多种目的基因的转移研究及不同结构基因的表现差异研究。

（2）体外受精，体外发育，外源基因导入简单、便利，基因导入后不必像哺乳动物那样把受精卵移入母体内发育。

（3）孵化及幼体培育时间短，可较早地进行外源基因的导入检测，从而了解外源基因在受体内的整合情况。

（4）水生生物能对多种高等动物的生长激素作出反应。

（二）应用潜力

1. 快速育种

传统的水产养殖是利用选种选配、世代选育来达到育成优良品种的目的。这种方法耗时长，选育效率低。转基因技术有可能在很短的时间内超越自然界亿万年生物进化历程，创造自然界原来没有的品种或品系，加快受体的生长成熟，提高繁殖速率，减少肌肉脂肪含量等。

2. 改良养殖性能

通过特定基因的导入，能显著改善水生生物受体的有关养殖性能，如加快受体的生长速度、提高饵料的利用率、抗病力和抗逆性等。通过转基因改善水生生物的养殖性能是目前转基因研究最多、最广的领域，主要集中在如下几个方面。

（1）加快水生生物受体的生成速度、提高饵料利用率等。

不少试验表明，转基因鱼生长速度可提高 11%~30%，即所谓"超级鱼"，但这些结果多为实验室环境所得，尚待养殖生产环境的检验。

（2）提高水生生物受体对某种疾病的抵抗力。

培育抗病、抗寄生虫的水生生物新品系是转基因实用化研究的另一方面内容。近年来已经克隆了一些相关基因，奠定了在这方面研究的基础。如在草鱼中转移人干扰素基因，能有效地抵抗出血病毒的侵染。

（3）增强受体的抗逆性。

如表现出耐寒或耐热、耐低盐度或高盐度、耐高浓度重金属、耐污染物以及耐缺氧等，产生耐逆性较强的鱼。

3. 改变水生生物的习性

某些水生生物（如鱼类和甲壳类）的摄食、繁殖、区域防卫、迁移以及是否摄食同类的卵和幼苗等习性受体内激素水平的调节。通过相关的基因转移改变其体内的激素代谢水平或类型，以调节受体的习性、甚至改变某种行为，将有助于提高养殖水平。

4. 生物反应器生产医药生物制品

生物反应器一般是指利用固定化酶及固定化细胞高效生产产物的技术，它是现代生物技术研究的焦点。生物的细胞具有相当复杂的内膜系统，其上分布有大量的酶，因而，就其本身而言，无疑是一个天然的生物反应器，利用转基因水生生物作为生物反应器，大规模生产具有特殊应用价值的生物制剂，也是研究者们积极探索的热点内容之一。例如，通过研制转基因大型海藻来提高角叉藻聚糖、β-胡萝卜素或其他特殊化学物质的产量。甚至可以用来作为生产药用蛋白的"工厂"。相对于目前研究较多的以细菌、酵母、细胞、乳腺以及植物等表达体系的生物反应器而言，水生生物反应器具有自身的优点，如藻类生物反应器的培养不需要如细菌、酵母以及细胞培养那样需要苛刻的培养基以及特定的培养条件等，这使得培养过程相对简单，大大降低了产品的成本，同时，藻类的繁殖速度很快，同样有利于工业化的生产。此外，鱼类由于具有繁殖群体大、生长速度快、饲养费用低、生产单位蛋白成本低，活性物质可随时提取等优点，在生产医药生物制品方面也开始显示出巨大的潜力。如将人类胰岛素基因转入鱼类，以鱼类来生产人胰岛素，有着巨大的市场前景。

5. 生物能源

能源是人类赖以生存和发展的关键因素，尤其是在社会经济高速发展的今天，使得地球上可供使用的不可再生能源日趋枯竭。从目前的研究来看，转基因水生生物在生物柴油和生物制氢方面具有较大的应用前景。

1) 生物柴油

目前生物柴油的生产方法有化学法、生物酶法和工程微藻法等几种。工程微藻法是以富油的基因工程藻类为原料的生产方法。利用工程微藻生产柴油具有重要的经济意义和生态意义。其优越性在于：微藻生产能力高。用海水作为天然培养基可节约农业资源，比陆生植物单产油脂高出几十倍；生产的生物柴油不含硫，燃烧时不排放有毒有害气体，排入环境中也可被微生物降解，不污染环境。发展富含油脂的微藻或者工程微藻是生产生物柴油的一大趋势。

2) 生物制氢

目前已知至少有小球藻、衣藻等 16 种绿藻和 3 种红藻能够利用太阳光能把水分解成氢和氧。藻类如同光合细菌一样进行光合作用产氢，如蓝藻（又称

▶▶▶▶▶

蓝细菌）中的柱状鱼腥藻，属于异形胞种类，它能利用光能把水分解成氢和氧，同时也是好氧固氮蓝细菌之一，固氮放氢。

6. 基因免疫

基因免疫是 20 世纪 90 年代初发展起来的一项具有广泛应用前景的生物技术。基因疫苗就是将来自病原体的抗原编码基因构建成真核细胞的表达载体，经皮下、肌肉注射或颗粒轰击、口服等方式进入机体组织，诱导机体免疫系统针对编码基因所表达的蛋白质产生免疫应答，从而达到预防和治疗疾病的目的。

7. 性别控制

在养殖动物中，由于性别不同而表现出生产速度不同是比较常见的生物学现象。养殖者往往希望养殖生长较快的性别占优势种群，以最大限度地提高经济效益。例如，我国对虾在体长 10 cm 以后，雌虾生长速度明显快于雄虾。因此，采用生物技术或其他相关科技手段控制水生生物的性别，能达到提高产量、增加经济效益的目的。

三、转基因水生生物的研究现状

（一）鱼 类

鱼类是脊椎动物门中种类最多的一个类群，具有怀卵量大、体外受精、体外发育、胚胎操作较哺乳类动物简单、世代繁殖快、易于观察、易于培育和饲养、可对多种高等动物生长激素做出反应等优点，是研究基因表达和调控等基本分子生物学问题的理想材料。同时，培育生长快、饵料节省及抗逆性强的鱼类新品种也迫切需要基因转移等新技术和手段。自 20 世纪 80 年代初以来，国内外许多实验室相继展开了对转基因鱼的研究，转基因元件的选择应尽量考虑"全鱼"基因或"自源"基因，以减少转基因鱼食用安全方面的顾虑，同时也有利于转基因的表达与生理功效的发挥。目前，已培育出转生长激素基因鲤、鲑和罗非鱼，转荧光蛋白基因斑马鱼与唐鱼等可稳定遗传的转基因鱼品系。

截至 2001 年，已报道的开展转基因研究的鱼多达 30 多种，包括经济鱼类与小型鱼类。经济鱼类的转基因研究主要集中在生长、抗寒及抗病等性状，以生长激素、抗冻蛋白、抗菌肽和溶菌酶等为主要的目的基因,研究对象包括鲑鳟类、鲤、鲫、泥鳅、罗非鱼、斑点叉尾鮰、草鱼等;小型鱼类则以改变表型为主,红色或绿色荧光蛋白基因为常用基因,研究对象包括生命周期较短、易在实验室中饲养的小型鱼或观赏鱼,如斑马鱼、青鳉、唐鱼和神仙鱼等。在众多转基因鱼的研制中,转生长激素(GH)基因鱼和转荧光蛋白基因鱼的研制成绩斐然。

(二)藻 类

藻类是地球上最重要的初级生产者,它们光合作用生产的有机碳总量约是高等植物的 7 倍。藻类不仅是人类和动物极其重要的食物来源,还是重要的药源。近年来,我国科学家仅用海带为原料就成功地开发出治疗心血管病的藻酸双酯钠(PSS)、甘糖脂和治疗肾病的肾海康等多种药物。藻类不仅为我们提供了琼胶、卡拉胶、褐藻胶,以及碘、甘露醇等原料,可以加工成食品、保健品、药品、化妆品、肥料、农药和饵料等,同时,藻类还可利用太阳光,把二氧化碳和水合成有机物并且放出氧气,提高大气中的溶氧,降低二氧化碳的含量,有利于保障人类和动物生存环境的稳定。因而,藻类对自然生态系统的物质循环及环境质量有着深刻的影响。

大型海藻的细胞和基因操作主要包括原生质体的分离、培养。聚乙二醇或电融合等方法诱导原生质体融合,获得杂种细胞并培育得到再生植株。目前,已实现了紫菜属和江蓠属等海藻的同属异种间的细胞融合,得到了杂种细胞并再生成功。基因操作方面主要包括:大型海藻质粒的发现和载体的开发、基因的结构与功能的探索、基因转移系统的建立和基因的表达与调控机制的研究等。其中耐盐基因和叶绿体基因是研究的热点。目前,转基因海带、海藻已逐渐在治理重金属污染、防止赤潮发生、作为廉价饵料和生产疫苗等方面发挥了巨大的作用。

(三)贝 类

20 世纪 80 年代以来海洋贝类养殖发展迅速,如扇贝、牡蛎、贻贝和鲍等皆已进行了大规模的人工养殖。但目前大多养殖种类仍处于野生状态,选种工作刚刚起步,还没有像具有长期选种历史的农作物那样形成稳定的品系。由于养殖上没有好的品种,一些种类经过累代养殖,出现生活力下降、个体变小和抗逆性差等症状,造成产量低,经济效益下降,严重困扰着贝类养殖业的发展。

▶▶▶▶▶

由此，人们开始逐渐认识到培育生长快、品质优、抗逆性强的海水养殖新品种是贝类养殖业中亟待解决的问题。因此，世界各国纷纷加大了对海洋贝类种质开发的研究。国内外学者利用传统的杂交育种选择技术及近些年来发展起来的各种现代生物技术，如多倍体技术、转基因技术和分子标记技术等对贝类新品种的培育进行了广泛的研究，并已取得了可喜的成果。

（四）虾 类

对虾是我国和世界主要海水养殖动物之一，近十几年来，病害暴发以及品质下降等问题，严重制约了对虾养殖业的发展。实践证明，培育和利用抗病、高产、优质品种是解决上述问题经济而有效的方法。由于驯化程度低、品种选育周期较长、抗性亲本缺乏等原因，通过常规育种手段获得优质抗病对虾品种相当困难。20 世纪 80 年代以来，随着生物技术的兴起与发展，特别是基因工程技术的广泛应用，为培育高产优质新品种提供了新的手段，同时也开辟了对虾基因工程育种的新时代。转基因技术可以导入对虾高产抗病相关基因或其基因组中不具有的基因，实现传统育种方法无法实现的基因重组，大大提高育种水平。虽然目前对对虾基因改造研究距离生产应用还有相当远的距离，但是由于它潜在的巨大应用价值，对虾转基因成为国内外研究的热点之一。从目前的研究来看，转基因虾的研究方法以显微注射、电脉冲、基因枪、精荚注射法为主，受体主要是受精卵和 2、4 细胞胚等材料，有多种外源基因与不同的启动子重组后被导入对虾的基因组内。但由于繁殖和发育生物学的特殊性，进行虾类转基因遗传操作难度很大。目前的研究大都是尝试将外源基因转入虾细胞中，观察到有外源基因表达的情况，缺乏进一步有关表达整合以及传代的研究。因此，可以说目前虾的转基因研究刚刚起步，仍然处于技术探索和方法建立阶段。

第二节 转基因水生生物的生物安全

一、转基因水生生物安全性评价

水生生物，尤其是鱼类，与陆生动物相比，具有不同的生物学特征、生活史和生境特点，具体体现在：

（1）生活环境为水体，易扩散。

（2）水生生物在水中生活，不但标志困难，而且很难跟踪观察。

（3）鱼类怀卵量大，生殖周期短，繁殖个体众多，一旦转基因个体逃逸，就可能与野生种群交配、建群，繁衍大量的转基因后代，造成的"基因污染"比陆生动物要严重得多。

此外，外源基因表达产物是否会在生态群落中出现累积和级联效应，导致不可预见的危害，同样值得人们去研究。因而对转基因水生生物的生态安全研究十分重要和迫切。

转基因水生生物具有特定的改善性状或品质的外源基因，如提高生长速度、食物转化效率和对疾病的抵抗力，提高受体水生生物对水质、水温、盐度的耐受力，以及提高受体肌肉的质量、风味和百分率。

转基因水生生物的研究，一方面使受体生物的性状发生某些有利改变；而另一方面，转基因水生生物也会给水生态系统和水生生物的安全带来危害。

在对转基因水生生物进行生物学研究和安全评价时，一方面要评估转基因水生生物对人或动物的健康是否造成影响；另一方面要评价转基因水生生物成为入侵种的可能性，建立模型分析其逃逸、建群和扩散的可能性。

转基因水生生物的安全性评价包括实验研究、中间试验及环境释放等过程中的安全性评价，主要研究内容包括以下 10 个方面。

（一）供体的生物学研究

采用异源目的基因，尤其是利用人类有关基因（如生长激素基因）生产的转基因水生生物，势必给消费者产生心理及伦理方面的担忧，很难被人们接受。进行供体生物学研究，掌握目的基因在供体生物中所产生的表型变化，对于研究目的基因在受体中的作用和功能具有重要意义。主要包括供体的基因特征研究、供体的生理学、行为学及遗传学等特征研究、供体的生态学研究、供体对人体健康和生态环境的危害性研究、目的基因的表达产物在供体生物中的直接作用研究等几个方面。

（二）受体的生物学研究

对受体水生生物进行详细的生物学调查是开展基因转移研究的基础。这些调查研究包括详细了解受体水生生物的形态特征、分类地位、分布情况、生长发育特点（不同温度、盐度、饵料、光照、溶氧、pH 值等对生长的影响）生

▶▶▶▶▶▶

理代谢、行为特性、繁殖及生命史特征（包括胚胎发育、性成熟年龄和规格、繁殖高峰时间与持续时间、生命周期等）、生理和遗传特征、食物利用情况、对有毒或有害物质的富集能力、在水生态环境及水生生物多样性中所起的作用、对种群调节因子（如疾病等）的抗性等。在保证对环境和人类健康无害的基础上，评价对受体水生生物实施基因转移研究的可行性。

（三）基因操作过程的安全性

1. 确保目的基因的安全性

详细了解提供目的基因生物的生物学背景，是否对人体健康和生态环境产生过影响或具有潜在影响等。

2. 载体的安全性

弄清载体的名称、来源、特性、有无标记基因，保证所使用载体的安全性。熟悉目的基因与载体的连接方法，重组 DNA 分子结构及复制特性，保证重组体不在水体中通过某种机制进行自我复制，保证重组体的安全性。

3. 基因转移方法研究

选择有效和安全的基因导入方法，研究目的基因的整合与表达，证实外源基因整合与表达的稳定性。在上述基础上，建立水生生物基因转移的模型，研制转基因水生生物。

4. 目的基因的整合与表达安全性

了解目的基因在受体内整合检测的时间和方法，记录检测阳性结果。了解目的基因表达检测方法（如抗原抗体反应），在受体的不同发育时期（包括遗传工程体及其子代）检测目的基因表达稳定性和遗传稳定性。通过研究目的基因在受体内的整合和不同时空的表达结果，了解目的基因是否对受体产生致害作用，如个体畸形、生存力和抗逆性减弱等。

（四）转基因水生生物的生物学研究

转基因水生生物是通过基因转移操作获得的具有特定表型的遗传工程体，它除了具有受体水生生物的内源性基因外，还具有特定的外源基因。转基因水生生物的研制，一方面使受体水生生物的表型发生了某些有利改变，如加快生长速度、提高食物转化效率和对疾病的抵抗能力，提高受体水生生物对水质、水温、盐度、低氧和污染等的耐受力，以及提高受体肌肉的质量和风味等。但另一方面，转基因水生生物也可能会给人类健康、水生态系统和水生生物的多样性和遗传稳定性带来危害。因而对转基因水生生物进行生物学研究和安全性评价，具有极为重要的意义。

（五）拟接受转基因水生生物的水体的调查

转基因水生生物的释放应不损害水体原有的生态结构、危及其他水生生物的生存。转基因水生生物释放进入自然水体之前，应对释放水体进行全面调查。

对计划接受转基因水生生物的水体进行生态学调查，包括水生生物区系调查；水生态系统结构，如物种间相互作用、食物和空间利用情况；水生态系统演替过程，如与食物链相关的能流和营养模式；水生态系统的稳定性，如现有生态系统结构和种类组成随时间变化的稳定性等。

（六）转基因水生生物与其他水生生物的相互作用

1. 捕食与被捕食相互作用

转基因水生生物与其他水生生物是否存在捕食与被捕食的相互关系，将改变水体原有的物质循环和能量流动模式。若水体中生活有捕食性水生生物，当它们捕食转基因水生生物时，是否存在通过消化道造成基因水平迁移的可能性是需要仔细研究的问题。因而应认真研究转基因水生生物与其他水生生物的捕食与被捕食关系，严防外源基因转移至非转基因水生生物，造成对其他水生生物的"基因污染"。

2. 竞争、共生和寄生相互作用

转基因水生生物与其他水生生物的竞争主要表现在食物、空间、繁殖场所等方面。转基因水生生物与其他水生生物的共生关系，指二者在食物、空间、繁殖场所等存在互不侵犯、互不补充、共同利用、协调发展。寄生关系主要表现为食物上的依赖关系，应了解谁为寄主，谁为宿主，尤其要关注寄生在非转基因水生生物上的转基因水生生物，是否能把外源基因转移给非转基因水生生物。

▶▶▶▶▶▶

3. 间接相互作用

间接相互作用并非表现转基因水生生物与非转基因水生生物在食性、空间和繁殖场所等的直接竞争上，而表现在一方通过某种介质作用而影响另一方的生存，如转基因水生生物通过改变环境条件使之不适合其他物种或种群的生存。

4. 转基因水生生物与同种或近缘种的相互作用

转基因水生生物与同种或近缘种相互作用最常见的是交配作用。水生生物由于进化层次低，不但种内存在广泛的交配性，甚至亲缘关系较远的物种之间也存在交配的可能性。外源基因在水生态系统中的扩散程度取决于转基因个体的种群结构、数量以及适于繁殖与后代生存的环境因子。如转基因个体繁殖种群体数量大、繁殖条件适宜、繁殖成功系数大、后代存活率高，则外源基因扩散速度快。又如转生长激素基因的水生生物，由于生长快、体格大，会在产卵量、繁殖场所竞争等方面处于较优势地位。防止转基因水生生物与同种或近缘种的交配，是转基因水生生物安全性评价的主要内容。

（七）转基因水生生物释放（逃逸）对水生态系统的影响

目前，有关转基因水生生物对生态环境的影响，其担心的集中点在以下 3 个方面：

（1）转基因水生生物逃逸或释放到外界环境后，与野生物种进行交配，而导致外源基因的扩散，改变物种原有的基因组成，造成"基因污染"。

（2）诱发自然生物种群的改变。转基因水生生物的释放可能会带来物种灭绝的风险，影响生物多样性，破坏水生态环境的平衡。

（3）对转基因个体的影响。由于转基因整合的随机性，所转移的基因很可能被整合到含有非常重要基因所在的区域内，从而引起插入突变。如产生的突变基因在发育过程中十分重要，将有可能引起遗传缺陷而产生先天性疾病，甚至死亡。另外有些转基因可能会限制生物体内正常基因的表达，从而降低了该生物的生殖能力，一旦采用这种转基因就会导致巨大风险。

（八）转基因水生生物的遗传安全性

转基因水生生物和其他转基因生物本身是自然界不存在的人工制造的生

物，释放到任何一个生态系统中都是外来种。当转基因水生生物释放进入水体后，这些携带着外源基因的外来种对水体生态系统的遗传多样性、物种多样性、生物群落及生态环境类型多样性均可能产生不同程度的胁迫作用。由于水域环境的流通性和水生生物的游动性，一旦转基因水生生物被释放到开放水系中，它们对生态环境可能产生的影响将比转基因农作物更为严重，而且污染几乎不可能被消除。

目前，还无法完全评价转基因水生生物对水生态系统的全部影响，尤其是潜在的影响还很难预测，对这种影响进行全面的预测，并采取相应的措施，是转基因水生生物实用化的前提，也是目前该研究领域的热点和难点。

一般情况下，在没有详细的实验证据前，应排除某种转基因水生生物环境释放后对水生生物种质资源和水生态环境破坏的可能性，彻底解决这个问题的途径是让所获得的转基因个体不育。即将转基因技术和多倍体诱变技术相结合，以获得转基因三倍体，或者通过性别控制技术，防止外源基因外流对水生生物天然种质基因库所造成的污染。

（九）转基因水生生物的消费安全性

转基因水产品在营养方面的变化可能导致营养成分构成的改变和不利营养因素的产生。毒理方面除传统的毒理学安全性问题外，还应考虑是否因增加了本身的毒素或产生新的有毒物质；由于使用了抗生素标记基因，是否可能产生人或动物对致病菌的耐药性；此外，引起机体过敏也是安全性的关键问题。

（十）转基因水生生物的扩散途径及防范措施

1. 水生生物的扩散途径

转基因水生生物扩散途径包括主动扩散途径和被动扩散途径，主动扩散途径是指转基因水生生物为了适应生存的需要，如索饵、繁殖、洄游等，从一个生活水域转移到另一个生活水域。转基因水生生物的被动扩散主要是由人类有意或无意造成。这些途径主要包括：

（1）通过航运转移转基因水生生物。通过航运将水生生物从一个水域带到另一个水域。

（2）开挖运河和水渠，为水域间生物的迁移提供新通道。

▶▶▶▶▶▶

（3）洪涝等自然灾害。

（4）国家或地区间的鲜水产品交易，不仅扩散了水生生物本身，还将有关的病原带到其他水域。

（5）观赏鱼类或其他水生生物的逃逸或丢弃。

（6）人类有目的的放养和引种驯化，提高养殖对象数量和质量，或利用引种改善环境条件等，一般而言这是导致水生生物异域扩散的最主要途径。

2. 防范措施

（1）在开展转基因水生生物研究前，首先应当选择安全的饲养场所。

例如，建立室内水循环养殖系统，采取隔离方式培育转基因水生生物；尽可能使实验型养殖场所远离自然水域或水产品生产单位。

（2）控制进出水系统途径传播，利用物理或化学方法，在出水口防止逃逸的转基因个体。

例如，提高出水温度或 pH 值，利用高浓度氯、溴或臭氧来处理排出水。由于不同水生生物的致死条件不同，需要针对不同对象采取不同的处理办法。饲养转基因水生生物的水源也要经过特殊处理，杜绝引进其他水生生物。同时，要有适当的机械设备对进出水进行过滤。

（3）控制非水源途径传播。

水生生物的传播不仅通过水源途径，还有非水源途径。某些水生生物可以在水体之外生活很长的时间。例如，当环境温度降低时，成年双壳贝类可以离开水体生活 3 天以上。另外双壳贝类的幼虫非常小，在孵化时幼虫可通过空气传播。许多水生生物的卵黏附性强，容易随网具或其他实验用具带出实验场地。因此，要采用有效措施防止转基因个体的上述非水源性传播。

（4）生物学途径。

把转基因水生生物个体限制在其生活周期的一定阶段，阻止繁殖，或者降低逃逸个体在自然水体繁殖和生存的可能性，是实现转基因水生生物安全利用的重要手段。例如，在到达繁殖阶段前捕获和清除所有转基因个体，或饲养性别单一的转基因个体，或研制完全不育的转基因个体等，均可防止转基因水生生物的扩散。

（5）加强安全责任心，制定严格的安全防范措施。

加强实验场所的安全管理，限制管理人员的活动范围，禁止外来人员进入实验点，防止捕食动物接近实验点等。

思考题

1. 什么是转基因水生生物?
2. 转基因水生生物的优势及应用潜力有哪些?
3. 转基因水生生物安全性评价的主要内容有哪些?

第六章　转基因食品的生物安全

第一节　转基因食品概述

一、转基因食品的定义

转基因食品（Genetically Modified Foods，GMF），又称基因改良食品或基因修饰食品，是指通过基因工程手段将一种或几种外源性基因转移至某种特定的生物体（动、植物和微生物等）中，并使其有效地表达出相应的产物（多肽或蛋白质），这样的生物体作为食品或以其为原料加工生产的食品就叫做转基因食品。转基因食品可以是活体的也可以是非活体的。常见的转基因产品有：

（1）转基因动植物、微生物产品。

（2）转基因动植物、微生物直接加工品。

（3）以转基因动植物、微生物或者其直接加工品为原料生产的食品和食品添加剂。

生活中最常见的几种转基因食品包括：西红柿、大豆、玉米、大米、土豆等。

> ☞ **活体**：能够遗传或者复制遗传材料的生物实体。

二、转基因食品的种类

（一）按食品来源分

1. 植物性转基因食品

植物性转基因食品是由转基因农作物生产加工而成，目的在于改善加工品质，提高质量，降低成本，增加农业效益。例如，控制植物衰老激素乙烯合成的酶基因，是导致植物衰老的重要基因，如果能够利用基因工程的方法抑制这个基因的表达，那么衰老激素乙烯的生物合成就会控制，西红柿就不会容易变软和腐烂了。

根据植物性转基因食品的研究进展，可将其分为第一代转基因作物和第二代转基因作物。

第一代转基因作物是指通过插入某一特定的基因而获得的具有某种特殊性质的产品，这些特殊性质包括抗虫、抗除草剂、抗病毒、抗旱、抗盐碱等，开发此类转基因作物主要是以提高产量为目的，被认为是缓解世界人口日益膨胀、粮食资源日渐匮乏的有效手段。目前，全球进行商品化生产的主要为此类转基因作物。

第二代转基因作物是指通过品质改良而有益于消费者健康的产品，如增加某种营养物质的含量（蛋白质、维生素等），减少某些抗营养素或致敏原的含量，表达某种抗原而作为疫苗使用，以及用于生产某种药物等，这在操作上可能会涉及多个基因，并引起某些代谢途径及产物的改变，目前此类转基因作物主要还在开发和试验阶段，在不久的将来有望进入流通市场。

2. 动物性转基因食品

通过适当的外源基因来改善动物生理特性和肉制品的质地和风味，比如牛体内转入了人的相关基因，牛长大后产生的牛乳中含有基因药物，提取后可用于人类病症的治疗。目前，转基因动物的前沿研究领域主要包括：利用转基因技术改良动物的重要经济性状；为了预防家畜免遭传染病危害，培育抗病的转基因家畜；利用转基因技术生产的医用蛋白质，特别是医用活性肽；用转基因动物作为人的器官供体等。

3. 转基因微生物食品

利用微生物作为生物反应器，可生产疗效高、具有营养价值的食品或食品添加剂，例如，生产奶酪的凝乳酶。

4. 转基因特殊食品

科学家利用生物遗传工程技术，将普通的蔬菜、水果、粮食等农作物变成能预防疾病的"疫苗食品"，例如科学家培养出了一种能预防霍乱的苜蓿植物。

▶▶▶▶▶

（二）按功能分

1. 增产型

农作物增产与其生长分化、肥料、抗逆、抗虫害等因素密切相关，故可转移或修饰相关的基因达到增产效果。

2. 控熟型

通过转移或修饰与控制成熟期有关的基因可以使转基因生物成熟期延迟或提前，以适应市场的需求。如不易腐烂、好储存等。

3. 高营养型

许多粮食作物缺少人体必需的氨基酸，为了改变这种状况，可以从改造种子储藏蛋白质基因入手，使其表达的蛋白质具有合理的氨基酸组成。现已培育成功的有转基因玉米、土豆和菜豆等。

> ☞ **储藏蛋白**（Storage protein）：是一类多聚蛋白质，是种子的主要成分之一，是人类和其他动物赖以生存的主要蛋白营养来源。在种子萌发过程中，储藏蛋白水解，为幼苗生长提供氮源和能量。在某种意义上说，储藏蛋白的积累，为种子活力提供了分子基础。此外，储藏蛋白本身又是基因活动的直接产物，容易在各个不同发育时期获得大量的实验材料，且蛋白种类少，含量高，容易分离和鉴定，这就使得储藏蛋白基因成为研究高等植物特异基因选择性表达的较好系统。

4. 保健型

通过转移病原体抗原基因或毒素基因至粮食作物或果树中，人们吃了这些粮食和水果，相当于在补充营养的同时服用了疫苗，起到预防疾病的作用。

5. 新品种型

通过不同品种间的基因重组可形成新品种，由其获得的转基因食品可能在品质、口味和色香方面具有新的特点。

6. 加工型

由转基因产物作原料加工制成，花样最为繁多。

三、转基因食品的应用

转基因食品具有如下一些应用：
（1）延长植物食品的保鲜期；
（2）改善粮油食品的加工品质；
（3）改善发酵食品的风味和品质；
（4）改善动物食品的质地和品质；
（5）开发具有特定功能的食物。

四、转基因食品的优点和缺点

1. 优　点

（1）解决粮食短缺问题；
（2）减少农药使用，避免环境污染；
（3）节省生产成本，降低食物售价；
（4）增加食物营养，提高附加价值；
（5）增加食物种类，提升食物品质；
（6）促进生产效率，带动相关产业发展。

2. 缺　点

（1）可能对蝴蝶等非目标昆虫造成伤害；
（2）可能影响周边植物的生长；
（3）可能使昆虫或病菌在演化中增加抵抗力，或产生新的物种，之后一样有可能会伤害作物。

第二节　转基因食品的生物安全

一、转基因食品的安全性

人们对目前转基因食品生物的担忧基本上可以归为以下 3 类：

▶▶▶▶▶

（1）转基因食品里加入的新基因在无意中对消费者造成健康威胁；

（2）转基因作物中的新基因给食物链其他环节造成无意的不良后果；

（3）人为强化转基因作物的生存竞争性，对自然界生物多样性的影响。

因此，目前对转基因食品的安全性讨论主要集中在两个方面：一是食品安全性；二是生态环境安全性。

（一）食品安全性

研究和争论的焦点主要包括以下几个方面：

1. 是否产生毒素和增加食品毒素含量

对转基因食品毒性评价的原则应该是：转基因食品不应比其他同种可食食品含有更多的毒素。生物体在进化过程中往往会产生因突变而不再发挥作用的代谢途径——沉默途径，其产物或中间物可能含有毒素。通常情况下，这类途径很少发生变异、染色体重组或被新调控区所激活，尤其在长期安全食用的食品作物里（因为培育者通常在商业化前就已除去了高含量毒素的物种）。但在转基因变种中，沉默途径有可能被激活，低水平的毒素可能在新变种中被高含量表达，以前未产生的毒素也有可能因此产生。

一些研究学者认为，转基因食品在达到某些人们想达到的效果的同时，也可能增加事物中原有的微量毒素的含量；转基因食品在加工过程中由于基因的导入使得毒素蛋白发生过量表达，可能引起毒性反应而对人体健康产生危害。从理论上讲任何基因转入的方法都可能导致遗传工程体产生不可预知的变化，包括多向效应。因此，转基因食品的毒性是对其安全性评估不可忽略的一点。

2. 营养成分是否改变

新转入的目的基因由于其自身稳定性及插入受体生物基因组位置的不确定，可能导致转基因食品的营养成分发生变化，产生新的有毒物质。转基因食品中这些变化了的蛋白质，是否降低了某些营养成分的水平，是否被人体有效地吸收利用，并保证人体的营养平衡，虽然目前还未见转基因食品对营养品质改变的负面报道，但这个安全隐患是存在的。英国伦理和毒性中心的试验报告说，与一般大豆相比，在耐除草剂的转基因大豆中，具有防癌功能的异黄酮成分减少了。与普通大豆相比，两种转基因大豆中的异黄酮成分减少了 12%～14%。

3. 是否会引起人体过敏反应

食物过敏是指对食物中存在的抗原分子的不良免疫介导反应。过敏反应是免疫球蛋白 E（IgE）与过敏原的相互作用引起的。很多从非转基因植物衍生的食品可能在人群中的某个人身上引起过敏反应。导入的基因片段是导致转基因食品产生致敏原的根源，由于导入基因的来源及序列或表达的蛋白质的氨基酸序列可能与已知致敏原存在同源性，导致过敏发生或产生新的致敏原。作物引入外源基因后，食品的遗传性状被改变，这必会影响到人体蛋白质的构成，使得蛋白质的成分和浓度发生变化或生成新的代谢物，最终可能会在人体内产生新的过敏原。

已知能引起过敏的植物食品清单如下：

（1）含有面筋（谷阮）的谷类及其产品；

（2）花生、大豆及其产品；

（3）乔木坚果和坚果产品。

在儿童和成人中，90% 以上的过敏反应是由八种或八类食物引起的。这些食物包括：蛋、鱼、贝壳、奶、花生、大豆、坚果和小麦。实际上，所有的过敏原都是蛋白质，尽管食物中含有多种蛋白质，但只有几种蛋白质是过敏原，并且只有某些人对其过敏。

一般过敏性食品都具有一些共同特点：

① 大多数是等电点 PI < 7 的蛋白质或糖蛋白，分子量在 10 000 ~ 80 000 Da；

② 通常都能耐受食品加工、加热和烹调操作；

③ 能抵抗肠道消化酶的作用等。

但具有这些特性的物质并非都是过敏原。

4. 人体是否会对某些药物产生抗药性

抗生素标记基因是与插入的目的基因一起转入目标生物中，抗生素标记基因可能会水平转移到肠道被肠道微生物所利用，产生抗生素抗性，从而降低抗生素在临床治疗中的有效性，但目前研究表明该可能性很小。如果人体的体质很弱或抵抗力下降时，标记基因在肠道中水平转移的可能性会增大。

表 6.1　中国商品化的转基因食品植物（1997—1999）

转基因植物	检验地点（省市）
耐储藏西红柿	云南、辽宁、北京、厦门
抗黄瓜花叶病甜椒 PK-SP01	辽宁
抗黄瓜花叶病甜椒双丰 R	云南、北京、厦门
抗黄瓜花叶病毒西红柿 PK-TMB805R	辽宁

▷▷▷▷▷

（二）生态环境安全性

人们关注环境安全性的核心问题是转基因作物释放到田间后，是否将所转基因移到野生作物中，是否会破坏自然生态环境，打破原生物种群的动态平衡。

1. 破坏生物多样性

由于转基因作物的抗病虫性状不能选择地灭杀目标害虫和病原菌，因此，在杀灭目标害虫和病原菌的同时其体内的外源毒蛋白也可能对环境中的许多有益的昆虫、鸟类、哺乳动物和微生物等产生直接或间接的不利影响。

2. 可能产生超级杂草

一方面，一些转基因抗虫、抗除草剂或抗环境胁迫的转基因作物由于外源基因的引入，使其适合度的性状脱离了农业耕作控制系统，进而演化成难以防除的恶性杂草；另一方面，其抗性基因还可能通过基因流动传递给其野生亲缘种，使本来就是杂草的野生亲缘种因为适合度提高而更加难以清除，变为更加难除的"超级"杂草。

3. 加速种群进化速度

目标生物体对药物产生抗性，加速其种群进化速度。转基因抗虫作物的大规模商业环境释放，将使目标害虫产生强大的选择压力，加快目标害虫抗性的出现，从而增加农用化学品的使用量。

4. 转移基因可以通过重组产生新的病毒

被植入转基因抗病毒作物中的病毒基因及其所编码的外壳蛋白可以与其他病毒的遗传物质和外壳蛋白重新组合，从而形成毒性更强的新病毒。

5. 有可能引起"基因污染"

所谓"基因污染"是指外源基因扩散到其他物种造成自然界基因库的混杂或污染。

二、转基因食品的安全性评价

关于食品和食品成分安全性评价主要包括以下几点：

（1）转基因食品中基因修饰导致的新基因产物的营养学评价（如营养促进或缺乏、抗营养因子的改变）、毒理学评价（如免疫毒性、神经毒性、致癌性或繁殖毒性）以及过敏效应（是否为过敏原）。

（2）由于新基因的编码过程造成现有基因产物水平的改变。

（3）新基因或已有基因产物水平发生改变后，对作物新陈代谢效应的间接影响，如导致新成分或已存在成分量的改变。

（4）基因改变可能导致突变，例如，基因编码或控制序列被中断，或沉默基因被激活而产生新的成分，或使现有成分的含量发生改变。

（5）转基因食品和食品成分摄入后基因转移到胃肠道微生物引起的后果。

（6）遗传工程体的生活史及插入基因的稳定性。

（一）食品、食品成分安全性分析原则

1. 遗传工程体（GMO）特性分析

（1）供体：来源、分类、学名；与其他物种的关系，作为食品食用的历史，含毒历史；过敏性；传染性（微生物）、是否存在抗营养素因子（豆科作物中的蛋白酶抑制剂、脂肪氧化酶）和生理活性物质关键性营养成分。

（2）基因修饰及插入 DNA：介导物或基因构成，DNA 成分描述，包括来源、转移方法、助催化活性等。

（3）受体：与供体相比的表型特征，引入基因表现水平和稳定性，新基因拷贝量，引入基因移动的可能性，引入基因的功能，插入片段的特征。

2. 实质等同原则

如果对转基因食品各种主要营养素成分、主要抗营养物质、毒性物质、及过敏成分等物质的种类与含量进行分析测定，与同类传统物质无差异，则认为两者具有实质等同性，不存在安全性问题，如果无实质等同性，需逐条进行安全性评价。

实质等同性分析可在食品或食用成分水平上进行，这种分析应尽可能以物种（如大豆作为一个物种）作为单位来比较，以便灵活地用于同一物种生产的各类食品。分析时应考虑该物种及其传统产品的自然变异范围。分析的内容包括 GMO 的分子生物学特征、表现特征、主要营养素、抗营养因子、毒性物质和过敏原等。进行实质等同性比较所需的数据可以来自现有的数据库、科学文献、父代或其他传统亲缘种系积累的数据。成分比较：包括主要

▶▶▶▶▶▶

营养素（脂肪、蛋白质、碳水化合物、矿物质、维生素）及抗营养因子（如豆科作物中的蛋白酶抑制剂、脂肪氧化酶）、毒素（如马铃薯中的茄碱、西红柿中的西红柿素、小麦中的硒等的含量是否增加）和过敏原（如巴西坚果中的 2S 清蛋白）。

三、转基因食品安全性评价原则

目前，国际上进行转基因食品的安全性评价时，有 3 个被普遍认可的原则，即危险性分析原则，实质等同原则和个案分析原则。

（一）危险性分析原则（Risk analysis）

危险性分析是国际食品法典委员会（CAC）在 1997 年提出的用于评价食品、饮料、饲料中的添加剂、污染物、毒素和致病菌对人体或动物潜在副作用的科学程序，现已成为国际上开展食品危险性评价、制定危险性评价标准和管理办法以及进行危险性信息交流的基础和通用方法。危险性分析包括危险性评估、危险性管理和危险性信息交流 3 个部分，其中危险性评估是核心环节。危险性评估包括危害识别、危害特征描述、暴露评估和危险性特征描述 4 个部分。

1. 危害识别

危害识别就是对被评价对象中可能存在的生物性、化学性和物理性危害因素进行识别和分析。根据流行病学调查、动物实验、体外实验等研究结果，确定人体在暴露于某种危害后是否会对健康发生不良影响。

2. 危害特征描述

危害特征描述就是对食品中对健康产生不良作用的生物性、化学性和物理性因素的定性和定量评价。对化学性因素应进行剂量反应评估。如果能够取得数据，对生物性和物理性因素也应采用剂量反应评估。

3. 暴露评估

暴露评估就是对从食物或其他相关来源可能摄入的生物性、化学性及物理性因素进行定性和定量评估。一般情况下，摄入量的评估有 3 种形式，即膳食研究，个别食品的选择性研究和双份饭法研究。近年来，主要是通过特定的数学模型对暴露的途径、数量、变异性和不确定性等进行概率测算。

4. 危险性特征描述

危险性特征描述就是根据危害特征描述和暴露量评估所得到的数据，对发生危害事件的概率及严重性进行评估。可按高、中、低和忽略不计 4 种危害水平进行危险性特征描述。对于有阈值的化学物，可用人群的摄入量与该化学物的每人每天允许摄入量比较，或用人群的暴露量与该化学物的每人每周耐受量比较。对于没有阈值的化学物，则需计算人群的危险度。

（二）实质等同原则（Substantial equivalence）

1993 年 OECD 提出：用"实质等同性"原则来评价转基因食品的安全性。2000 年，FAO/WHO 发布了《关于转基因植物性食物的健康安全性问题》的文件，认为：运用"实质等同性"概念可建立有效的安全性评估框架。现在有 67个国家把这一原则作为转基因食品安全评价的基本原则。

所谓"实质等同性"原则，主要是指通过对转基因作物的农艺性状和食品中各主要营养成分、营养拮抗物质、毒性物质及过敏性物质等成分的种类和数量进行分析，并与相应的传统食品进行比较，若二者之间没有明显差异，则认为该转基因食品与传统食品在食用安全性方面具有实质等同性，不存在安全性问题。具体来说，包括两个方面内容：

（1）农艺学性状相同。如转基因植物的形态、外观、生长状况、产量、抗病性和育性等方面应与同品系对照植株无差异。

（2）食品成分相同。转基因植物应与同品系非转基因对照植物在主要营养成分、营养拮抗物质、毒性物质及过敏性物质等成分的种类和含量相同。

为了便于对实质等同概念的理解和应用，OECD 列举了以下 5 项应用原则：

（1）如果一种新食品或经过基因修饰的食品或食物成分被确定与某一传统食品大体相同，那么更多的安全和营养方面的考虑就没有意义。

（2）一旦确定了新食品或食物成分与传统食品大体相同，那么二者就应该同等对待。

（3）如果新食品或食物成分的类型鲜为人知，应用实质等同性原则就会出现困难，因此，对其评估时就要考虑在类似食品或食品成分（如蛋白质、脂肪和碳水化合物等）的评估过程中所积累的经验。

（4）如果某种食品没有确定为实质等同性，那么评估的重点应放在已经确定的差别上。

▶▶▶▶▶▶

（5）如果某种食品或食品成分没有可比较的基础（如没有与之相应的或类似的传统食品做比较），评估该食品或食物成分时就应该根据其自身的成分和特性进行研究。总之，如果转基因食品与传统食品相比较，除转入的基因和表达的蛋白质不同外，其他成分没有显著差别，就认为二者之间具有实质等同性。如果转基因食品未能满足实质等同原则的要求，也并不意味着其不安全，只是要求进行更广泛的安全性评价。

（三）个案处理原则（Case-by-Case）

个案处理（WHO/FAO，2000）就是针对每一个转基因食品个体，根据其生产原料、工艺、用途等特点，借鉴现有的已通过评价的相应案例，通过科学的分析，发现其可能发生的特殊效应，以确定其潜在的安全性，为安全性评价工作提供目标和线索。个案处理为评价采用不同原料、不同工艺、具有不同特性、不同用途的转基因食品的安全性提供了有效的指导，尤其是在发现和确定某些不可预测的效应及危害中起到了独特的作用。

个案处理的主要内容与研究方法包括：

（1）根据每一个转基因食品个体或者相关的生产原料、工艺、用途的不同特点，通过与相应或相似的既往评价案例进行比较，应用相关的理论和知识进行分析，提出潜在安全性问题的假设。

（2）通过制定有针对性的验证方案，对潜在安全性问题的假设进行科学论证。

（3）通过对验证个案的总结，为以后的评价和验证工作提供可借鉴的新例。

（四）其他原则

1. 逐步原则

逐步原则的理解可以在两个层次上进行，其一是在转基因食品的研发阶段，目前转基因的研发和生产大国对转基因的管理都是分阶段审批的，在不同的阶段要解决的安全问题不同；其二是由于转基因食品的不同外源目的基因可能存在的安全风险是分不同方面的，例如：表达蛋白质的毒性、致敏性、标记基因的毒性、抗营养成分或天然毒素等，就是某一毒性的安全性评价也要分步骤进行。安全性评价分阶段性的进行可以提高筛选效率，在最短的时间内发现可能存在的风险。

2. 预防为主原则

对于转基因食品的安全性评价，预防为主原则是可以采用的，由于转基因食品是现代生物技术在农业生产中的应用，发展的历史和总结的经验不多，供体、受体和目的基因的多种多样也给食品安全带来了许多不确定因素。随着转基因技术的发展，作为改善营养品质、植物疫苗、生物反应器等转基因植物、动物进入安全性评价阶段，预防为主的安全性评价原则可以在遵行科学原则的基础上把转基因食品可能存在的风险降到最低。

3. 重新评价原则

转基因技术在农业领域的广泛应用是近几年的事情，在发展的过程中会出现如今不能预计的情况。随着整体科学技术的发展，现代医学、预防医学和现代食品工业技术的进步，消费者对健康意识的不断更新，转基因食品的安全性评价也会随之而发展变化，对现在的一些认识和方法会提出新的看法，评价技术和手段也会发展，同时，由于市场化后监控过程的深入，对长期观察的资料深入分析，也会对目前不能解答或解答不了的问题作出科学的解释，如果有必要，对已经经过安全性评价的转基因食品还可能再次提出安全性评价的要求。

四、转基因食品与传统食品的比较

（一）具有完全实质等同性——一般的食品评价

如果某一转基因食品或成分与某一现有食品具有实质等同性，那么就没有必要更多地考虑毒理和营养方面的安全性，两者应同等对待。

（二）具有实质等同性但存在特定差异

如果除了新出现的性状，该食品与现有食品具有实质等同性，则应该进一步分析这两种食品确定的差异，包括：

（1）引入的遗传物质是编码一种蛋白质还是多种蛋白质，是否产生其他物质。

（2）是否改变内源成分或产生新的化合物。引入 DNA 和信使 RNA（mRNA）本身不会有安全性问题，因为所有生物体的 DNA 都是由四种碱基组合而成的。但应对引入基因的稳定性及发生基因转移的可能性作必要的分析。

▶▶▶▶▶▶

（三）无实质等同性——成分特性分析

成分特性分析包括受体生物、基因载体、产物特性、化学成分等的分析。

若某一食物或食物成分没有比较的基础，也就是说，没有相应或类似的食品作为比较，例如将来有可能将基因组区段转入某一生物，而该基因组区段的功能可能仅经部分鉴定，那么，评估该新食品或食品成分就应根据其自身的成分和特性研究来进行。

若某种食品或食品成分与现有食品或成分无实质等同性，这并不意味着它一定不安全，但必须考虑这种食物的安全性和营养性。首先应分析受体生物、遗传操作和插入 DNA、遗传工程体及其产物特性如表型、化学和营养成分等，若插入的是功能不很清楚的基因组区段，同时应考虑供体生物的背景资料。根据以上初步分析结果及该食物在人类膳食中所起的作用，可决定是否需要作进一步的安全性分析。虽然目前已有许多检验食品成分的方法和程序，但这些方法不是针对评价复杂食物而设计的。特别要指出的是，虽然动物饲喂试验有许多不足之处，如测试体系的灵敏度不高，测不出低浓度的效应，各种膳食成分之间还有平衡的问题，以及如何测出某些特殊食品和食品成分的副作用等，但是目前尚无替代动物试验的方法，而只能要求在做动物饲喂试验时，目的性必须明确，并作精心的试验设计。

经济合作发展组织应用实质等同性的概念将基因工程食品归为以下 3 类：

（1）转基因食品或食品成分实质等同于现有的食物。

（2）除了某些特定差异外，与现有食品具实质等同性。

（3）某一食品没有比较的基础，即与现有食品没有实质等同性。

实质等同性比较的主要内容：对植物来说包括形态、生长、产量、抗病性及其他有关农艺性状；对微生物来说包括分类学特征（如培养方法、生物型、生理特性等）、定殖潜力或侵染性、寄主范围、有无质粒、抗生素抗性、毒性；对动物来说包括形态、生长生理特征、繁殖、健康特征及产量。

应用实质等同性时，应考虑国家（地区）、文化背景和社会实践的差异。有些实质等同性的结论并不能在所有地区都有效。

基于有以上困难，对食品的安全性分析宜采取个案处理，依据初步鉴定积累的资料，决定是否需要同时采用体外和特异的体内动物试验。从营养角度考虑，可能需做人体试验，特别是当新食品将取代传统食品并作为膳食中的主要食品时。但这种人体试验只有在动物试验证明无毒后才能进行，同时还应考虑人群中有无敏感群以及各国各地区食物的差异。

五、各国对转基因食品的态度与政策

在转基因作物的实验阶段完成后，转基因食品的发展归根结底取决于各国的决策和政策导向。目前，各国政府对转基因食品的安全问题主要有三种不同的认识：第一种以美国为代表，认为不能证明转基因食品有危害，就应认定它是安全的。由于至今为止，还没有人能证明转基因食品对人体健康有致命性危害的证据，因此，转基因食品和传统食品一样安全；第二种以欧盟为代表，欧洲各国普遍认为，由于现在还不能证明转基因食品是安全的，就应认定它具有潜在的危害；第三种以日本为代表，它介于上述两者之间，由于现在既不能肯定转基因食品无害，也不能断定转基因食品有害。因此，转基因食品可能有危害，也可能没有危害。这三种观点成为了各国采取不同管理政策的出发点和依据。

1. 美国的政策

美国主张对转基因食品采取宽松的管理政策，他们的出发点是转基因生物及其产品与非转基因生物及产品没有本质的区别，转基因食品是一种科技创新，本质上是用现代科学技术去加快自然选择的进程，只要转基因食品通过新成分、过敏原、营养成分和毒性等常规检验就可以上市。

2. 英国的政策

英国前首相布莱尔在 2000 年 2 月 27 日出版的《星期日独立报》上发表文章称，转基因食品对公众健康和环境兼有利弊。毫无疑问，转基因食品对人类安全和生态多样性方面具有潜在危害，因此，政府要将保护公众和环境作为优先考虑的首要问题。但他同时强调，转基因技术也可为人类带来益处。

3. 法国的政策

法国前科研部长罗歇·热拉尔·施瓦详贝格表示，对于转基因农产品的开发，法国将坚持积极研究和慎重发展的政策，在确保在顺利进行转基因技术研究的同时，保护法国消费者的健康利益和生态环境。

4. 日本的政策

日本在 1979 年制定了《重组 DNA 实验管理条例》，开始生物技术的安全管理。参与管理的部门主要是科学技术厅、通产省、农林水产省和厚生省。科

>>>>>

学技术厅于 1987 年颁布了《重组 DNA 实验准则》，负责审批试验阶段的重组 DNA 研究。该准则详细规定了在控制条件下的重组 DNA 研究，分别按大、小两个试验规模划分了物理控制等级，并对各等级制定了相应实验室设计、设备要求及操作规范。生物控制等级按受体-载体系统的安全性划分为两个等级，即在进行重组 DNA 工作之前，需要依据受体、外源 DNA、载体及 GMO 的特性进行安全评估，确定控制等级。准则还规定相应负责人的责任。厚生省于 1986 年颁布了《重组 DNA 准则》，成立了有关生物技术委员会，负责对重组 DNA 技术生产药品和食品进行管理。

5. 澳大利亚的政策

作为一个岛国，澳大利亚历来对活的生物体、生物制品和食品的进口进行严格管制，其管理部门为澳大利亚检疫与检验局和澳大利亚环境署。但由于 GMO 的特殊性，现行的审查、检疫措施已不能满足需要，因此，澳大利亚将 GMO 及其制品纳入新的法规框架管理，由澳大利亚检疫与检验局和遗传操作咨询委员会执行机构共同负责。

总的来说，澳大利亚生物安全管理的趋势是更加规范、科学，将建立一套完整的法规体系、管理体系、技术支撑体系、公众参与机制以及包括稽查、处罚、补救措施等在内的实施措施。其目的是保证公众安全、职业安全、环境安全，保证 GMO 相关研究开发活动和 GMO 相关产品审批的科学性、透明性和规范性，保证国家的技术竞争力。

6. 巴西的政策

巴西是唯一一个至今仍然未在田间使用转基因技术的粮食出口大国，事实上，在 1998 年，巴西政府曾批准过孟山都公司的抗"农达"除草剂（RR）大豆，但这一批准却因法院的禁令而被搁置至今。随后，其他相关的禁令也限制了转基因玉米的进口。巴西政府正在努力清除立法上的障碍支持转基因作物的种植和销售。政府即将正式发布政策，解放转基因作物。转基因作物的引进将对巴西大豆和玉米的生产产生深远影响，尤其是在出口领域。然而，巴西政府同法院及民众的态度还有相当的距离，还难以预测其发展前景。

7. 印度的政策

印度国家生物技术委员会 1983 年签署了一系列为保障实验室人员安全的准则。20 世纪 90 年代以来印度的生物技术已从实验室研究转向产业化，生物技术部（DBT）建立了重组 DNA 委员会，在现有科学知识基础上，同时借鉴国内国外的有益经验，制定了生物技术安全准则。同时指出，因为新知识在不断积累，这个准则不是最终的，还需要不断完善。

准则主要针对 GMO 的研究、植物的转化、疫苗开发及其大规模生产，以及由重组 DNA 技术产生的 GMO 及其产品的目的基因释放。人的胚胎工程、胚胎及胎儿研究、人的种系的基因治疗不属于本准则的管理范围之内。准则的宗旨是为 GMO 的研究活动、大规模应用以及田间释放对人的健康与环境的影响提供相应的安全防范措施和保障。

8. 我国的政策

我国对转基因食品在管理上持谨慎态度，在研究上则予以支持。鉴于我国已加入 WTO，有关部门正在建议早日组织力量研究检测方法，为今后制定相关法规政策来管理国际贸易、保护人民健康和促进国民经济的发展提供支持。同时为我国农业和食品部门在转基因工作方面提供更多参考机会与操作依据。目前，农业部正在筹建若干个农业转基因生物技术检测机构，如"农业转基因生物环境安全评价检测机构"、"农业转基因生物食用安全检测机构"、"农业转基因生物产品检验机构"。

思考题

1. 什么是转基因食品？
2. 转基因食品的种类有哪些？
3. 转基因食品存在哪些安全性问题？
4. 我们身边的转基因产品有哪些？您敢食用转基因食品吗，为什么？
5. 有一些反对基因工程的人士主要是由于宗教信仰等其他的原因，例如有的人信教，认为物种都是上帝创造的，改变物种和 DNA，就是要改变上帝创造的物种，因而坚决反对；有的人是素食主义者，不食荤是他们的一种生活原则，而把动物的某种基因转入植物，使他们在吃素食时"无意"中吃到了"动物蛋白"，这显然违背了他们的原则，因而他们也反对；还有的人是动物保护主义者，他们认为任意对动物进行基因改造侵害了动物的"人权"等等。结合自己所学知识，谈谈您的看法。

▷▷▷▷▷

第七章　医药生物技术及其产品的生物安全

第一节　医药生物技术概述

一、医药生物技术的内容

医药生物技术包括两方面内容：

（1）利用生物体作为生物反应器，按人们意志来研究生产出医药生物技术产品。

（2）利用生物技术来改进或创造出新的诊断、治疗、预防疾病的方法。

前者指基因工程药物，例如：人用单克隆抗体疫苗和寡聚核苷酸及诊断试剂；后者指基因治疗和生物治疗等。

二、医药生物技术产品

医药生物技术产品指应用现代生物技术生产的用于人类疾病的诊断、治疗、预防以及发病机理研究等方面的产品，包括蛋白质药物与核酸药物两类。

（1）蛋白质药物：重组多肽和蛋白质药物、单克隆抗体和基因工程抗体、重组疫苗和重组多价疫苗等。

（2）核酸药物：反义核酸药物、基因治疗药物、DNA 疫苗和重组活疫苗等。

三、国内外研究进展

（一）基因工程药物

利用基因工程技术，将外源目的基因经重组再导入微生物（如大肠杆菌、酵母等）或动、植物细胞，通过发酵或细胞繁殖来生产大量多肽或蛋白质药物。目前，生物技术已在全球医药领域取得了巨大的成果，已开发和正在开发的基因工程药物主要有细胞因子、激素、酶类、重组疫苗和重组多价疫苗、重组融合蛋白等。1977 年第一个含哺乳动物基因——人生长激素释放抑制因子（Somato-Statin）基因的重组 DNA 分子构建成功并在大肠杆菌中得到表达。1982 年，第一家遗传工程公司 Genentech 开发的基因工程人胰岛素推向市场，这是第一个问世的重组人体蛋白类药物。1986 年，第一个基因工程疫苗重组乙肝疫苗由 Merck 公司开发成功。

（二）人用单克隆抗体

单克隆抗体是抗单个抗原决定簇的抗体，可采用细胞融合技术制备，即将免疫鼠的脑细胞与小鼠骨髓细胞融合，产生分泌特异性抗体的杂交瘤细胞。目前研究与开发的单克隆抗体主要用途有：

（1）研究用单抗试剂，如用于细胞亚群分析、蛋白质结构与功能研究、蛋白质纯化和新基因寻找等。

（2）体外诊断用单克隆抗体试剂盒，如肿瘤、肝炎、艾滋病毒等的检测或诊断。

（3）体内肿瘤免疫显像或导向手术。

（4）治疗用单克隆抗体，如肿瘤治疗、自身免疫病治疗、抗移植排斥、抗感染等。

单抗在许多方面显示出其对多种疾病具有显著的治疗潜力。其中包括中和毒素、病毒，阻断异常的细胞信号转导途径，以及鉴别出病原体或恶性细胞，然后予以清除。此外，单抗的可预见特性及其相对简单的小规模生产和大批量生产与临床前期试验可使该产品能较快地进入临床，从而为单抗产品带来了竞争的优势。

（三）病毒工程突变株与重组减毒活疫苗

应用生物技术定向改变与病毒毒力相关的基因，使其降低毒力的同时仍保持较好的免疫原性，已成为研究制造减毒活疫苗的新途径。目前，主要有工程减毒疫苗株、杂合减毒株、病毒载体重组株、用于疾病治疗的重组病毒等。

▷▷▷▷▷▷

（四）反义核酸药物

反义核酸药物的生产是根据碱基互补原理，用人工合成或生物合成的特定互补寡核苷酸片段，抑制或封闭基因表达，阻断相应有害蛋白质的合成所得到的药物，因此是理想的具有精确选择性的特异基因靶向治疗药物。

相关科研人员通过近十年对反义寡核苷酸的研究，基本上解决了初期存在的稳定性、成本和合成规模、生物利用度等一系列技术难题，反义药物广泛用于抗病毒和抗肿瘤的时代指日可待。国内对这类药品还未制定相应的质量控制标准，因此，必须像其他生物技术产品一样，研究制定反义药物的质控标准和建立相应的质控方法，不同的反义药物需要建立相应的效价评定方法，以保证这类新药安全有效地进入临床研究。

（五）基因治疗

基因治疗就是将正常的基因用一定的方法导入体细胞内，替换或封闭其中的异常基因或致病基因，达到治疗相关疾病的一种手段。

基因治疗不仅可以用于疾病治疗，而且可以用于疾病预防。基因缺陷是造成 30% 的儿童死亡、25% 的生理缺陷和 60% 的成年人疾病的主要病因，基因治疗可望治愈人类 4 000 余种遗传性疾病。随着基因操作技术的发展，基因治疗的范围已超出了遗传病的治疗，扩展到了肿瘤、病毒性疾病和其他疑难疾病的治疗。基因治疗目前尚处于初创时期，但各发达国家都表现出极大的重视，随着基因诊断、基因修饰、基因载体、基因转移技术的提高和完善、人类基因组计划的完成，用于基因治疗的"基因药物"可望成为 21 世纪的临床常规应用药物，不仅可以治疗目前难以医治的疾病，而且将给医药工业带来新的生机，甚至是一场崭新的技术革命。

（六）DNA 疫苗

DNA 疫苗免疫接种是最近发展起来的一项新方法，就是直接应用含有表达导致宿主免疫应答编码抗原基因的质粒 DNA 接种，当其进入适当的组织系统，就能表达产生目标抗原。DNA 疫苗的发展不只局限于 DNA 本身，也包括帮助 DNA 进入细胞或使其作用于特定细胞或作为佐剂刺激诱导免疫应答的辅料成分。接种质粒 DNA 疫苗导致免疫应答的许多方而尚有待认识，但这并不妨碍这种免疫方法的进展。质粒 DNA 疫苗的人体试验已经开始，最先进入市场的 DNA 疫苗可能是来源于细菌细胞的质粒 DNA。将来的疫苗也许会包括代替 DNA 的 RNA，或者是结合其他分子的核酸分子。

（七）转基因动物

把转基因动物改造成为医用器官移植的供体，可取代人体器官的直接移植。把转基因动物开发成为活体发酵罐，可使动物像工厂一样根据工程设计的要求，生产预期的蛋白质药物。

（八）转基因植物生产药用蛋白

随着生物技术的发展，人们已开始利用转基因植物或植物病毒表达载体生产药用蛋白。基因工程领域的研究进展，使得植物体正在成为具有重要经济价值的药用蛋白的生产体系。

以植物作为生产药用蛋白的生物反应器，由于外源蛋白质的表达水平现在还比较低等方面的原因，使相应的下游加工非常困难。尽管如此，该技术所特有的一些优势仍使其具有广阔的应用前景：如植物中几乎不含有潜在的人类病原体，从而为人类提供了一个更加安全的生产体系；与微生物发酵系统相比能对真核生物蛋白质进行翻译后加工如蛋白质糖基化；利用转基因植物生产口服疫苗可避免或至少减免部分纯化过程，从而降低成本，方便使用。从技术方面看，目前已发展了多种提高表达水平的技术，如利用植物病毒作瞬时表达载体、各种植物病毒载体构建策略，包括基因插入、基因取代、融合抗原和基因互补等。可以说，随着此类技术的成熟，利用转基因植物生产疾病的预防、治疗用产品将可望进入产业化开发阶段。

（九）组织工程

组织工程是应用细胞生物学和工程学的原理，研究开发生物替代物，以修复和改善损伤组织和功能的实用技术，是在组织水平上操作的生物工程。

它主要致力于组织和器官的形成和再生。其基本原理和方法是将体外培养扩增的正常组织细胞，吸附于一种生物相容性良好并可被机体吸收的生物材料上形成复合物。将该细胞-生物材料复合物植入机体组织、器官病损部位，其中生物材料逐渐被机体降解吸收，而细胞在此过程中逐渐形成新的具有一定形态和功能的相应组织、器官，达到修复创伤和重建功能的目的。

▶▶▶▶▶

组织工程的核心是建立由细胞和生物材料构成的三维空间复合体，它为细胞提供了吐故、纳新、生长、增殖、分化的场所，并进一步形成新的具有正常形态和功能的组织、器官。这与传统的在二维空间进行的细胞培养有着本质的区别，其最大的优点在于：

（1）形成具有生命力的活体组织，对病损组织进行形态、结构和功能的重建并达到永久性替代。

（2）可以用最少量的组织细胞（甚至可用组织穿刺的方法获得），经体外培养扩增后，来修复大块的组织缺损，达到无损伤修复创伤和真正意义上的功能重建。

（3）可按组织、器官缺损情况任意塑形，达到完美的形态修复。

（十）人类基因组计划与蛋白质组研究

人类基因组计划是美国科学家于 1985 年率先提出的，旨在阐明人类基因组 30 亿个碱基对的序列，发现所有人类基因，并搞清其在染色体上的位置，破解人类全部遗传信息，使人类第一次在分子水平上全面认识自我。2000 年完成了人类基因组"工作框架图"。2001 年公布了人类基因组图谱及初步分析结果。其研究内容还包括创建计算机分析管理系统，检验相关的伦理、法律及社会问题，进而通过转录组学和蛋白质组学等相关技术对基因表达谱、基因突变进行分析，可获得与疾病相关基因的信息。人类基因结构及其功能的相继被阐明，将使导致各类疾病异常基因的搜索变得可能，加快从基因水平防治和诊断疾病的进程，提高人类对各类疑难疾病的控制能力，同时为开发新药提供大量的信息。

基因组计划的不断推进会给蛋白质组研究提供更多更全的数据库；蛋白质组研究方法会像 PCR 技术一样易于操作，加快基因结构与功能的研究；生物信息学的发展会给功能基因组学、蛋白质组学研究提供更方便有效的计算机分析软件；国际互联网会使各国各领域科学家的研究成果出现新的集成；基因组计划与蛋白质组研究终将为医药卫生领域带来一场技术革命。

（十一）生物芯片

生物芯片以高密度、高通量、并行检测为主要特征，主要包括基因芯片、蛋白质芯片、组织芯片等三类，是将大量生物识别分子按预先设置的排列固定于一种载体（如硅片、玻片及高聚物载体等）表面。利用生物分子的特异性亲和反应，如核苷酸杂交反应，抗原抗体反应等来分析各种生物分子存在量的一种技术。将生命科学研究中的许多不连续的分析过程，如样品制备、化学反应和分离检测等，通过采用像集成电路制作过程中半导体光刻加工那样的缩微技术，将其移植到芯片中并使其连续化和微型化，就会成为缩微芯片实验室。通过对这些并行检测及同步得到的大量信息的分析，将使人类能在分子水平上整体把握生理、病理活动，从而对生命活动的认识达到前所未有的高度。

第二节　医药生物技术及其产品的安全性

医药生物技术及其产品在人类疾病的诊断、治疗、预防以及发病机理研究和生命奥秘探索等方面具有重要作用。但应用重组 DNA 技术也存在潜在的危险性，无意中构建出危及人类安全的微生物的可能性仍然是不能排除的；另外，从近年来生物技术的发展来看，由现代生物技术产生，而又难以完全纳入现行药品管理法规，可能对人类健康和生态环境产生潜在的直接或间接危害的因素有：重组活疫苗、DNA 疫苗、生物治疗包括基因治疗和体细胞治疗、反义核酸药物、以生产医药产品为目的的转基因动植物等。这迫使人们始终关注着重组 DNA 技术对人类及其环境有可能带来的安全性问题，重组修饰的生物是否对人类和其他生物有害；它们是否会在环境中极度繁殖而造成危害；重组活疫苗、反义核酸药物、基因治疗药物等医药生物技术产品进入人体后是否具有危害性。

本节将主要讨论在基因工程的实验室操作、重组 DNA 技术应用于工业化生产过程、各种基因工程产品，尤其是重组活疫苗、反义核酸药物、DNA 疫苗以及基因治疗方案等方面的生物安全问题。

一、医药生物技术产品安全性问题及评价

（一）实验室重组 DNA 试验隐含的生物危害

重组 DNA 实验中操作的物质主要是病毒、细菌等微生物和一些实验动植物。它们可以是重组 DNA 试验中的 DNA 供体、载体、宿主和遗传工程体。其

▶▶▶▶▶

致病性、致癌性、抗药性、转移性和生态环境效应往往千差万别，一旦操作不当就会引起严重后果。实验室重组 DNA 操作的潜在危害主要表现在两个方面：

（1）实验室病原体或重组病原体感染操作者所造成的实验室性感染。

实验室性感染的途径很多，如操作者体表污染未能及时清除、在实验室进食将实验微生物带进消化道、实验操作失误导致创口感染等都是常见的感染方式，此外，实验材料形成的气溶胶颗粒进入实验人员的呼吸道也是造成实验室性感染的重要原因之一，这是一种不易察觉和防范的感染方式。

（2）带有重组 DNA 载体或受体的动植物、细菌、病毒逃逸出实验室造成的社会性污染。

实验室性感染的可能危害，一方面在于危害实验室工作人员的身体健康（如致癌、致病或破坏操作者体内原有菌群的生理性平衡，影响人体正常生理）；另一方面若实验室病原体通过操作者的社会活动带至实验室外扩散，有可能进一步危害社会。如果在重组 DNA 试验中使用有害微生物，它们一旦进入外界很可能引起疾病流行和农业病害。一些带有重组 DNA 的细菌或病毒有可能在环境中获得旺盛的繁殖力并伴有高度的传染性、侵袭性和抗药性，进入自然界会引起意想不到的疾病流行。此外，带有毒性或抗性基因的遗传工程体一旦进入环境后，其所带的外源 DNA 如果通过基因流转移到近缘物种，将会影响自然界原有生物种群的基因库，影响生态平衡。

（二）基因工程工业化生产的潜在危害

大规模基因工程工业化生产所涉及的安全性问题比实验室中进行重组 DNA 试验更为复杂。从本质上讲，基因工程工业化生产所出现的潜在生物危害与生产其他生物制品是相似的，主要有：

（1）感染危险：即由于接触活菌体或病毒而使人、动物、植物发生疾病。

（2）生产过程中的死菌体或死细胞及其组分或代谢产物对人体及其他生物造成毒性、致敏性及其他生物学效应。

（3）产品的毒性、致敏性及其他生物学效应。

（4）环境效应。在工业生产中使用遗传工程体，由于体积大、密度高和持续时间较长以及操作人员所受教育程度的参差不齐，使发生危害的可能性比小规模的实验室工作要大得多，并且一旦出现问题，后果也会更加严重。

为了防止或尽可能减小事故的危害，重组 DNA 技术在工业化生产中，也广泛采用类似于实验室生物控制和物理控制的预防保护措施。一般情况下只要能适应大发酵罐的特殊工艺要求，都优先使用弱化的实验室宿主菌株。为达到生物控制效果，工业生产中都倾向于采用低危险的生物体，这样不但少受国家重组 DNA 操作准则的约束，同时也可在一定程度上降低生产中昂贵的物理控制设施要求及操作安全控制程度。

（三）重组活疫苗的安全性问题

重组活疫苗是利用基因工程的方法将病原微生物的基因插入一个良性微生物中，制得该病原微生物的疫苗。因此，对其安全性需要慎重对待，理想的基因应当是只有编码外壳蛋白而与增殖无关的基因，但很难说病毒的外源蛋白仅仅起一个包裹作用。

可能的安全方案是：搞清楚可激发免疫反应的特定蛋白区域，分离或合成编码该区域的基因，将其插入良性微生物以制备活疫苗。尽管整个蛋白可能会导致病理反应，但仅用其中一段则应是安全的。这方面既需要理论探讨，更需要流行病学的研究。由于使用了病原微生物，基因工程疫苗肯定会带来风险。同时也应指出，相对于目前仍在使用的与巴斯德时代无异的减毒活疫苗相比，基因工程疫苗至少不会更加危险。对毒力很强、对人体危害较大的病原微生物疫苗的研究需要有严格的条件控制，才能保证工作人员和周围环境的安全。

（四）质粒 DNA 疫苗的安全性问题

质粒 DNA 疫苗的研究发展迅速，通过直接接种含有表达可导致宿主免疫应答编码抗原基因的质粒 DNA，在体内持续产生目标抗原而达到免疫接种效果。人体接种质粒 DNA 疫苗存在的潜在安全性问题包括：

（1）注射的 DNA 结合于宿主细胞可能整合到宿主染色体中，导致插入性突变。

（2）目前，对于接种用 DNA 表达抗原的免疫机制知之甚少，表达抗原的持续时间也缺乏足够的了解。外源蛋白的长期表达有可能导致异常免疫病理反应且难以恢复。

（3）联合使用编码调控细胞因子或其他共刺激分子的基因虽然可以提高免疫应答，但也许会增加风险，导致免疫病理反应。例如，影响细胞因子或其他共刺激分子免疫病理反应。

（4）接种质粒 DNA 可能导致宿主体内高水平抗 DNA 抗体，并诱发异常的自身免疫应答。

（5）体内合成的抗原可能含有不需要的生物活性。

▶▶▶▶▶

（五）基因治疗的生物安全性问题

基因治疗中，目的基因导入靶细胞的基因转移方法有物理学方法、化学方法、融合方法以及以病毒为载体的基因转移技术。由于逆转录病毒载体——包装细胞系基因转移系统——的转移效率和稳定表达的形成率比较高，因此在人体细胞基因治疗中占主要地位。

1. 逆转录病毒载体的安全性问题

（1）逆转录病毒载体插入宿主细胞基因组的位点是随机的，有可能产生异常插入突变，并导致细胞生长调控异常或细胞发生恶性转化。

（2）逆转录病毒载体复制缺陷特性的改变也是一个潜在的危险。在逆转录病毒和人类长期共生状态下，人的基因组中含有大量的内源性逆转录病毒序列。从理论上讲，内源性的有关病毒序列如果和逆转录病毒载体序列进行重组，使复制缺陷的特点消失，就有可能像逆转录病毒本身一样进行多个位点的整合，使宿主发生肿瘤的可能性大大提高。

2. 目的基因表达水平对机体的影响

由于实验工作的限制，导入的基因一般没有合适的表达量调控手段。同时，目前对人体一些正常机能也知之甚少，什么样的表达标准合适也不确定，因而导入基因的表达水平是否对病人合适就不得而知了。这样，导入基因的表达是否影响机体的一些正常生理活动，基因的长期的过量表达是否会给患者带来其他长期的不良作用也是人们担心的一个问题。

3. 靶细胞被污染的潜在危险

基因治疗中选作基因转导的靶细胞的受体细胞可选择淋巴细胞、造血细胞等一些容易取出、容易培养、对逆转录病毒载体的感染比较敏感、容易移植、寿命较长或有自新功能的体细胞。经逆转录病毒-包装细胞系产生的带有目的基因的假病毒颗粒感染被导入受体细胞后，再植入机体内，就使目的基因能够在体内表达，从而达到治疗效果。在这一系列复杂过程中，用来植入人机体内的受体细胞也存在着被污染的潜在危险。

首先，包装细胞中对病毒 RNA 的包装有时可能是不很精确的，尽管发生的频率很小，但这种误装可能导致包入有害的基因，经过逆转录与宿主细胞染色体 DNA 整合，会带来极其严重的后果。

其次，包装细胞来源于小鼠的纤维细胞 NIH3T3，其中有关小鼠内源性的逆转录病毒序列可由逆转录病毒载体介导进入宿主细胞，并与宿主细胞基因组整合。

4. 基因治疗在社会伦理道德上的问题

关于基因治疗是否符合社会伦理道德这样一个敏感的问题，已经有过无数激烈的讨论。目前，社会各界普遍认同体细胞的基因治疗，而对于生殖细胞进行遗传操作以达到防治疾病甚至为改进人的某些遗传性状目的的技术，则充满争议，其焦点包括医学生物学和社会伦理两方面。

从医学生物学角度考虑，种系细胞的遗传操作所转移的遗传物质可随生殖细胞传给后代，这一方面会打乱人类固有的遗传信息系统，而带来难以预见的后果。另一方面，由于人类对自身生理活动了解的局限性，使得任何一个治疗方案均无法预测其长期的生理效应，从而给后代带来永久性的影响。

从社会伦理学方面考虑，西方国家普遍认为种系细胞的基因治疗改变了生殖细胞的遗传组成，这就等于人类自己来扮演"上帝"，剥夺了婴儿继承未经遗传操作改变的亲代基因组的权利。同时，经"遗传改良"的某些人对整个将来可能意味着什么，也是一个十分敏感的话题。

二、医药生物技术产品潜在危险的预防措施

30 多年的实践证明，重组 DNA 操作的潜在危害是可以采用适当措施加以防止的。

第一，要求从事重组 DNA 操作的实验人员具备良好的从事微生物操作的能力以及关于安全防护的基本知识，并正确认识实验生物的危害等级以及有关的重组 DNA 工作的类型，从而采用不同的操作技术和封闭措施。

第二，尽可能选择具有生物控制功能的宿主-载体系统。

第三，加强立法管理重组 DNA 试验，是保障生物安全的重要环节。

为了预防医药生物技术产品的潜在危险，目前各国医药生物技术的安全管理均纳入现行药品管理体系。根据新药安全、有效、可控的原则要求，以个案处理的方式，具体评价每一个产品或治疗方案的安全性，其项目除常规新药必须进行的急性毒性试验、亚急性毒性试验、长期毒性试验、特殊毒性试验外，还必须考察由于采用现代生物技术而可能产生的特殊安全性问题，如基因治疗、疫苗、反义核酸药物的不慎应用，或因纯化不彻底在基因工程产品中残留有较高水平的宿主或病原体（如支原体和病毒等），都有可能导致人体基因的异常。

▶▶▶▶▶

三、医药生物技术实验操作及产品质量的安全控制措施

（一）重组 DNA 实验的安全控制措施

重组 DNA 试验的安全控制措施主要有物理控制（Physical containment）和生物控制（Biological containment）两个方面。

1. 物理控制

物理控制的目的是限制和控制含有重组 DNA 分子的有机体与实验室工作人员、实验室以外的人和自然环境之间接触的可能性。物理控制通过运用实验室操作规程、技术控制设备和特殊的实验室设计来达到，其重点放在由实验室操作规程和控制所提供的基本物理控制手段上。实验室许多特殊设计是作为一种次级手段用来预防偶然事故中有机体被释放到实验室以外的环境中的可能性。特殊的实验室设计主要是用于进行有中度或高度潜在危险的试验。实验室操作规程、封闭设备和特殊的实验室设计相结合可以达到不同的物理控制水平。

2. 生物控制

重组 DNA 试验的生物控制可以限制载体（质粒或病毒）侵染特定的宿主，并可限制载体在环境中的传播和生存。给重组 DNA 分子提供复制途径的载体或重组 DNA 分子以及这些载体或分子的宿主细胞都可进行适当的遗传学设计和改造，从而减少该载体或重组 DNA 分子在实验室外传播。在考虑生物控制时，应将重组 DNA 的载体（质粒、细胞器和病毒）和试验中载体赖以繁殖的宿主（微生物、植物或动物细胞）一起考虑。必须对载体和能提供生物控制的宿主进行选择和构建，并通过两者的组合使宿主中的载体在实验室外存活和载体从其繁殖的宿主传播至其他非实验室宿主的可能性减至最小限度。

（二）重组 DNA 药物质量控制要点

保证基因工程药物的安全、有效是生产企业的首要责任。在生产和质量控制方面生产企业必须严格遵守已批准的 GMP 标准，对生产全过程进行全程监

控。要求人员素质高；有合理的厂房，先进的仪器设备和与之相适应的各项验证、管理制度；有完善的制造检定规程和与之相适应的各生产工序和检定方法的标准操作细则及其能切实反映生产检定全过程的批记录文本；有生产和质量管理文件；有卫生管理制度，产品销售制度和原辅料、包装材料管理制度以及其他与药品质量相关的文件和管理制度。只有在这些软件和硬件管理制度得到认真执行的情况下，才能最大限度地保证制品的安全和有效。基因工程药物的质量控制经常使用生物学技术和分析技术，与物理化学测定相比，前者的变异性较大。由于方法学和检测灵敏度的限制，某些杂质在成品检定时可能检查不出来，因此，生产过程中的有关质量控制方法学研究十分重要。

（三）人用单克隆抗体质量控制要点

一般来说，准备申请和已获许可证的人用单克隆抗体的所有生产程序应符合现行的 GMP 标准，并与制品的发展阶段相适应。当生产细节和安全问题在不同的表达系统中可能有所不同时，可以提供一些基本原则。推荐建立一个可靠的和持续的来源，抗体可以从中稳定地产生（如供细胞培养的主细胞库，供转基因植物的种子库，供转基因动物的亲本系）。如果用瞬间表达系统，应建立主要载体种子库，并应检定所用表达构建物的遗传稳定性。为考虑到与表达系统有关的特殊安全性，生产中应设立有关检定。如为基因工程抗体，还应考虑《重组 DNA 产品质量控制要点》的有关要求。

（四）DNA 疫苗质量保证指南

近年来，DNA 疫苗的研究和应用发展迅速，因此，应采取灵活的方式对这类疫苗进行质控，使之随着疫苗生产和使用经验的积累得到改进。建立 DNA 疫苗质量保证指南是为疫苗的生产和质控提供科学可靠的基础，以确保所用疫苗持续安全有效。

DNA 疫苗质量保证指南包括以下 3 个主要方面：

（1）原材料的质控，包括含有目的基因质粒的构建、基因序列和宿主细胞的详细背景资料；

（2）生产过程的质控；

（3）成品的质控。

DNA 疫苗研究开发的全过程应包含上述 3 个方面。每种疫苗可能存在其特殊的质控问题，因此，应针对每个疫苗的特性，认真考虑其生产和质量质控

▶▶▶▶▶

要求。另外，对于某种疫苗，这些规则的应用亦可反映其临床的使用。因此，应对健康儿童广泛使用的预防性疫苗与威胁生命的治疗用疫苗采用不同的疫苗标准。

应提供包括核酸序列在内的质粒 DNA 疫苗的完整描述，包括编码抗原基因的鉴别、来源、分离和序列；整体质粒的构建资料；详细的质粒功能图谱，并对来源于真核细胞的部分予以特殊标示；有关质粒构件的来源和功能资料，如质粒复制的起始位点、病毒或真核类的启动子和编码选择标记的基因等。编码抗原的基因应有哺乳细胞表达所需要的密码。应避免一些可能导致同源重组的人类基因同源序列，如类逆转录病毒的长末端重复序列（LTRs）和癌基因等。

质粒 DNA 序列应与国际基因库进行同源性比较，以确定其不含有编码非需要生物功能的序列，如编码细胞生长或其他功能以及非设计的读码框架。对所使用的 DNA 特殊区域应提供清楚的理论说明，如启动子、编码选择标记的基因等，并应特别注意选择标记的性质。应有限制性酶切图谱。应提供用于质粒生产的宿主菌细胞来源、表型和基因型的资料。除了宿主细胞的表现型外，还应对转入生产用细菌细胞的质粒进行鉴别。质粒在宿主菌内重排可导致不良后果，如质粒的抗生素耐药基因整合到哺乳动物细胞启动子的质控区内，因此应对质粒在生产细胞内的稳定性进行认真调查，并应确证。所要表达的核苷酸序列及质控区两侧的序列应标明，应清楚地描述疫苗中设计表达部分的序列。

（五）人的体细胞治疗和基因治疗考虑要点

基因治疗产品一般需要提供下列资料：

（1）所提议基因治疗的背景资料，包括基因产品，其表达的预期效果，以及治疗理论基础的叙述。

（2）原材料，包括克隆基因的来源。

（3）载体构建步骤，各成分来源和功能，包括调节序列和编码蛋白资料。

（4）所得构建物的特性鉴定：测序，限制酶切作图，表达基因产物分析。

（5）活体内的治疗用靶宿主细胞和/或产物产生细胞系统的叙述。

（6）主细胞库和生产用细胞库，主病毒库和生产用病毒库的特性，鉴定和质量控制。

（7）制造和纯化工序。

（8）载体半成品或其他产品的质量控制。

（9）装入容器成品的质量控制。

（10）产品稳定性，如效力与活性。

（11）临床前药理和毒理试验。

所提议治疗的生物学资料：应叙述所提议治疗采用的生物学处置，包括预定基因表达的预期效果，所需要的表达水平，任何现有的有关表达水平超过或低于该水平影响的资料。这些资料是所提议治疗的理论说明。

所采用基因产品的免疫原性应予考虑，无论预期的作用机理是否通过某一免疫应答。在某些情况下，某一免疫应答可能有利于治疗，在另一些情况下可能妨碍治疗，还有一种情况，它可能导致病理变化。为此，若是有这方面的资料，以接受治疗者对病毒载体的免疫状态作为收治或排除患者的判断依据可能很重要。

对于某些载体，应考虑在受者体内与病毒重组的可能，并进行适当的实验。例如，若将病毒序列用于已感染某一相关病毒的患者，则应检查载体与宿主携带病毒型之间的重组。

根据医药生物技术的发展现状和可持续发展的要求，有必要建立医药生物技术安全管理委员会，该委员会应为这一领域的协调指导机构，其成员应具有广泛的代表性，能追踪最新的研究开发进展并对其趋势进行比较准确的预测。有必要在有关机构内建立医药生物技术质量控制国家重点实验室、安全评价中心以及医药生物技术安全性研究中心，在国家的支持下，做到医药生物技术安全性研究工作与相关的研究开发工作基本同步，适度超前，能适时地提出科学的安全评价方法，制定相应的指标，进行有效、合理的监控，从而在充分保证安全的前提下，为我国医药生物产业的发展提供良好的服务。有必要依据国家《基因工程安全管理办法》制定相应的《医药生物技术安全管理实施办法》，该办法既要注意与国际接轨，又要实事求是，充分考虑国际上医药生物技术的发展趋势和我国国情，不拘泥于国外的现行做法。做到既防患于未然，又能保证医药生物技术健康、有序地向前发展，并在生物安全的法规建设方面走在世界前列，为全球生物安全管理体系的建立和完善作出贡献。

思考题

1. 什么是医药生物技术产品？医药生物技术包括哪两方面的内容？
2. 医药生物技术及其产品存在哪些潜在的生物安全问题？

第八章 生物入侵与生物安全

第一节 生物入侵概述

20 世纪 50 年代，人们意识到了化学污染对环境的巨大影响及其对人类健康的巨大威胁。而从 20 世纪 90 年代以后，人们开始关注自身所面对的另一巨大威胁——生物入侵。随着我国对外贸易的不断扩大和国际旅游的迅猛发展，正在为外来物种长距离的迁移与入侵、传播与扩散到新的生态环境中创造条件，因此越来越多的外来有害生物侵入我国，同时，我国快速发展的交通运输为这些外来生物在全国扩散也提供了便利条件。现代农业大部分依赖于物种资源的引进与交换，这种有目地共享生物多样性资源使特定生态系统或特定区域得到巨大经济效益的同时，也增加了外来有害生物伴随入侵的危险性。

生物入侵给我国带来了严重的经济、生态和社会危害，对国家安全构成了新的威胁。据保守估计，全国主要外来入侵物种造成的农林业经济损失平均每年达 547 亿元人民币。由于入侵生物会增长、繁殖、适应新的环境、扩散和暴发，因而它是一个比化学污染更具有威胁性、更有长远效应的浪潮。20 世纪 80 年代以来，外来生物入侵对各国经济造成巨大危害，对生物多样性和人畜健康带来严重威胁，已成为各国可持续发展所面临的共同问题。

据美国、印度和南非向联合国提交的报告称，这 3 个国家每年由外来生物入侵造成的经济损失分别为 1 380 亿美元、1 200 亿美元和 980 亿美元，这还不包括一些无法计算的隐性损失。

一、生物入侵的定义

物种从自然分布地区（可以是其他国家和中国的其他地区）通过有意或无意的人类活动而被引入，在当地的自然或人造生态系统中形成了自我再生能力，给当地的生态系统或景观造成了明显的损害或影响，这种现象就称为"生物入侵"，又有人称之为"生物污染"。目前，已经被认为是对地球生物多样性和生态系统最大的威胁之一。生物入侵比化学污染造成的危害更加严重，因为物种可以进化并且通过繁殖增加，而化学污染不行。

生物入侵对环境及生物多样性是一个极其严重的威胁。据分析，造成当地许多物种灭绝，从而使得生物多样性丧失的第一位的因素是生境的破坏和破碎化，第二个最重要的因素则是生物入侵。生物入侵对生态系统的稳定性以及所有物种都赖以生存的自然界的平衡，造成了长期的威胁。由于生物入侵是在全球的尺度上进行，因而它还有造成全球植物区系和动物区系均匀化的趋势。

（一）生物入侵是一个复杂的链式过程

一些物种被人们有意或无意地从一个地区或国家带到了另一个地区或国家，形成一个已经或即将使经济或环境受到损害，或危及人类健康的物种是需要经过一个过程的。它需要安全地从一个地区转移到另一个区域。在新的地区，个别的或者少数的几个先驱者要能存活下来，并形成一个可以持续生存的种群。由这个或一些初始种群再繁殖、再扩散，从而在较大范围内造成严重的生态影响和经济损失。这是一个复杂的链式过程，具体阐述如下：

1. 外来种的引入

非本地种从远距离以外的区域被引入到新的区域。在这个过程中，社会、经济的因素与生物因素同样是至关重要的。

2. 定居与成功地建立种群

初期定居者总是少数。即使少数个体能够找到配偶并且成功地进行了繁殖，形成了一个小种群，这个小种群仍然面临着很大的生存危机。这个阶段是生物入侵过程中种群发展的瓶颈时期。

3. 时滞阶段

生物入侵过程中经常会出现一个时滞阶段。也就是说，在初始种群建立之后，到种群的扩散和大爆发，往往经历一个较为漫长的时期。

4. 扩散及爆发

作为一个成功的入侵种，有能力造成显著或严重的经济和生态影响，那么

▷▷▷▷▷

种群必须经历扩散及爆发，以达到高密度和大尺度的空间分布。

Williamson（1996）提出了一个"十分之一法则"。Williamson 把生物入侵的过程，划分为 3 次转移。第一次转移，是从进口到引入，称为逃逸。第二次转移，是从引入到建立种群，称为建群。第三次转移，是从建群到变成经济上有副作用的生物（称为有害生物，即入侵种）。Williamson 认为每次转移的概率大约是 10% 左右，在 5% 和 20% 之间，称之为"十分之一法则"。因此，一个入侵种的形成是一个极小的概率事件。

很难想象一切类群、对一切被入侵的生态系统，入侵的成功率都恰恰是 10%。应该说，Williamson 的工作更重要的意义是提示我们，对众多的物种引入而言，生物入侵是一个极小概率事件。这对我们考虑如何认识生物入侵，如何对生物入侵进行预测、预防和管理是有益的。

（二）什么样的物种更容易成为入侵种

目前争论的焦点是，从物种本身的特点来看，入侵种的生活史特征是否与其更具有入侵性有关。也就是说，入侵种与非入侵种之间是否应有所不同。

Baker（1965，1974）针对杂草性的植物物种，总结出了一些生活史特征，是为著名的"Baker 目录"，或称为"Baker 特征"，1974 年的报道中列有 12 条生活史特征。Baker 认为，更多地符合这些特征的物种比符合得较少的物种更有可能成为入侵种。这些特征可以概括为：既可以进行有性繁殖，也有进行无性繁殖的能力；从种子发育到性成熟的时间短；对环境异质性有很强的耐受力，尤其是具有对环境胁迫的适应性（表型可塑性）。此论述曾被广为引用，甚至"Baker 特征"被农产品公司作为常规标准，用以说明其转基因生物产品不会成为"杂草"的依据。

事实上，要想对各类生态系统中的各个类群的生物找到完全一致的一些特征是不可能的。应该说，各种不同生物类群，其有利于入侵的生活史特征应有所不同。而且，在生物入侵的不同阶段，其主导的特征也是不同的。例如，在建群阶段，增长快的鱼有利于成功地实现建群。然而，在扩散阶段，增长率低的鱼类则扩散得快。因此，有些研究者专门针对昆虫、鸟类、及一些特定植物类群等建立了相应的目录。如 Mayer（1965）对鸟类列出了 6 个特征：种群具社会性并以小群迁徙，与人类较接近者中更趋于食谷物者（而不是食昆虫的），其生境与淡水有关，有较强的扩散能力，有能力找到未被占领的生境，以及有能力改变它的对不同生境的喜好性。

应该看到，探讨入侵种的生活史特征，在理论上和应用中都有很大的意义。它增加了我们对生物入侵过程和机制的认识，但对此不宜绝对化。入侵种也好，非入侵种也好，它们都是生物。它们都在自然界经过了长期的选择和具备了相应的适应能力，都有尽力延续和扩大自身的本能。一个入侵种的成功不仅依赖于自己的特征，它还需要在一个恰当的时间、一个恰当的地点，以一定的数量和形式到达"彼岸"。如前所述，入侵是一个复杂的链式过程，节节顺利才能最后"胜利"。应该说，具有较强的入侵者特征的，成功的概率可能高一些，但是，入侵特征较弱者若机遇好时也未必不成功。因为"成功"在极大程度上依赖于"机遇"。这也可以解释为什么许多危害极其严重的入侵种在其原产地却普普通通。它们或是在新地域遇上了意外的机遇，或是通过新环境胁迫下的快速进化产生了新的特征。

（三）对某一个特定的入侵种，什么样的群落更容易被入侵

成功的入侵不仅依赖于物种本身的生活史特征，也与被侵生态系统的特征和群落对入侵种的易感性有关。不同地域的地理环境和生态系统的限制性作用是显而易见的。最具常识性的是，假如一个热带种被引入到寒带，或是陆地生活的物种落入水生生态系统之中，它们是活不下去的。

一般地说，任何一个群落都可以被外来种所入侵，只是程度不同而已。不同群落的易感性不同，同一群落对不同类群的入侵者的易感性也不同。不同的群落之中，本地种的特点（如相对的竞争能力、抗拒干扰的能力等）也不一样。

群落的物种组成、功能群、营养结构、不同营养级之间的相互作用的强度等，都会影响群落对入侵的抵御能力。其中有一些结论是公认的。例如，遭受了干扰和破坏的生态系统更易于被入侵，被砍伐的树林、建了水坝的河流等都属于此类。海岛比大陆更易于被侵入。人为的干扰，如为发展农牧业对自然环境的过度开发，更是为生物入侵开创了良好的机遇。

总之，从理论上来讲，对"什么物种会成为入侵种"和"什么样的群落更容易被入侵"这样一些入侵生物学中的核心科学问题，至今尚缺乏具有说服力的答案，争议多于结论。"生态学家应该立即着手一个基本的任务：将生物入侵的研究从一个分散的、闲谈逸事性的话题变为一个具有预测性的科学"。入侵生物学这么重要，但是它的理论进展却很滞后，关键是缺乏实验研究。我们不可能，也不允许，为了验证某个假说，把外来种引来做实验。我们观察到的往往只是一些已经发生的突发事件。有关的生物入侵研究，往往是定性的描述多于定量的数据。对于不成功的入侵，则很少有可查的数据，其结果就是对入侵生物学中的关键科学问题缺乏理论上的支撑和共识。另一方面，许多现有的

▷▷▷▷▷

研究是通过在大尺度范围内进行调查，或进行不同区域间的入侵状态及相应环境的对比，从而获得一些规律，并据此提出相应的理论观点，如"Baker 目录"等。入侵是一个复杂的链式过程，只从某一个环节去预测整个过程的结局，显然有严重的不足。

近来，一些模型之所以能比较好地预测，就是因为考虑了入侵的全过程。例如，Kolar 和 Lodge（2002）按照建群、扩散、生态影响，分别找出关联的属性。他们利用判别分析的方法先找出关键的属性，然后建立分类与回归树（Categorical and regression tree）。人们就可以利用它，像查检索表一样，判断该物种被引入后会成为入侵种与否。Kolar 和 Lodge 研究结果的正确率可以达到 87%~94%，很有实际应用价值。缺陷是，这类模型只适用于特定生态系统中的特定类群，不能直接上升为理论。但是，无疑地，它能提供宏观上各环节之间的关系，也能筛选各个环节上的主导因素，对深化我们的认识和理论的形成与验证可以提供依据。就国内来说，一方面要广泛调查、收集数据，建立生物入侵数据库和预警系统。它是最紧迫的基础工作之一。因为利用国内外的数据库，探索生物入侵的规律，明确对我国最具威胁性的生物物种，它们在我国最有可能生存和暴发的区域，将实实在在地、大幅度地提高我国对生物入侵的预警能力。这是很重要的，因为对生物入侵，预防比治理更为关键。另一方面，针对入侵生物学的核心理论问题深入地进行研究，才能揭示生物入侵过程的动态规律和调控机制。生物入侵是一个从引入、到定居、建群，而后扩散、暴发的复杂的生物、生态过程。它涉及从个体、种群、群落等生态学的各个层次，又必不可少地要深入地去探索生物入侵过程中的快速进化和分子生态学基础。生物系统的超级复杂性加上环境、人为因素的极度随机性，充分显示了在这一领域从事科学研究的艰巨性和挑战性。

二、外来物种与入侵途径

1. 外来物种的定义

外来物种（Alien species），或称非本地的（Non-native）、非土著的（Nonindigenous）、外国的（Foreign）、外地的（Exotic），是指那些出现在其过去或现在的自然分布范围及扩展潜力以外（即在其自然分布范围或在没有直接或间接引入或人类照顾之下而不能存在）的物种、亚种或以下的分类单位，包括所有可能存活、继而繁殖的部分、配子或繁殖体。

这些物种可以分成两大类，一类是对生态系统有益的物种，许多农作物如玉米、小麦、大麦、马铃薯、辣椒、番茄、棉花等都是我国重要的农作物，猪、牛、羊等家畜中的一些种类和品种也都来自其他国家，而园林、园艺中的例子就更是不胜枚举。一类是有害的物种。那些对当地生态环境、生物多样性、人类健康和经济发展造成或可能造成危害的外来物种即对生态系统、生境、物种及人类健康带来威胁的外来种，被称为"入侵种"（Invasive species），有时候我们称之为"外来入侵种"。定义入侵物种的标准：

（1）通过有意或无意的人类活动而被引入一个非本源地区域。

（2）在当地的自然或人造生态系统中形成了自我再生能力，建立了可自我维持的种群。

（3）造成自然生态系统或景观的明显变化，或给当地的自然或人为生态系统造成损害。

总之所谓"入侵种"特指那些有害的外来物种。外来入侵物种包括植物、动物和微生物。我国地域辽阔，气候、地理多样，来自世界各地的大多数外来物种都可能在我国找到合适的栖息地。因此，目前我国几乎所有的生态系统，森林、农业区、水域、湿地、草地、城市居民区等，都可见到外来物种入侵的现象，其中以水生生态系统的情况最为严重。目前，我国大约已有 37 个外来入侵动物种，90 个外来入侵植物种。外来入侵物种已经对我国的生态环境、生物多样性和社会、经济造成了相当大的危害。

2. 外来有害生物

外来有害生物是指由于人为或自然因素被引入新生态环境，并对新生态系统、物种及人类健康带来威胁的外来物种，它是本地不存在的，从外地传入的，并对新生态系统、物种及人类健康带来威胁的有害生物。

我国外来有害生物入侵形势十分严峻。2005 年 3 月，国家环保总局公布了第一批已形成严重危害的外来入侵物种，分别是紫茎泽兰、薇甘菊、空心莲子草、豚草、毒麦、互花米草、飞机草、凤眼莲、蔗扁蛾、湿地松粉蚧、强大小蠹、美国白蛾、非洲大蜗牛、福寿螺、牛蛙等。据估计，迄今我国外来入侵物种包括植物、昆虫、病原微生物以及其他动物等据初步统计，至少有 400 多种。

3. 外来有害生物与外来入侵种

外来有害生物在定义上与目前广泛使用的外来入侵种有相似之处。准确理解这一概念，对检验检疫工作是十分有意义的。

首先，外来有害生物与外来入侵种在概念的范围上就不同。外来有害生物

▶▶▶▶▶

是一类物种的总称，即所有的非本土的有害生物统称。而外来入侵种是具体到某个物种，其所指的是每一个非本土的入侵种。外来有害生物带来的威胁可能是潜在的，也可能是已经造成的，即该外来物种即使未在当地形成自我繁殖的种群，其也可以定义为外来有害生物。如当前检验检疫部门截获的非本地有害生物，如地中海实蝇、谷斑皮蠹、小麦矮腥黑穗病菌、大豆疫病菌、假高粱等有害生物。而外来入侵种是指在自然或半自然生态系统或生境中建立了种群，并可自我维持，改变或威胁本地物种，这是外来入侵种与外来有害生物最大的区别。另外。两个概念也有不同的涵盖范围，外来入侵种是属于外来有害生物定义范围之内的，即外来有害生物包括外来入侵种。根据外来物种入侵的"十分之一法则"，所有被引入的外来物种中，大约有 10%在新的生态系统中可以自行繁殖，在可以自行繁殖的外来物种中又有大约 10%能够造成生物灾害成为外来入侵种。但几乎所有的外来有害生物都是潜在的外来入侵种，其关键是该外来有害生物能否在新的生态体系中建立种群。

4. 外来物种入侵途径

1）无意引入（43.9%）或自然进入（3.1%）

（1）自然入侵。

繁殖体可以通过风力、水流自然传入或繁殖体靠鸟类和动物的力量实现自然扩散。例如，紫茎泽兰（Eupatorium adenophorum Spreng）、飞机草（Eupatorium odoratum L.）虽主要通过交通工具的携带而从中越、中缅边境扩散入我国的，但风和水流也是其自然扩散的原因之一。薇甘菊（Mikania micrantha）可能是通过气流从东南亚传入广东的；而动物则依靠自身的能动性（个体迁移、迁飞、成虫的飞翔）以及气流、水流等自然力量而扩展分布区域，如环颈鸽、美洲斑潜蝇（Liriomyza sativae Blanchard）、麝鼠（Ondatra zibethica L.）等。

（2）人类运输引起的意外入侵。

依赖于人类的运输。例如，船只携带、海洋垃圾、随进口农产品或货物带入等，如假高粱［Sorghum halepense （L.）Pers.］的颖果出现在 20 世纪 70 ~ 80 年代的从美洲进口的粮食中，生物体入侵后能适应新的环境。促使意外运输的因子有：小型或隐形生殖体（如浮游生物的幼体、植物的种子）、有利于传输的进化学适应（如老鼠、吉卜赛飞蛾）、与栽培养殖物种相似（如杂草种子、鲤科小鱼）、与其他物种共生（如栗树锈病）。

（3）人类无意间带入。

在人类改变了的环境中传播并扩展分布区域。如人们在农田、林场工作的时候，交通工具、工作工具、鞋底的泥土、运输的苗木等都可以带入外来物种。

例如，小叶冷水花（Pilea microphylla）、草胡椒（Peperomia pellucida）等物种常随带土苗木传播；松材线虫（Bursaphelenchus xylophilus）远距离的传播主要依靠认为调运带疫的（带松材线虫的天牛）的苗木、松材、松材包装箱及松木制品进行传播。褐云玛瑙螺（Achatina fulica）其卵和幼体可随观赏植物、木材、车辆等传播，卵还可混入土壤中进行传播。此外，还包括贸易产品中夹杂的植物种子或繁殖体。

（4）动植物园逃逸、人造物种释放。

主要是指那些从栽培植物和种植园中逃逸出来后，逸生的种类。如荞麦、南苜蓿、圆叶牵牛（Ipomoea purpurea）、多花黑麦草、海州常山、小叶冷水花等。具体表现如下：

① "搭便车或偷渡"，例如：随交通工具侵入、海洋垃圾、旅游者带入等。

② 通过周边地区自然传入，例如紫茎泽兰。

③ 随人类的建设过程传入。

④ 群居动物的迁徙，例如：候鸟的迁徙。

2）人为有意的引入（39.6%）

中国从国外或外地引入优良品种有着悠久的历史。现在种植、养殖单位几乎都在从国外或外地引种，其中大部分引种是以提高经济效益、观赏和环保为目的的，但是也有部分种类，由于引种不当成为有害物种，如作为饲料引进的来自南美的凤眼莲（Eichhornia crassipes），已对我国的水生生态系统造成了极大的危害。从欧美等地引进的大米草（Spartina spp.）原本为了保护沿海滩涂，近年却在沿海地区疯狂扩散，已经到了难以控制的地步。虽然这些外来入侵种数量较小，但给世界带来的经济损失不容忽视。在我国目前已知的外来有害植物中，超过50%的种类是人为引种的结果。有意引入的目的多种多样，主要包括：

（1）作为牧草和饲料引进而造成入侵，如喜旱莲子草［Alternanthera philoxeroides （Mart.）Griseb］、凤眼莲等；

（2）作为观赏物种，如荆豆（Ulex europaeus L.）、加拿大一枝黄花、圆叶牵牛、马缨丹（Lantana camara）、三裂叶澎蜞菊等；

（3）作为药用植物，如垂序商陆（Phytolacca americana L.）；

（4）作为改善环境植物，为恢复植被和进行城市绿化，如互花米草（Spartina alterniflora Loisel.）、地毯草［Axonopus compressus （Swartz）Beauv.］等；

（5）作为食物——西番莲（鸡蛋果）；

▷▷▷▷▷

（6）植物园引种，作为观赏用的植物。

从以上几类入侵途径可以看出，绝大部分的生物入侵是由于人类活动直接或间接造成的，因而生物入侵可以看成是人类所造成的全球变化之一。表 8.1 所列即为外来入侵植物的一个有力佐证。

表 8.1 江西庐山的外来入侵植物

科　名	种　名	起源地	生境类型	危害程度
天南星科 Araceae	大藻 Pistia stratiotes	巴西	湖泊、水库，静水河湾	一般
雨久花科 Pontederiaceae	凤眼莲 Eichhornia crassipes	美洲热带	池塘沟渠、流速缓慢的河道、沼泽地和稻田中	一般
苋科 Amaranthaceae	空心莲子草 Alternanthera philoxcriudes	巴西	池塘沟渠、河滩湿地、旱地或宅旁	很严重
	皱果苋 Amaranthus viridis	热带美洲	宅旁、蔬菜地、路边、农田	一般
	苋 Amaranthus tricolor	印度	农田、菜园、果园、路边	一般
	刺苋 Amaranthus spinosus	美洲热带	蔬菜地、宅旁、路边和荒地	一般
	反枝苋 Amaranthus retroflexus	美洲	农田、路边或荒地	一般
	尾穗苋 Amaranthus caudatus	美洲热带	路边、农田及山坡旷野	一般
紫茉莉科 Nyctaginaceae	紫茉莉 Mirabilis jalapa	南美洲	路边、荒地	一般
马齿苋科 Portulacaceae	土人参 Talinum paniculatum	美洲热带	花圃、菜地和路边	一般
商陆科 Phytolaccaceae	美洲商陆 Phytolacca americana	北美洲	林缘、路旁、房前屋后、荒地	一般
仙人掌 Cactaceae	仙人掌 Opuntia stricta	墨西哥、美国沿海地区	温室、宅旁	一般
大麻科 Cannabinaceae	大麻 Cannabis sativa	亚洲中部	农田	一般

续表　8.1

科　名	种　名	起源地	生境类型	危害程度
石竹科 Caryophylaceae	王不留行 Vaccaria segetalis	欧洲	低山地区路旁草地、园圃和麦田中	一般
	麦仙翁 Agrostemma githago	欧洲	麦田、路旁和草地	一般
藜科 Chenopodiaceae	土荆芥 Chenopodium ambrosioides	美洲热带	路旁、村旁、旷野、田边和沟岸	严重
菊科 Compositae	三叶鬼针草 Bidens pilosa	热带美洲	旱田、果园、茶园	严重
	大狼把草 Bidens frondosa	北美洲	荒地、路边、沟沿、低洼水湿处和稻田田埂	严重
	野茼蒿 Crassocephalum crepidioides	热带非洲	荒地、路旁、林下和水沟边	一般
	堆心菊 Helenium autumnale	北美洲	路边、荒地	一般
	菊芋 Helianthus tuberosus	北美洲	宅边、路边、地堰、河滩、荒地	一般
	一年蓬 Erigeron annuus	墨西哥	路边、农田、荒地	严重
	秋英 Cosmos bipinnata	墨西哥	荒野、草坡	一般
	裸柱菊 Soliva anthemifolia	大洋洲	荒地、田野	一般
	加拿大一枝黄花 Soliva anthemifolia	北美东北部	开阔地、疏林下和路边	一般
	孔雀草 Tagetes patula	墨西哥	路边、花坛、庭院	一般
	万寿菊 Tagetes erecta	墨西哥、美洲热带	路旁、花坛	一般
	胜红蓟 Ageratum conyzoides	墨西哥及其邻近地区	山谷、林缘、河边、林下、农田、草地、田边和荒地	一般
	茼蒿 Chrysanthemum coronarium	地中海	河边、路旁或山坡草丛	一般
	苦苣菜 Sonchus oleraceus	欧洲	山坡路边荒野处、田野、路旁、荒野	一般

▶▶▶▶▶▶

续表   8.1

科　名	种　名	起源地	生境类型	危害程度
菊科 Compositae	续断菊 Sonchus asper	欧洲	路边、荒地	一般
	豚草 Ambrosia artemisiifolia	北美洲	荒地、路边、水沟旁、田块周围	严重
	野塘蒿 Conyza bonariensis	南美洲	荒地、路边、水沟旁、田块周围	一般
	小白酒草 Conyza canadensis	北美洲	路边、田野、牧场、草原、河滩	严重
菊科 Compositae	蛇目菊 Coreopsis tinctoria	北美洲	路边、田间、田边	一般
	大花金鸡菊 Coreopsis grandiflora	美洲	路边、荒野	严重
	线叶金鸡菊 Coreopsis lanceolata	北美洲	荒野	一般
旋花科 Convolvulaceae	圆叶牵牛 Ipomoea purpurea	美洲热带	田边、路旁、河谷、山谷、林内	一般
	裂叶牵牛 Pharbitis nil	美洲热带	田边、路边、宅院、果园、山坡	一般
十字花科 Cruciferae	臭荠 Coronopus didymus	欧洲	路旁、荒地、旱作物地、果园	一般
	北美独行菜 Lepidium virginicum	北美洲	干燥地方、荒地及田边	一般
大戟科 Euphorbiaceae	飞扬草 Euphorbia hirta	热带美洲	农田、荒地、路旁	一般
	斑地锦 Euphorbia maculata	北美洲	平原或低山的路旁湿地	一般
	蓖麻 Ricinus communis	非洲	低海拔的林旁、疏林、河岸和荒地	一般
豆科 Leguminosae	含羞草 Mimosa pudica	美洲热带	山坡、丛林、路边、果园、苗园	一般
	刺槐 Robinia pseudoacacia	北美洲	路边、庭院	一般

续表　8.1

科　名	种　名	起源地	生境类型	危害程度
豆科 Leguminosae	白车轴草 Trifolium repens	欧洲	路边、农田、旱作物田、果园	一般
	红车轴草 Trifolium pratense	欧洲	路边、农田、旱作物田、果园	一般
	紫苜蓿 Medicago sativa	亚洲西部	路边、草地	一般
	决明 Cassia tora	美洲热带	路边、山坡、河边、荒地	一般
	望江南 Cassia occidentalis	美洲热带	路边、山坡、河边、荒地	一般
	含羞草决明 Cassia mimosoides	美洲热带	农田、路边、旷野、山坡林缘	一般
锦葵科 Malvaceae	野西瓜苗 Hibiscus trionum	非洲	路边、田埂、荒坡、旷野	一般
柳叶菜科 Onagraceae	月见草 Oenothera erythrosepala	北美洲	荒草地、沙地、山坡、林缘、田边	一般
酢浆草科 Oxalidaceae	铜锤草 Oxalis corymbosa	美洲热带	野地菜地及绿化地	一般
车前科 Plantaginaceae	长叶车前 Plantago lanceolata	欧洲	海边、河边、山坡草地	一般
玄参科 Scrophulariaceae	婆婆纳 Veronica polita	西亚	荒地、林缘、路旁	一般
	直立婆婆纳 Veronica arvensis	欧洲	路边及荒野草地	一般
茄科 Solanaceae	曼陀罗 Datura stramonium	墨西哥	荒地、旱地、宅旁、向阳山坡	一般
	洋金花 Datura metel	印度	向阳山坡地、住宅旁、荒野草地	一般
伞形科 Umbelliferae	野胡萝卜 Daucus carota	欧洲	山坡路旁、旷野、田间	一般
	芫荽 Coriandrum sativum	地中海	农田	一般
马鞭草科 Verbenaceae	马缨丹 Lantana camara	美洲热带	旷野、荒地、路边、农田	一般
葡萄科 Vitaceae	五叶地锦 Parthenocissus quinquefolia	美洲	荒野	一般

▷▷▷▷▷▷

续表 8.1

科 名	种 名	起源地	生境类型	危害程度
牻牛儿苗科 Geraniaceae	野老鹳草 Geranium caroliniamum	美洲	荒地、田园、路边、沟边	严重
紫葳科 Bignoniaceae	猫爪藤 Macfadyena unguis-cati	美洲热带	园 林	一般
禾本科 Gramineae	野燕麦 Avena fatua	南欧地中海地区	山地林边、荒地	一般
	香根草 Vetiveria zizanioides	地中海地区到印度	农田、荒地	一般
	黑麦草 Lolium perenne	欧洲	山地林边、荒地	一般
	多花黑麦草 Lolium multiflorum	美洲、非洲、亚洲的热带	荒地、田地、草地、湿地	一般

注：表 8.1 为中国科学院江西庐山植物园彭炎松副研究员提供。

三、外来物种的入侵过程

外来物种通过多种途径到达某一生态系统，并不是一进入新的生态系统就能形成入侵，而是在一定条件下实现从"移民"到"侵略者"的转变。外来入侵物种的入侵是一个复杂的生态过程，这个过程通常可分为 4 个阶段：

（1）侵入（Introduction），是指生物离开原生存的生态系统到达一个新生境。

（2）定居（Colonization），是指生物到达入侵地后，经当地生态条件的驯化，能够生长、发育并进行了繁殖，至少完成了一个世代。

（3）适应（Naturalization），是指入侵生物已繁殖了几代，由于入侵时间短，个体基数小，所以种群增长不快，但每一代对新环境的适应能力都有所增强。

（4）扩展（Spread），是指入侵生物已基本适应生活于新的生态系统、种群已经发展到一定数量，具有合理的年龄结构和性比，并具有快速增长和扩散的能力，当地又缺乏控制该物种种群数量的生态调节机制，该物种就大肆传播蔓延，形成生态"爆发"，并导致生态和经济危害。

入侵生物要想获得成功必须通过以上 4 个阶段。但并不是每个物种都必须完成这 4 个阶段，如豚草和三裂叶豚草的侵入某一地区成为优势种群，大约只经历以下 3 个阶段：

（1）入侵阶段，通常呈单株散生或是成小丛。

（2）定居阶段，通常是呈小斑块或呈大斑块分布，许多干扰生境还没有被占据。

（3）稳定阶段，通常呈大群分布，几乎占据了当地所有适于豚草生长的干扰生境。

因此，研究入侵成功物种的特点和影响这些物种入侵的因子就具有重要的理论和实践意义。

四、生物入侵的主要危害

1. 降低生物多样性

生态适应能力强、繁殖能力强、传播能力强的优势，疯狂占据本地物种的生态位，排挤本地种。

2. 影响其他生物的生长与生存

有相当一部分入侵种，可以产生并释放抑制素，影响其他生物的生长与生存。

3. 危害人畜的生命安全

有许多植物的入侵种的植株有毒，甚至某些器官（果实或种子）剧毒；如茄科的颠茄、水茄、曼陀罗等，这些种类直接危害人畜生命安全。

有的植物的入侵种是某些昆虫的寄主，或易滋生蚊蝇，可传播疾病。

有的植物入侵种的花粉或是强烈致敏源，使人体过敏，危害人类身心健康。

第二节　影响外来物种入侵的因素

一、影响外来物种入侵的外部因素

入侵的环境对外来种影响较大，如果遭遇入侵的环境与外来种以前的

▷▷▷▷▷▷

栖息地相似，就可入侵成功。如果生境相差很大，只有那些可塑性大的物种可入侵成功。就植物而言，环境中的光、温度、水分、土壤营养、空气和金属元素以及新栖息地群落生物多样性、全球变化都会对外来物种的入侵造成影响。

（一）光　照

植物的外来种受光照的影响较大。群落的林冠层透光率的强弱，也会影响植物外来种的生存，例如林内的光线弱，只有那些耐阴种可能入侵活。如豚草和三裂叶豚草都是喜光植物，在光照充足的条件下生长良好，发育迅速，结实率高，而在荫蔽的条件下生长受抑制，生殖配置低，结实率低。这两种植物对光强和光质的要求较高，不适于在林下生存，又由于对光周期的广泛适应性，为它们广布于世界各地提供了生态学基础。

（二）水　分

土壤的含水量、水质、水位的高低会影响植物的入侵生存，土壤的 pH 也会影响植物的入侵。

在干旱和半干旱地区，这些地方的水中含盐多，耐盐的植物可入侵生存，如大米草等植物可生存于盐分高的地方。

（三）土壤的营养

土壤肥沃或贫瘠影响植物的生长和群落的物种构成。植物的外来种常出现于肥沃的栖息地如落叶林、草地和开放的灌丛地。土壤肥力提高有利于外来种的入侵和扩散。但有些物种忍耐能力强，在贫瘠的土壤中能生存。植物的外来种会影响土壤的肥力，有些植物可提高土壤的肥力，为其他植物的生存打下基础；有的则降低土壤的肥力。Mar（1992）认为土壤的基质充气对豚草的生长发育具有一定的影响。

（四）金属元素

有些地方金属元素的含量很高，会抑制植物的生长。但是，这些地方还是能长植物，这些植物多是外来种，它们具有平衡体内外金属离子的功能。

（五）新栖息地的干扰程度

　　一般认为栖息地受到干扰有利于生物入侵的发生。人类进入生态系统的频率与外来物种入侵的机会存在相关性。这些原有生态系统本身不一定具有很高的被入侵的可能，但是由于人类的频繁活动，容易带入外来物种。同时人类的频繁活动常常会干扰生态系统，从而给外来物种的入侵带来机会，近年来已有实验证据表明干扰越强烈，入侵越易发生，还有研究通过具体的实例说明了人为干扰促进了生物的入侵。

　　土壤的干扰有利于将地表的种子埋入地下，又可将深层的种子翻到表层，有利于种子的萌发。种子所具有的休眠特性和陆续萌发的特性，有利于它抵御不利的环境和干扰因素的毁灭性打击，使种群得以延续。即使受严重干扰而使种群内个体大量死亡，只要有少量的保存了下来，它们可以通过调整生长发育状态，增加分支数量，来实现增加单株结实量的目的，弥补单位面积内种子产量的损失。

（六）新栖息地群落生物多样性

　　Elton 在 1958 年提出了一个经典的假设，认为群落的生物多样性对抵抗外来种的入侵起着关键性的作用，物种组成丰富的群落较物种组成简单的群落对生物入侵的抵抗能力要强。侵入的外来物种必须有足够的可利用资源才能成功入侵，在生物多样性低，如经常受到人类的干扰或已经退化的生态环境中，侵入的外来物种比较容易入侵。

　　在生物多样性低，特别是退化的生态系统中物种单一，一些资源被过度利用，而另一些资源则被闲置下来或没被充分利用。外来物种正是借助这些闲置或没被充分利用的资源而得到发展。在稳定的生态系统中，空间、光照和水等资源都已经被充分的利用，没有闲置的生态位，外来物种必须形成相当势力后才能与本地物种竞争。在一些生物多样性较高的生态系统中，由于入侵物种在自身结构和生理特性上的一些特点，在资源利用方面比土著物种有更多的优势，因而也能够逐渐抢占这些资源，以排挤本地种。另一种观点认为，物种丰富的群落具有较高的生境多样性，因而更容易被外来种入侵。

▶▶▶▶▶

（七）全球变化

全球变化也促进了生物入侵的发生，从整个生物圈的角度来看，全球变化会使气候带范围发生改变，这必然会改变物种与资源的分布区域，促进生物入侵。

全球变化促进了生物入侵，反过来生物入侵在全球范围内影响了生物群落的结构与功能继而反馈性的影响全球环境，因而全球变化对生物入侵的促进会对地球的环境产生长远影响。

1. 二氧化碳浓度的升高

由于植物有不同光合作用途径，当大气中 CO_2 的浓度发生变化时，具有不同固碳途径之间的竞争关系自然会发生变化。大气中 CO_2 浓度的升高是全球变化中记载最完整的一个部分，它对植物入侵的潜在的影响也是所有全球变化中研究得最多的。

CO_2 的浓度的改变可以促使一些物种产生形态上的可塑性。由于 CO_2 浓度升高而导致生物量的增加和氮吸收的不变意味着碳氮比和氮使用效率的提高。可以预测，大量驯化的物种对自然和较少干扰过的环境会变得更具侵略性，而低肥力的生态系统会变得更易入侵。

2. 紫外辐射的增加

随着平流层臭氧的减少，紫外线 B（UV-B）的辐射将会在全球范围内持续增加，尤以温带为甚。总的来说 UV-B 的增加会对某些植物的增长和生长力有负面的影响，同时会对自然群落的竞争和生态过程有重要的间接效应。特别是UV-B 的升高会刺激（尤其是单子叶植物）的形态和叶伸展的变化，因而可能会对单、双子叶混合的群落里的竞争有强烈的作用，进而促进生物入侵。

3. 环境污染

大气中硫化物和其他酸沉降代表了大气污染的一个侧面。研究表明，硫酸盐对 C3 植物的正常伤害会受到高浓度的 CO_2 的补偿。因此硫沉降也许会放大，CO_2 浓度升高导致的 C3 对 C4 植物的优势会随硫沉降而提高。而酸沉降可以改变土壤及其积液的 pH，从而改变物种的组成。当酸沉降超出碱性土壤中的缓冲能力时，本地植物也许也将面临适应性更广的外来物种的竞争。

还有一种大气污染，即氮流通的增加。在自然生态系统中，氮往往限制植物的生长，而增加氮将改变种间竞争。高肥力下，慢生植物为速生植物（特别是禾草和其他杂草）所取代，随后导致物种丰富度的降低，这就有利于外来物种的入侵。这一模式在世界各地的许多自然生态系统都存在，即使在沙漠地区，氮的增加也会促进外来种的生长。这一过程对贫瘠系统及对氮呈现极低反应的本地种将会是最大的威胁。

4. 土地利用变化和生境破碎化

将自然生态系统转化为人类为主的系统或使用后的荒地，是人类对生物圈最显著的冲击。土地利用的模式与生物入侵有诸多联系，比如生境的斑块化产生边界，这些边界本身可能为外来物种的入侵、定居提供适宜的环境，或者至少扩大了可借以侵入内部的机会。

5. 干扰体系的变迁

干扰是许多自然生态系统的有机组成部分，而改变自然干扰体系将为入侵提供机会。火是人类影响自然干扰模式最显著的例子。

应该注意的是，仅仅中止干扰并不足以保证本地种对入侵种的优势。自然干扰体系（包括强度、频度或质量）的改变有利于入侵。任何干扰体系都有利于某些物种而不利于另一些，没有一个通用的规律。

6. 贸易和交通格局

随着人口数量的增长和经济的全球化，自由贸易和经济活动日益频繁，随之而来的是人与物资日益增长的跨国界活动，这不可避免地会引进更多的生物入侵。植物的种子可以在未检疫的港口船只上，在进口的牲畜的消化系统里，或者就简单地附在穿越国界的人们的衣饰上。然而并非所有入侵都是意外的，有些植物的引种和发展（如改良的农作物、牧草、观赏植物等）还要继续，而且在经济上很重要。只是当这些植物从种植地"逃逸"到自然生态系统时，它们会变成入侵种。尽管如此，经济效益驱使动植物仍继续从世界的一个地区朝另一个地区快速引进，而且由于看问题的角度不同。不同的团体对这一现状持不同的态度，处理方式也迥然不同。

7. 气候变化

Peter（1992）总结了有关物种地理分布区域随气候变迁而变化的预测。他指出，气候的变化和随之而来的迁移预示着许多物种将面临"外来种"或至少是陌生的相邻物种种群的影响。他同样提到干旱和火将提高入侵的可能性。

温度是物种分布的限制因子之一。例如，有些多年生杂草的越冬能力与冬

▶▶▶▶▶▶

季最低温度相关。如果气候变暖导致北部地区的暖冬，可以预料这些物种在牧草和自然系统会成为更大的问题。热带亚热带入侵者更容易向北扩散。

　　研究表明，空旷的生境（如光板地、土丘、草地）比灌丛和森林更容易受到入侵，因此在全球变化容易移走木本覆盖的生态系统中，持续性入侵更容易发生。根据林窗模型预测，在较干旱地区的森林类型，全球变暖后林冠面积会缩小，产生大量的植被空隙，从而更容易被新物种入侵。另一方面，大部分处在干旱地区的保护区沿着河滨或湿地都受到严重的入侵，表明这些植被覆盖程度高的系统同样会遭受物种入侵。

二、影响外来物种入侵的内部因素

　　影响外来物种入侵的生物本身的因素包括以下三个方面。

（一）外来物种的生物学特性

1. 外来物种的生态幅

　　一般认为，成功的外来种对各种环境因子的生态适应性幅度较广，可以在多种生态系统中生存，其中许多物种可以跨越热带、亚热带和温带地区；同时对环境有较强的忍耐力，如耐阴、耐贫瘠土壤、耐污染等，有的可以在极其贫乏的土壤中生存，有的则可以某种方式度过干旱、低温、污染等不利条件，一旦条件适合就大量滋生。

　　近年来的研究还发现，成功的外来种不一定生态幅很宽，如入侵到一些岛屿上的外来物种，它的实际生态幅和土著种比较起来小得多，它之所以能成功入侵主要使由于人为干扰破坏了原生生物群落。由此可见，将来的研究不能仅停留在分析外来物种对新栖息地的一般环境条件的适应能力上，而要在此基础上根据具体情况结合种间关系、环境变化等其他因素综合考虑。

2. 外来物种的繁殖和传播特性

　　入侵种的繁殖特性对其在新栖息地的种群建立具有很大的作用。通常成功的外来种都有很强的繁殖能力，能迅速产生大量的后代，传播能力强，入侵种能够迅速大量的传播，以便有更多的机会找到适宜的生存环境。有的物种的种子非常小，而且有时具有特殊的结构，可以随风和水流传播到很远的地方；有的物种的种子可以通过鸟类和其他动物传播；有的物种很容易通过人类的活动被无意传播，也有的物种因外观美丽或具经济价值，而被人类有意传播。

3. 入侵种遗传结构

入侵种群一般由入侵种少数个体发展而来的，由于入侵种数量较小，因此入侵种群具有明显的奠基效应，与原生地种群相比，遗传多样性会降低。通常情况下，遗传多样性降低对种群是不利的。但就入侵种群而言，在一些情况下种群中较低的遗传多样性反而能增强其在新栖息地中的竞争与生活能力。

此外，有时外来种种群在新的环境的压力下可产生新的有利于入侵的性状。例如：入侵旧金山湾的大米草属平滑网茅（Spartina alterniflora）植物，原本为异花传粉植物，自花传粉结实率低，但在入侵的初期时由于种群密度很低，种群中出现了少数的自花传粉结实率高的植株被选择保留下来，这样就改变了种群的遗传结构。

（二）入侵种与土著种间的相互作用

1. 缺乏天敌的控制

一种流行的观点认为，外来种在新栖息地的成功入侵的主要原因是失去其天敌的控制，但最近的研究表明，生物入侵是一个复杂的过程，缺乏天敌的控制是某些外来种成功的主要原因，对另一些外来种来说则不是。有时即使成功地引入了天敌，也无法控制外来种，例如，我国西南地区广泛存在、并造成危害的紫茎泽兰，虽然已成功地引入了其天敌泽兰食蝇，但却未能控制其危害。总之，天敌的因素在入侵中的作用远比过去料想的要复杂，还有待进一步的深入研究。

2. 外来种与土著种间的克生、竞争

外来种与土著种之间往往存在相互抑制作用，这类影响在动物和植物中都存在，有时候是导致入侵成功的重要因素，有些物种能够产生毒素或其他克生物质以抑制其他物种的生长。

3. 外来种的协同入侵

很多生物入侵的过程中存在着外来种之间的协同作用，即通过几种外来种的相互配合而入侵。例如，一个外来种携带着病原体或寄生虫进入新的生境，结果由这些病原菌或寄生虫而引起的病害或虫害在更为敏感的相似的土著种中流行，入侵种会因竞争对手或竞争对手的竞争性减弱而在竞争中获胜，这样

▶▶▶▶▶

该外来种和其病原菌或寄生虫均成功入侵。

4. 杂交在入侵中的意义

杂交也被认为是生物入侵成功的原因之一。外来种与土著种杂交产生的后代可兼具有双亲的有利性状，还可能产生双亲不具备的新特征，它们可以入侵并生活于双亲不能生存的环境中。

此外，杂交还可以污染当地的遗传多样性，随着生境片段化，残存的次生植被常被入侵种分割、包围和渗透，使本土生物种群进一步的破碎化，造成植被的近亲繁殖和遗传漂流。有些入侵种可与同属近缘种、甚至不同属的种杂交，如加拿大一枝黄花不但可与同属的植物杂交，还可与假蓍紫菀（Aster ptarmicoides）杂交。入侵种与本地种之间的基因交流，可能导致后者的遗传侵蚀。如果这样的杂交后代在自然条件下再成熟繁殖，与本地种更易杂交，结果必将对入侵国的遗传资源造成污染。

（三）生物间相互作用的改变

由于人类活动极大地改变了全球生物多样性格局，自然也影响了生物群落中的许多重要生态关系，如动物对植物的啃食、传粉和传播，根菌的共生与固氮，动、植物内以及它们之间的竞争与互助等，继而改变了入侵的速率与效应。如果食果鸟类种群衰退，由鸟类来传播的入侵物种的扩散也许会减缓。另一方面，一些引入的动物的可能为入侵植物做传播载体。

总之，影响生物入侵成功的因素是多方面的，而入侵是这些因素共同作用后产生的综合结果。在不同的个案中，起决定性作用的因子可以是不同的：可能是单一因子起作用，也可能由多方面的因子起作用。可以说生物入侵的机制是高度复杂多样的，也许并没有像早期推测中的一般的、通用的模式。

第三节　外来物种入侵的管理及生物安全防治措施

外来物种入侵问题引起了国际社会的广泛关注，1997年，世界环境科学委员会和联合国环境规划署共同发起了"全球入侵物种计划"，采用多学科、预防性的措施对外来入侵物种进行管理。我国在《全国生态环境保护纲要》中也明确提出：对引进外来物种必须进行风险评估。

　　我国应建立健全相关法规，加强对无意和有意引进外来物种的安全管理；国家应开展全国范围的外来入侵物种调查，以查明我国外来入侵物种的种类、数量、分布和作用，建立外来物种数据库，分析外来物种对我国生态系统和物种的影响，建立对生态系统、生态环境或物种构成威胁的外来物种风险评价指标体系、风险评价方法和风险管理程序等。生物安全性评价对于预防外来物种入侵是十分重要的一项措施。

一、外来物种的控制方法

1. 人工防治方法

　　依靠人工，捕捉外来害虫或拔除外来植物。人工防治适宜于那些刚刚传入、定居，还没有大面积扩散的入侵物种；我国人力资源丰富，人工防除可在短时间内迅速清除有害生物，但对于已沉入水里和土壤的植物种子和一些有害动物则无能为力；高繁殖力的有害植物容易再次生长蔓延，需要年年进行防治。

2. 机械防治方法

　　利用专门设计制造的机械设备防治有害植物。机械防除有害植物对环境安全，短时间内也可迅速杀灭一定范围内的外来植物。利用机械打捞船在非洲的维多利亚湖等地控制水葫芦等水生杂草取得了一定的效果。我国云南省昆明市也曾设计制造过一艘机械打捞船清除滇池水葫芦，福建农业大学也曾帮助福建省宁德地区设计制造"割草机"控制大米草，但均因技术等原因最终未获成功。通过物理学的各种途径防治也可控制外来有害生物，如用火烧控制有害植物，黑光灯诱捕有害昆虫等。

3. 替代控制方法

　　替代控制是一种针对外来植物的生态控制方法，其核心是根据植物群落演替的自身规律用有经济或生态价值的本地植物取代外来入侵植物。研究利用替代植物控制外来有害植物，应充分研究本地土生植物的生物生态学特性，如它们与入侵植物的竞争力、他感作用等，掌握繁殖、栽培这些植物的技术要点，并探讨本地植物的经济特性和市场潜力等，以便同时获得经济和生态效益。沈阳农业大学和辽宁省高速公路管理局合作于1989年和1990年在沈大和沈桃高

▶▶▶▶▶▶

速公路两侧建立了 200 公顷的豚草替代控制示范区，所选取的替代植物包括紫穗槐、沙棘、草地早熟禾、小冠花和菊芋等具有经济价值的植物，示范区建成后三裂叶豚草的生物量由每平方米 30 kg 降到 0.2 kg，取得了良好的控制效果。

☞ **他感作用（Alleloparthy）**：又称生化他感作用、化感作用。他感作用是 H. Molisch 于 1937 年提出的概念。是指植物通过释放化学物质到环境中而产生对其他植物直接或间接的有害或有利作用，从而对植物生长产生不同程度的影响。这种作用是种间关系的一部分，是生存竞争的一种特殊形式，种内关系也有此现象。他感作用物的作用方式分为以下 7 种：

① 抑制植物对养分的吸收；

② 抑制根的分生组织；

③ 对植物激素的影响；

④ 光合作用与呼吸作用；

⑤ 影响蛋白质的合成；

⑥ 对种子萌发所需要的关键酶类的抑制；

⑦ 膜透性的变化。

---

4. 化学防治方法

化学农药具有效果迅速、使用方便、易于大面积推广应用等特点，但在防除外来有害生物时，使用化学农药往往也杀灭了许多种本地生物，而且化学防除一般费用较高，在大面积山林及一些自身经济价值相对较低的生态环境（如草原）使用往往不经济也不现实；而且，对一些特殊环境如水库、湖泊，因化学品造成的环境污染，许多化学农药是限制使用的。由于很多外来入侵植物系多年生，应用内吸性除草剂效果较为持久，但污染也很大，不提倡广泛使用。

5. 生物防治方法

生物防治是指从外来有害生物的原产地引进食性专一的天敌将有害生物的种群密度控制在生态和经济危害阈值之内。生物防治的基本原理是依据有害生物与天敌的生态平衡理论，在有害生物的传入地通过引入原产地的天敌因子重新建立有害生物与天敌之间的相互调节、相互制约机制，恢复和保持这种生态平衡。因此生物防治可以取得生物多样性的生态结果。

6. 综合治理方法

我国植物保护的方针倡导"预防为主，综合防治"。将生物、化学、机械、人工、替代等单项技术融合起来，发挥各自优势，弥补各自不足，达到综合控制入侵生物的目的。综合治理并不是各种技术的简单相加，而是有机地融合，彼此相互协调、相互促进，最终达到控制有害生物入侵的效果。

二、外来物种入侵的生物安全评价指标体系

外来物种入侵的生物安全性评价指标可以从对物种多样性、生态系统稳定性、人类健康和社会经济的影响等方面来确定。评价指标体系如图 8.1 所示。

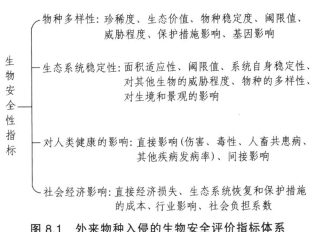

图 8.1　外来物种入侵的生物安全评价指标体系

三、外来物种入侵的生物安全性评价的层次

生物安全性评价有多方面的层次结构，一般可从区域、行业、国家水平三个层次来进行。

1. 区域的生物安全评价

主要是对一个区域内生物的活动对生态环境、社会经济、人体健康的影响以及人类的活动对生物和环境的影响进行评价分析。

2. 行业生物安全评价

例如，某些外来植物或昆虫对农业种植业的影响，某些水生生物对水产养

▷▷▷▷▷▷

殖业的影响，某些病菌、病毒对食品生产和人类健康的影响等。

3. 国家水平的评价

是某些重大的生物安全问题影响到全国范围的生态环境、国民健康和经济发展，需要对此进行评价。区域性的、行业性的生物安全问题发展扩大也可能变成全国性的问题。

四、防止生物入侵的对策

（1）加强宣传，提高认识。
（2）加强法制，制定专门法规。
（3）加强监管，建立预警体系。
（4）加强合作，共同研究。
（5）采取行动，群防群治。
（6）提倡使用当地物种。

五、转基因生物的环境释放与生物入侵的比较

转基因生物得到批准商业化生产后，将会持续的暴露在环境中。由于转基因生物往往具有抗环境胁迫、生长快、抗病虫等性状，因此，转基因生物是否会成为原有生态系统中的入侵种也就自然列入科学家的考虑范围之内。生物入侵涉及建群、繁殖至扩散这一复杂过程，植物入侵和微生物的入侵往往会影响整个地域的生态系统，造成严重的生态后果和经济损失。因此，借用入侵生物学的知识，来研究转基因生物是否可能成为入侵种，具有一定的参考价值。而在转基因生物的生态研究中用到的分子生态学方法，对入侵生物学的研究也有一定的借鉴意义。因此，转基因生物的环境释放监测网络的建立更应该和生物入侵监测网络的建立结合起来。

此外，在转基因生物环境释放的风险评估中，可以借鉴参考入侵生物的特征在某一方面确定转基因生物的危害程度。比如，入侵生物学的研究者已经针对昆虫、鸟类、特定植物建立了相应的入侵者特征的目录和数据库，这些数据可以作为转基因生物的风险评估的背景材料。转基因生物安全中的分子生物学技术手段的应用可以作为入侵生物学研究的参考和借鉴。对微生物入侵的研究

进展、一种生物入侵模型的建立等，都会同时为转基因生物的生物安全研究和入侵生物学的研究给予指导意义。

　　尽管生物安全研究开展的历史不长，与目前生物入侵相比所造成的危害也不明显，预警机制和监测网络也有待建立，但是转基因生物的安全性和预测评价与生物入侵在生物学理论上是有密切关系的，在研究中有许多值得相互借鉴的技术和方法。

思考题

　　1．什么是生物入侵？什么是外来入侵种？

　　2．外来入侵种的引入途径有哪些？

　　3．影响外来入侵种入侵的因素有哪些？

　　4．大多数外来物种是依赖人为干扰来传播的，为减少外来入侵物种的威胁，解决方案有哪些？

　　5．有生物学与生态学的学者主张，人类不应过多的干涉生物物种的迁移过程。因为失衡是暂时的，一个物种在新的环境下必然遵守"物竞天择"的法则。所有的外来生物的入侵，并不是都能生存下来。生存下来的，就是强者。就算是生态系统中的强者，也不能为所欲为，因此，自然界的平衡最终会得以实现。您如何看待这种观点的？

▷▷▷▷▷

第九章　生物技术大规模生产的生物安全

　　生物技术的生产一直被认为是洁净而又安全的产业，特别是近代的生物技术产业已经形成一整套的标准操作规程和有关生产管理制度，与其他产业相比，确实没有高温高压操作、强酸强碱腐蚀以及严重的"三废"污染等公害。但由于生物技术的操作对象为活性有机体，在生产操作过程中就不可避免地要接触这些致病性或非致病性的有机体及其有用的或有毒害的代谢产物，而接触的数量和暴露的时间远远超过研究实验阶段的小规模水平，从而会产生不同程度的潜在的生物危害。

第一节　生物技术大规模生产过程及出现的主要危害

一、生物技术大规模生产出现的生物危害类型

　　从生产安全、职业卫生和环境保护角度考虑，生物技术大规模生产出现的生物危害情况有以下4种类型：

　　（1）产生菌为非致病性酵母、霉菌、细菌、放线菌等微生物。其产物在正常情况下为无毒害作用的有机酸、酶制剂、单细胞蛋白质之类的产品。

　　（2）产生菌为上述非致病性微生物，而其产品的副产物有一定毒性或其他毒害作用，诸如抗肿瘤抗生素之类的产品。

　　（3）产生菌为病原菌或基因重组的工程菌或细胞株，其产物在一般情况下为并无毒害作用的临床药物，如胶原酶、干扰素、白介素等。

　　（4）生产上的菌株或菌苗为病原体，而其培养产物也有一定程度的毒副作用，如疫苗的生产过程。

二、大规模生产中的释放过程

（一）培养或发酵工序

1. 排　气

好气性微生物深层培养的通气搅拌过程引入生物反应器内的无菌空气，经过气液分散供给有机体的需氧以后，随即排出罐外。由于反应器内的均匀混合，无菌空气与培养液密切接触，排气时夹带的细菌液滴、雾沫甚至菌丝团以气溶胶的形式不断排放，持续于发酵的整个过程。

2. 取　样

取样操作过程中，培养液在罐压作用下进出取样口以一定高度流入取样容器以前与空气接触的瞬间，会受到剪切、撞击作用而形成气溶胶，由于操作压力较高和流速过快所产生的喷射作用，会溅出较大液滴。在产生气溶胶的同时，造成溢出现象。

此外，由于取样代表性的需要，必须先行放出上次取样残存的培养液并将其收集于管道系统的附属装置之中，这个过程除了散发气溶胶和造成溢出现象之外，还易于产生直接接触料液的危害。

3. 轴封泄漏

轴封泄漏主要泄漏部位为随主轴旋转的动环与固定在罐盖轴封座的静环之间的接触端面，泄漏量可达 10 mL/h 以上，严重磨损的端面在泡沫冲顶时尤为明显。

4. 其　他

在培养的全过程中，从小罐的种子接种到大罐的移种管道，以至收获放料等料液输送，都可能产生溢出和气溶胶散发现象。特别是放料操作，容积较大，并且在放料终点，少量料液连同压缩空气进出管道出口，气溶胶化十分严重。同时，发酵设备上接触料液的各种阀门、管件会由于结构不良或维护不严而产生跑冒滴漏，都可能造成料液外泄和气溶胶散发现象。

▶▶▶▶▶▶

（二）后处理工序

1. 发酵液过滤

此项操作常会发生与料液直接接触的生物危害。无论是病原微生物培养的发酵液还是一般微生物培养具有毒害作用产物的发酵液，在过滤操作过程中都有同样情况发生。传统的用于分离菌体收集上清液的板框压滤机操作，由于设备结构严密性差、自动化程度低，在进出料操作过程中，人工直接接触料液机会较多，特别是在滤渣洗涤和卸渣操作时，料液飞溅、半固体物料散落现象普遍存在，而在滤渣吹干操作时，气溶胶化极为严重。

2. 离心分离

离心分离机虽为密闭设备，但用于收集菌体和除去细胞碎片等分离操作时，其上清液出口和自动连续出渣的排料口均有大量气溶胶散发。

少数产品的萃取工艺采用液-液分离的离心机时，其上层液出口时由于浓度增高，加上溶剂易于挥发，可见有浓密的气溶胶弥漫于四周，防护的形势十分严峻。

3. 细胞破碎

生产上的细胞破碎常用高压匀浆机，在 60～100 MPa 工作压力下，使细胞悬浮液从机内环隙喷出，其速度每秒可达数百米，以破碎细胞壁，释放胞内产物。该设备虽为完全密闭，但内于需要多级操作，往往循环 2～4 次才能取得较高的破碎率，因而进出料时接触料液的机会增多。

另一种设备为高速珠磨机，也可用于工业生产，气溶胶散发较少，但其料液损失较大，并有进出料操作和清洗直径细至 1 mm 以下玻璃珠等操作过程，容易发生因直接接触料液的潜在生物危害。

4. 干　燥

生物技术产品大多数以结晶或粉末形式作为最终产品，涉及干燥、包装等固体物料处理输送等操作，其中固体物料的"泼洒"现象可出现于各个生产环节。较大颗粒洒落时容易直接接触操作人员的皮肤，而较细颗粒飞扬时则极易被人体吸入，加上最终成品的纯度远远超过原有物料中的含量，少量接触即可导致大剂量的感染，因而潜在危害更大。

与此同时，在干燥过程中用于干燥物料的加热气流在排放时往往夹带有干燥成品的微粒，很难捕集回收进而对周围环境造成污染。

喷雾干燥过程热气流的流量更大，粉尘夹带数量更多，虽可捕集回收，但不可能达到100%的捕集效率。

真空干燥过程虽然一般批量较小，但也涉及设备及真空泵油的污染以及最终的排气过滤或吸收处理均难以彻底解决而产生环境污染等生物安全问题。

冷冻干燥过程所处理的对象均为具有生物活性的热敏物料，如疫苗、微生物制剂等。其潜在危害主要有配制操作以及向安瓿或其他容器灌装料液操作时产生的滴核气溶胶、冻干操作的粉尘气溶胶以及加盖出料操作时容器破裂的玻璃碎片可能造成的意外创伤等重要环节。其中以配制灌装操作涉及数量多、体积大、步骤繁、定型设备部件和玻璃安瓿规格公差配合的精度不够等许多因素，加上冷冻干燥的全过程都得采取严格防止被干燥物料受到污染的措施，相互交叉，操作繁琐，潜在危害性较大。

5. 其　他

后处理工序涉及的单元操作较多，设备的密闭程度远低于发酵设备，各项设备之间的连接和物料输送的各个环节尚难达到完全密闭的模块结构要求，如精制操作的层析柱上样、超滤设备的进料都不可避免地会成为气溶胶发生源，这也是后处理工序生物安全的薄弱环节，应该采取相应的屏障系统（如生物安全工作台或其他封闭设备）予以防护。

第二节　微生物产业的主要生物危害

一、一般微生物产业的生物危害

近代生物技术产业的产生菌大多数并非致病菌，而其产物在一般情况下也无致病作用。这样的生产过程应该是相当安全的。然而多年来的实践证明并非绝对如此。在苏联、英、美、捷克以及我国都曾在一般的微生物产业的局部车间或整个工厂以至一个城市都出现过不同程度的生物危害，有的为产生菌所引起，而有的则为其产物或副产物作祟，致病现象和影响程度也不尽相同。这里介绍的一些实例再一次提醒人们：仅仅从微生物致病性和非致病性的两种属性去认识生物危害或采取生物安全防护措施是远远不够的。

▷▷▷▷▷

1. 单细胞蛋白质

苏联从 20 世纪 60 年代就大力发展单细胞蛋白质（SCP）制造产业，并用单细胞蛋白质作为饲料以减少粮食的消耗，在发酵过程中生产区内散发的微生物气溶胶浓度非常高，而其蛋白质产品在干燥、包装、运输过程所造成的粉尘飞扬散落现象更为严重，这些气溶胶继续向工厂外扩散，造成周围环境的生物危害。

2. 酶制剂

酶制剂危害主要表现为霉菌孢子散发造成致人免疫功能降低，并且伴随有瘙痒、过敏性皮疹、皮炎、哮喘与血管舒缩性鼻炎等过敏症状。

3. 微生物杀虫剂

这类产品的生物危害为由微生物引起的过敏症状，常用的苏云金杆菌孢子粉造成的空气污染为过敏症状的主要因素。

4. 有机酸

大规模生产有机酸的危害有如下 3 个方面：

（1）微生物本身的大量释放造成高浓度气溶胶的积累。

（2）发酵产物粉尘在生产区域的不断滞留，两者都是导致生产工人发生过敏反应的根源。

（3）微生物法生产氨基酸的工厂中的下游工序，由于发酵产物散发的气溶胶所引起的过敏反应也不容忽视。

5. 抗生素

抗生素生产的潜在生物危害主要是通过其代谢产物引起的。

6. 疫　苗

常规疫苗系由病原性微生物本身及其部分提取物或产物作为抗原制造而成，虽然有些病原体已经经过选育成为减毒株，但是这类疫苗从培养开始直至最后配制、分装的全部生产过程，对操作人员和周围环境都是有潜在的生物危害作用。

7. 其 他

在一定的温湿度和 pH 条件下，微生物发酵工业常用的米曲霉和黄曲霉可生产具有高度危害性的毒素，摄入这些霉菌毒素都可能致癌。

二、动物细胞的大规模培养问题

（一）动物细胞的大规模培养

在生物技术中，人们已广泛地运用细菌、酵母、丝状真菌等微生物的大量培养来生产各种酶、干扰素、蛋白质等产物。然而，许多有重要价值的蛋白质等生物物质，必须借助于动物细胞的培养来获得。大规模的动物细胞培养开始于 20 世纪 50 年代，早期大量培养动物细胞，是为了扩大病毒肿瘤研究领域的需要，后来随医疗、免疫和细胞生物化工制品的发展，动物细胞需要量愈来愈多，诸如生产病毒疫苗、干扰素、免疫试剂等产品都需要大量培养动物细胞。这些生产需要，推动了动物细胞大量培养的新工艺、新技术向大规模、自动化和精巧化方向发展。工业上大量培养微生物的技术相对比较成熟，虽然动物细胞的培养与微生物培养有所区别（见表 9.1），但动物细胞大量培养方法的进步，借鉴了微生物学技术，并考虑到动物细胞的特点，使该技术日趋完善。目前，人们将这一技术领域称为现代生物技术的重要组成部分之一。

表 9.1 动物细胞培养与微生物培养的比较

项 目	微生物	动物细胞
细胞直径（μm）	1～10	10～100
营养谱	可用广泛的基质	要求严格
倍增时间（h）	0.5～2	12～60
pH 控制	加酸或碱达 ±0.5	CO_2、HCO_3^- 或碱达 ±0.05
温度控制（℃）	±1.0	±0.25
通气方式	鼓泡	扩散
灭菌方式	蒸气法	过滤法
培养方法	悬浮培养	悬浮培养、单层培养

经过多年来的研究，人类对动物细胞培养技术进行了大量的研究开发，取得

▶▶▶▶▶

了很大的进步。尽管如此，目前的技术水平还远不能满足细胞生物产品研究和生产的要求，随着动物细胞培养技术的应用日趋广泛，已显示出很广阔的发展前景。

大量培养动物细胞用于制备有重要用途的如肿瘤细胞抗原、干扰素、单克隆抗体等产物，如图9.1所示，主要过程有：

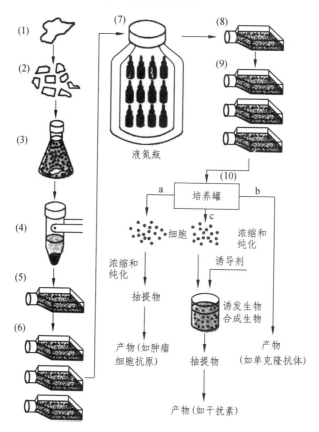

图9.1　动物细胞培养工艺流程示意图

（1）取动物组织块；

（2）将取动物组织的组织块切成碎片；

（3）用溶解蛋白质的酶（胰蛋白酶）处理，消化组织中的胶原纤维和细胞外的其他成分，获得单个的成纤维细胞悬浮液；

（4）细胞用离心法收集；

（5）植入营养培养基，细胞在培养基上增殖，直到覆盖其表面（原代培养）；

（6）贴满瓶壁的细胞用酶（胰蛋白酶）处理分散成单个细胞，制成细胞悬液，转入培养液中进行传代培养；

（7）所得细胞可冷藏于液氮瓶中长期保存；

（8）需要时取出一部分解冷，开始复活培养；

（9）得到的足够细胞；

（10）植入大规模培养罐，所产生的蛋白质可用几种方式收获，如图 9.1 中的 a、b、c 途径：

a. 直接收获培养细胞来分离和纯化制得产品，如肿瘤细胞的表面抗原作为产物；

b. 如果所需的产物是培养细胞分泌至培养液中的物质，可将培养液不断从细胞培养罐中输出并加以分离纯化即得到产品，如单克隆抗体；

c. 培养的细胞通过诱生剂（例如：干扰素诱生剂）的作用，诱发细胞产生所需的产品，如用仙台病毒或新城鸡瘟病毒为诱生剂诱发人白细胞产生人白细胞干扰素。

（二）动物细胞大规模培养的危害

动物细胞大规模培养过程的潜在危害主要有 3 个方面：

（1）从细胞株来源分析，在生产上采用的细胞特别是灵长类来源的细胞可能隐含有致癌的或传染性病原体。

（2）从操作上分析，在动物细胞的处理过程中，可能通过操作人员引入支原体与病毒之类的外来病原体。

（3）动物细胞培养基的原材料血清来源应予以密切注意，防止由此而带来诸如疯牛病之类的严重传染性病原因子。

第三节 生物安全紧急应变机制

在大规模生物技术产业中的意外事故或突发事件在所难免，包括断电、停气、停水等公用系统故障以及火灾、爆炸、毒物泄漏或其他自然灾害，当然更为重要的是生物危害实验材料的意外泄漏。从生物安全管理要求出发，必须制定相应的、具体的紧急应变计划，针对不同的发生地点和部位，由实验人员或紧急应变小组立即执行，确保人身安全和环境保护要求。紧急应变计划涉及的范围有以下 3 个方面：

▷▷▷▷▷▷

一、活性有机体溢出

（一）生物安全工作台内限制性溢出

这种限制在工作台内的溢出可由工作人员穿戴橡皮手套、防护眼镜和工作服，针对有机体的特征，选用适当的化学消毒剂倒满工作台面进行清理。如果溢出物性质不明，可用 5% 次氯酸钠溶液进行清理，后者对营养性细菌、内生孢子、病毒均有作用。消毒剂浸泡时间不得少于 20 min，尽量减少溢出液体的气溶胶化；然后用一次性抹布吸干，并将抹布丢入消毒袋；再用浸有消毒剂的抹布擦拭工作台的所有壁板以及被污染的设备。如果溢出液已经达到工作台的排风栅格，则以集水槽浸满消毒液浸泡 20 min 以上，再将消毒剂放至消毒桶后用浸有消毒剂的抹布擦干排风栅格。最后用消毒剂抹布擦拭消毒袋和消毒桶的外表面，并将装有溢出物以及抹布等固体物料和工作服、手套等的消毒袋送进热压灭菌柜在 121 ℃ 下灭菌，其时间根据物料负荷情况决定，至少 1 h。工作人员脱去手套、工作服以后还必须以杀菌药皂洗脸洗手和其他暴露部位。

（二）敞开设施内非限制性溢出

在敞开的设施内一旦出现非限制性溢出时，应该：

（1）警告其他人员立即离开现场，同时屏气，以防吸入潜在危害的气溶胶。

（2）脱下被污染的工作服，将污染面折到里面、丢进可灭菌的清洁袋中。

（3）用消毒药皂清洗所有接触到潜在污染物的脸、手、臂等体表各部位。

（4）穿戴全部防护衣着，如果时间容许，穿上可灭菌的套靴、戴上呼吸面具。随带溢出处理备用手推车，进入溢出现场。

（5）用吸水垫塞住地坪出水口，防止活性有机体流入下水道。

（6）倾倒合适的消毒剂覆盖溢出物并围住溢出现场，尽量减少其气溶胶化，保持停留时间不少于 30 min。

（7）用清洁用具清洁玻璃碎片和其他利器，放进防戳穿的消毒袋中，再抹净所有溢出物，将抹布等丢进消毒桶。

（8）用浸满消毒剂的抹布擦拭消毒袋和消毒桶外表面。

（9）最后与处理限制性溢出操作一样进行灭菌处理和人身清洁。

（三）重组有机体的大规模溢出

重组有机体的大规模培养过程发生严重溢出的可能性极小。通常在厂房设计阶段针对发酵罐的溢出采取相应措施，例如可以在发酵罐底座下部加设混凝土防护栏或排水沟，其容量足以盛放整罐的发酵液。一旦发生大量溢出事故，可以就地收集溢出的全部有机体，并当场予以灭活；也可以设置一定容积的蓄水坑收集溢出料液，然后泵送到另一台发酵罐进行蒸气灭菌。最后经过检查，确认有机体已经全部失活才能排放。所有参与溢出处理的人员必须穿戴上述由备用推车提供的防护用品。此外，护栏、水沟或水坑在盛放过活性有机体以后，必须按照上述方法进行清洗和除污处理。

二、火灾与爆炸事故

具有潜在生物危害实验室的防火防爆要求比一般实验室更为严格。要向当地消防部门报告实验室的生物安全等级，并在各个实验室门上贴出实验用生物危害材料的最高一级安全等级和国际通用的生物危害标志。对于 BL2 级以上的 BL3、BL4 以及 BL2-LS 和 BL3-LS 各级，除了等级和标志以外，还应标明"安全门：未经主管同意，个人不得入内"的字样。同时，所有存放、加工、处理活性有机体的设备都应贴上生物危害标志。

在火灾或爆炸事故发生后，相关工作人员还得进一步实施以下措施进行现场处理。

（1）实验人员，立即将所有生物危害材料存放到培养箱、冰箱或冷冻柜中，关闭所有煤气与火源。

（2）消防队员/消防部门进入现场前应先核实门上标记，如为 BL1、BL2 或 BL1-LS，则火灾比生物危害重要，但也要穿戴自给式呼吸器后才能灭火；若为 BL3、BL4 与 BL2-LS、BL3-LS，则任何人都必须得到安全主管同意才能进入，而且规定人员和物料进出界限，防止污染扩散。在火灾熄灭以后还要保持现场，非经主管同意不得从现场移动任何设备。

（3）生物安全主管，负责生物危害区火灾前后的全部管理监控，与有关领导讨论生物污染对人员、设备、设施的影响并提出清除污染的步骤，通过实施予以证实。

▶▶▶▶▶

> ☞ **BL**：英文全称是 Biosafety Laboratory，也就是生物安全实验室，BL1 即生物安全一级实验室，BL2 生物安全二级实验室，后面的数字类推。
>
> ☞ **BSL**：英文全称 Biosafety Shelter Laboratory，即生物安全防护实验室，BSL1、BSL2、BSL3 中的 1、2、3 分别代表等级一级、二级、三级。
>
> ☞ **ABSL**：英文全称 Animal Biosafety Shelter Laboratory，即动物生物安全防护实验室，同理后面的数字代表等级。

三、公用系统事故

水、电、气、汽等公用系统的故障一般不致影响生物安全操作，如发酵罐偶尔瞬间断电或停气，操作人员可以自行处理，使活性有机体不致外溢。但在生物安全工作台运转过程中遇到停电，则必须停止有关生物制剂的操作，将所有培养物妥善封闭，再以适当的消毒剂清除污染。若遇到其他包括通风系统在内的设备故障，也应采取类似措施进行相关处理。

四、应急措施

（1）应制定应急措施的政策和程序，包括生物性、化学性、物理性、放射性等紧急情况和火灾、水灾、冰冻、地震、人为破坏等任何意外紧急情况，还应包括使留下的空建筑物处于尽可能安全状态的措施，应征询相关主管部门的意见和建议。

（2）应急程序应至少包括负责人、组织、应急通信、报告内容、个体防护和应对程序、应急设备、撤离计划和路线、污染源隔离和消毒灭菌、人员隔离和救治、现场隔离和控制、风险沟通等内容。

（3）实验室应负责使所有人员（包括来访者）熟悉应急行动计划、撤离路线和紧急撤离的集合地点。

（4）每年应至少组织所有实验室人员进行一次演习。

思考题

1. 生物技术大规模生产出现的生物危害类型主要有哪些？
2. 动物细胞大规模培养主要存在哪些问题？

第十章　生物安全与"三废"处理

第一节　生物危害概述

生物技术的实验研究、开发生产及其相关的动物实验、临床实验等各个环节都会产生不同程度的"三废",其中具有潜在生物危害的"三废"对人类健康和生态环境都有不同程度的影响,与其他的化学毒性物质、含放射性元素的材料一样,都必须进行严格处理才能达到劳动保护和环境保护的要求。

所有生物危害的"三废"都可对人类和动植物具有致病作用,其危险程度主要取决于病原因子的特性和接触的数量,按照其不同的来源有废液、废气、固体废料 3 种形态。

一、废　液

1. 实验室废液

实验室废液包括一般微生物实验室废弃的致病菌培养物、料液和洗涤水,生物医学实验室的各种传染性材料的废水、血液样品以及其他诊断检测样品,重组 DNA 实验室废弃的含有生物危害的废水。

2. 临床实验或医院废水

临床实验或医院废水包括隔离病房病人的尿、血液、痰和透析液等样品,实验室废弃的诸如疫苗等的生物制品,其他废弃的病理样品、食品残渣以及洗涤废水。

3. 实验动物废液

实验动物废液包括动物的尿、粪、笼具、垫料等的洗涤污水。

▷▷▷▷▷

4. 生产废液

生产废液包括药品、疫苗等生产中能引起疾病或过敏的各种微生物大规模培养或发酵的废液，pH 值范围为 4~9，温度在 40 ℃ 以下；提取工序所产生的废液或残余液、染菌罐排的发酵液、各个工序的洗涤废水或液体以及发酵排气冷凝水，可能含有设备泄漏物的冷却水等，这一部分废液的变化较大，固体物含量、pH 值和温度均不固定，且含有提取过程中添加的一些化学品。

二、废　气

1. 实验室排风

各种从事病原体或重组体的实验室、实验动物房和病理实验室等不同等级封闭实验区域的各种通风机出口的气体，包括其中的有机体及其代谢产物的气溶胶。

2. 实验设备的排气

除实验室发酵罐以外的各种等级生物安全工作台、密闭设备以及有关设备的安全罩所排放的气体。

3. 发酵罐排气

各种规格发酵罐夹带有机体的排气，特别是大型罐的排气及减压系统的排气。

4. 后处理工序的排风

夹带代谢产物或副产物的气溶胶，特别是干燥工序含有半成品或成品的高浓度气溶胶的排风等。

三、固体废料

1. 实验室废弃物

实验室废弃物包括从事病原体、重组体等各种实验过程所废弃的培养基、检定用的培养物、滤纸、棉塞等以及玻璃仪器、工具、容器；病理实验和临床实验在活检、解剖和手术过程中丢弃的局部组织、器官或肢体；动物实验在解剖、鉴定过程中所产生的动物器官、内脏或尸体。

2. 临床实验材料

临床实验材料包括采样、注射用的各种注射器和针头、刀剪、钳等利器、输液和透析等用的胶管和器皿、隔离病房的各种被接触过的器件、材料。

3. 受污染的工作服饰

包括用于防护病原体和各种生物危害的各种工作衣、手套、头罩、脚套等，多数是一次性使用的，也有的是可再用的，包括病人的衣物等。

4. 生产废料

大规模生产中带有病原体或有毒害的代谢产物的发酵液滤渣、提取残渣、活性污泥以及生产上废弃的各种固体物料。

5. 排放粉尘

排放粉尘包括后处理过程（如干燥工序）散发的有毒害有机体、代谢产物或其半成品粉尘。

6. 污染设备

污染设备包括从发酵罐到后处理各项接触生物危害物料的设备及其零配件。

第二节　生物危害的处理方法

实验室危险废物处理和处置的管理应符合国家或地方法规和标准的要求，应征询相关主管部门的意见和建议。

一、处理方法

（一）废液处理

1. 化学处理

含有病原体的废水在安全排放以前的有效处理方法可以选择氯、臭氧等的

▷▷▷▷▷▷

化学消毒或降解技术。化学消毒剂的选择应以灭活对象的性质、数量、规模、设备条件、操作费用、残余量以及最终的处理或排放要求等因素为依据，常用的有如下化学处理试剂。

1）氯

氯的消毒作用是它在水中被水解形成次氯酸。在不同 pH 条件下次氯酸根的比例各异，在 pH 值为 7 时有 75% 的氯以 HOCl 的形式存在，而在酸性条件下破坏病原体的能力更为提高，它能很快地扩散到带负电荷的微生物表面，并透过细胞膜进入细胞核，次氯酸中的原子氯可氧化破坏细胞中的酶，遂使细菌死亡。

2）臭　氧

臭氧的消毒作用是由于它在水中迅速分解成为 HO_2、HO 甚至 H 的游离基，它们具有高度的灭菌效果，且十分清洁，但半衰期短。

3）二氧化氯

当代较为先进的废水处理方法是以二氧化氯（ClO_2）进行处理，它可以避免用氯处理导致残余氯过高的缺点，其刺激性较小、稳定性较好。二氧化氯对有机体的灭活作用不受 pH 影响。二氧化氯杀灭细菌芽孢的作用比同浓度的氯强。

4）甲　醛

对于小量至中等规模的病原体污水可以用甲醛处理，具有费用低、无强烈腐蚀和有杀孢子作用的特点，最低浓度可为 80 g/L，在 40 ℃ 以上时的效果更好。其主要缺点为对操作人员的强烈刺激和对环境的污染，并有致癌作用。其处理设备必须是密闭的容器，不适宜用于大规模污水解毒处理。

5）碱

几乎所有的病原体废水都可用氢氧化钠等强碱调节 pH 值使之灭活或抑制其生长，一般可以使细胞悬浮液的活计数降低相当的数量级。该方法也可用于病原体废水在室温下的预处理。

表 10.1　不同 pH 值对大肠杆菌存活的影响

pH 值	暴露时间/min	活计数/菌落生成单位·mL^{-1}	pH 值	暴露时间/min	活计数/菌落生成单位·mL^{-1}
7.0	—	1.28×10^{10}	12.0	5	30
10.1	—	8.8×10^{10}	12.0	10	0
12.0	0	15	12.0	15	0

2. 物理处理

1）加　热

加热处理是一种常用的灭活方法。大多数病毒在 55~65 ℃、接触 1 h 即可失活。用一般只能杀死营养细胞而杀不死细菌芽孢的低温 62 ℃、30 min 的方法，也可处理一般废水。对于致病菌培养及后处理的生产废水，则必须应用加压灭菌。此外，对于含有细胞毒性物质的废水，也可调节 pH 值至 10~12，加热至 100 ℃、维持 1 h 的处理方法，可达到解毒要求。

2）辐　射

尽管紫外辐射可用于饮用水处理，然而对于废水处理紫外辐射穿透能力易受浑浊度影响而减弱，但可因 COD 或 TOC 的增加而提高。

3）活性炭吸附

采用颗粒活性炭吸附柱可以去除废水中的细菌、病毒，去除率较低，约有 18%~40% 的病毒可停留在吸附柱上。然而吸附法有可逆性，在长时间运转后，可能对部分已被吸附的病毒被置换出吸附柱。但该方法可用于一并去除废水中的其他毒害的代谢产物，如抗肿瘤抗生素，具有一定的实用价值。

3. 生物处理

1）活性污泥处理

活性污泥处理方法可以去除废水中的细菌、病毒。对于沙门氏杆菌可以去除 90% 以上；对于肠道病毒的去除作用主要是由于病毒被污泥组成中的固体部分所吸附。另一方面，污泥中存在的细菌，如枯草杆菌、大肠杆菌和绿脓假单胞菌，可对柯萨奇肠道病毒、脊髓灰质炎病毒等具有一定的去除效果。

活性污泥处理法的去除效果与时间有关，在 1 h 以内仅能灭活一小部分细菌或病毒，10~15 h 后则可达 90%~99%。此外，其灭活能力可随通气率的增加而提高。活性污泥处理法对寄生虫卵的去除效果较差。

2）滴滤池及生物转盘

滴滤池去除废水中各种病原体的效果差异较大，与废水中的病原体含量有一定关系。例如对细菌去除率可为 66%~99%，对阿米巴原虫去除率可为 11%~99.9%，而对蛔虫卵仅为 62%~76%。该方法去除病毒的效果也较差，现场实验结果约为 40%，在低负荷下的滴滤池对于肠道病毒可获得 77% 的去除率。生物转盘在中等滤速 [约 38 m³/（m³·d）] 及高滤速 [约 87 m³/（m³·d）] 下，对

▷▷▷▷▷

脊髓灰质炎病毒、CHO 病毒、柯萨奇病毒的灭活效率可达 83%~94%，对大肠杆菌、粪便链球菌也具有同样效果。

（二）废气处理

这里仅介绍有关去除生物危害物质的主要方法。

1. 加热灭菌

对于小型的病原体培养系统排气，原先采用加热灭菌或空气焚烧的方法较多，在一定容积的圆柱体容器中由电热元件加热，温度范围为 300~350 ℃，使流过的排气中病原体经过相当的停留时间而失活，再冷却排放。

2. 绝对过滤

目前中小型发酵罐排气的处理方法大都采用微孔滤膜制成的绝对过滤器，安装于排气的管道系统，对于颗粒大小为 0.2 μm 以上的细菌粒子，可具有 100% 的过滤效率。一般滤膜材料为聚四氟乙烯，能耐受排气夹带的冷凝水和蒸气灭菌的温度。

3. 高效空气过滤

所有从事有关生物危害材料的实验室、工厂以及临床机构的各种排风所携带的病原体气溶胶，均可采用高效空气过滤器进行净化、再循环使用或排放大气。该过滤器对于含有细菌与病毒的气溶胶，截留效率可达 99.999% 以上。

（三）固体废料处理

根据处理以后回收重用或破坏分解的不同目的，可以有以下几种方法。

1. 蒸气灭菌

对于污染的衣物、器械、容器、工具均可采用蒸气加压灭菌。操作条件为 121~134 ℃、维持 1 h。

2. 化学药品处理

（1）气体熏蒸：环氧乙烷气体可用于衣物、外科器械以及不耐热的器件、仪器或精密器材等的灭菌。

（2）液体浸泡：对于玻璃器皿、耐蚀器件的处理，可用 2% 碱性戊二醛、5% 过氯乙酸、3% 甲酚皂液之类的消毒剂进行浸泡。此方法价格便宜，广为采用，但有不同程度的刺激作用。

3. 辐射灭菌

利用 ^{60}Co、^{137}Cs 产生的射线辐照污染生物危险物的固体材料，可以达到一定的灭活作用。

4. 焚烧处理

对于一次性使用的、可燃性的传染性废料、病原体培养物、含有细胞毒性的发酵液滤渣、实验动物尸体等均可进行焚烧处理，在高温焚烧下使之破坏分解为 CO_2、H_2O、NO_2 等挥发性气体以及金属氧化物的灰分。通常，致病性的废料需要较低的温度与较短的焚烧时间，而细胞毒性物质废料则需要较高的温度和较长的停留时间。

二、生物危害废料的管理

1. 建立管理制度

根据国家有关法规，建立相应的组织机构或指定专人负责，制定本单位的生物危害废料管理办法，并能针对不同的危害物质、危险程度提出处理要求，制定出处理计划。

管理制度还应包括人员培训制度及各处理岗位的操作规程。

2. 确定处理方案

应遵循以下原则处理和处置危险废物：

（1）将操作、收集、运输、处理及处置废物的危险减至最小；

（2）将其对环境的有害作用减至最小；

（3）只可使用被承认的技术和方法处理和处置危险废物；

（4）排放符合国家或地方规定和标准的要求。

在针对生物危害废料性质、类型、数量进行处理方法和设备选型评估的基础上，确定处理方案。其中，处理方法的选定应该以废料中的主要组分为主。废料的危险程度也是评估的主要依据，因为一种处理方案不可能适用于多种废

▶▶▶▶▶▶

料，最好采用联合处理方法。此外，还应考虑后处理的要求，例如调节含有病原体或细胞毒性物质的废水 pH 值至 10 ~ 12、加热至 100 ℃ 的处理方法，可以有效地灭活多种病原体或破坏其毒性，在实验室中操作简单易行。

3. 日常管理任务

1）废料分拣归类

除了废气集中排放以外，所有待处理的废液和固体废料都应就地进行分类放置，特别是在实验室的日常实验过程中更应该严格执行。

2）废料集中包装

生物危害废料对所有接触的个人和环境都具有致病的危险，必须对不能立即现场处理的这类废料用密闭的容器进行妥善的包装。

3）废料识别标记

正如危险品的标记一样，生物危害废料也应对包装容器给以易于识别的标记，包括醒目的颜色、文字、记号或标签，常用的颜色为红、橙黄、橘红，标记可以采用国际统一的生物危害标志，并标明"生物危害"、"传染性废料"、"生物危害废料"等字样。需要存放的废料还应标明废料产生日期，场外处理的废料必须标明单位和承运部门的名称、地址以及紧急呼救电话，以便处理发生溢出事故。

4）废料运输存放

应制定对危险材料运输的政策和程序，包括危险材料在实验室内、实验室所在机构内及机构外部的运输，应符合国家和国际规定的要求。建立并维持危险材料接收和运出清单，至少包括危险材料的性质、数量、交接时包装的状态、交接人、收发时间和地点等，确保危险材料出入的可追溯性。实验室负责人或其授权人员应负责向为实验室送交危险材料的所有部门提供适当的运输指南和说明。应以防止污染人员或环境的方式运输危险材料，并有可靠的安保措施。国际和国家关于道路、铁路、水路和航空运输危险材料的公约、法规和标准适用，应按国家或国际现行的规定和标准，包装、标示所运输的物品并提供文件资料。

传染性废料运输必须使用专用车辆，须防止废料滴漏溢出，具有车辆和回收容器的清洗消毒系统；同时应该注意运输过程中废料包装的完整性，尽量减少废料暴露，并订有相应的管理责任制度。

一般说来，废料应及时处理，存放时间越短越好。存放地点应该注意保卫，仅限于经过培训的专职人员进入。存放过程应尽量减少暴露，防止病原体迅速蔓延，必要时备有冷冻系统，并有经常性的清洗消毒制度。

4. 处理后废料的安排

处理后达到消除病原体要求的废料，根据国家有关法规进行处置，废液可以直接排放至城市污水处理系统，不设污水处理厂的地区则应先在本单位进行降低 COD、BOD 的工作，等进一步处理达标后再行排放。消毒或灭菌以后不再重用的固体废料，如外形尚未改变的，还须进一步处理才能进行填埋处理。焚烧以后的灰分残余物也应经过许可才能填埋。至于处理后的利器，则须进一步压缩、碾轧，达到不具有伤害作用以后，才能遗弃。

5. 处理过程的监控

生物危害的"三废"处理过程与生产过程一样，需要严格的质控管理。首先对灭活效果以无菌实验或生物指示剂逐批进行检查。同时，还应根据生产情况的变化和废料性能的差异注意调整操作方法和应急处理方法，以保证处理的完全与彻底。

6. 工作人员的培训

对所有实验、生产以及废料处理操作人员均应进行有关生物废料处理的安全教育，包括管理制度、处理方案、岗位责任制、操作规程、事故应急处理办法等。在新职工培训的同时，也应注意原有人员的知识更新。

思考题

1. 根据"三废"类型，生物技术研究中如何处理"三废"？
2. 如何管理生物危害废料？

▶▶▶▶▶

第十一章　生物武器与生物恐怖带来的生物安全问题

第一节　生物武器与生物恐怖

　　自荷兰科学家列文·虎克（1632—1723）发明显微镜以来，大量的微生物被发现，其中为数众多的致病菌的发现为疾病的治疗带来了希望。

　　根据我国卫生部制定的《人间传染的病原微生物名录》记载，人间传染的病毒性病原微生物有 160 种，如狂犬病毒（Rabies virus）、SARS 等；人间传染的细菌性病原微生物，包括细菌、放线菌、衣原体、支原体、立克次体、螺旋体等，共有 155 种；人间传染的真菌性病原微生物有 59 种；另外还列有 6 种朊病毒（Prion），如疯牛病、人克-雅氏病等的病原。

　　这些病原的研究，有助于相应疾病的治疗和预防，同时也被用于战争甚至恐怖袭击。

　　在战争中杀伤人、畜的致病微生物、毒素和基因统称为生物战剂；生物武器是利用细菌、病毒等致病微生物以及各种毒素和其他生物活性物质来杀伤人、畜和毁坏农作物，以达成战争目的的一类武器。包括生物战剂及施放的武器、器材。它传染性强，传播途径多，杀伤范围大，作用持续时间长，且难防难治。因此，制止生物武器在全球的扩散是国际社会面临的重大挑战之一。早期因受到科技水平所限，仅使用致病性细菌作为战剂，故旧称生物武器为"细菌武器"。随着科学技术的发展，现今组成生物战剂家族的，除细菌之外，还包括病毒、立克次体、衣原体、真菌等致病微生物，以及生物毒素和昆虫媒介等。

　　最早的一次细菌战发生在 1346 年，鞑靼人发动围攻克里米亚东海岸的卡发城（今费奥多西亚）战役，鞑靼人在围攻了 3 年也无法攻克卡发城时，便将带有鼠疫杆菌（Yersinia pestis）的尸体抛入城内，导致兵民成批的染病而死。鼠疫（即黑死病）也随着这些幸存者在欧洲登陆，先从意大利漫延，后传遍了整个欧洲，导致约 2 000 万人死亡，约占当时欧洲人口的 1/3。

另一例典型的"原始生物战技术"则是英国人发明的"传染性礼品"。1763 年 3 月，英国驻北美总司令 Jeffery Amherst 爵士授意英军用天花病人用过的毯子和手帕作为礼物送给印第安部落首领，使印第安人因天花而大规模死亡。

鉴于生物武器的危害，1972 年 4 月 10 日，第一个全面禁止各类大规模杀伤性生物武器的国际公约《禁止生物武器公约》(Biological Weapons Convention，BWC) [全称《禁止细菌（生物）及毒素武器的发展、生产及储存以及销毁这类武器的公约》]签署。这个国际公约不仅禁止战时使用生物武器，而且禁止研究、生产和储存生物战剂。要求禁止的生物战剂有埃博拉、结核、天花、霍乱、炭疽、森林脑炎等 38 种对人、动物、植物有攻击性的微生物。

迄今为止，签署该公约的国家已有 165 个（2011 年数据），但其中 18 个国家尚未最终批准该公约。中国于 1984 年 11 月 15 日成为这一公约成员国。

《禁止生物武器公约》共 15 条，主要内容是：缔约国在任何情况下不发展、不生产、不储存、不取得除和平用途外的微生物制剂、毒素及其武器；也不协助、鼓励或引导他国取得这类制剂、毒素及其武器；缔约国在公约生效后 9 个月内销毁一切这类制剂、毒素及其武器；缔约国可向联合国安理会控诉其他国家违反该公约的行为。

进入 21 世纪后，我国曾经历经 SARS、禽流感等传染性疾病的爆发侵扰。科研人员也在积极的研究各类传染性疾病病原，以期对此类病原加以控制。

而生物恐怖就是利用传染病病原体或其产生的毒素的致病作用作为恐怖袭击武器，通过一定的途径散布到目标地区后,造成疫情爆发，或者对袭击目标的生理或遗传物质造成影响，以达到使目标人群死亡或失能的目的；或者对当地居民心理造成恐慌，引发社会动荡和造成经济损失的恐怖活动，是恐怖分子实施的反社会、反人类的活动。生物恐怖袭击不仅针对人，而且也可能针对其他目标，特别是农业。可用于生物恐怖袭击的生物剂种类非常多。从生物恐怖角度考虑，病原体都可能用于生物恐怖袭击。针对农业发动生物恐怖袭击的生物剂也很多，如口蹄疫、牛海绵状脑病、高致病性禽流感、鸡新城疫等。

生物恐怖与生物战没有本质上的区别，它们使用的都是生物武器，只是使用的场合不同和使用的目的有所差异而已，在战场上使用就称生物战，而在恐怖活动中使用就称生物恐怖。

近 20 年来，全球已发生多起生物恐怖事件。2001 年"9·11"恐怖事件后，美国发生了"炭疽事件"事件。这是近年来影响最大的生物恐怖袭击事件，引发了全世界对防御生物恐怖的高度重视。

▷▷▷▷▷

第二节 生物武器的特点、投放方式及防范措施

一、生物武器的特点

生物武器有其独特的杀伤破坏作用，与核武器、化学武器及常规武器比较，主要有以下几个特点：

1. 致病性、传染性强

用作生物战剂大多数是具有高度传染性的致病微生物，对人体的致病能力也很强，一旦发生病例，易在人群中迅速传染流行，不仅可以造成部队因传染病流行而大量减员，而且容易造成社会混乱。历史上发生过鼠疫、霍乱、流感等急性传染病大流行，从一个洲到另一个洲，甚至席卷全世界的悲剧，给人类带来了巨大的灾难。

据国外文献报道：A 型肉毒毒素的呼吸道半致死浓度仅为神经性毒剂 vx 的 3‰，人员吸入 1 个 Q 热立克次体（Rickettsia burneti），就可能引起 Q 热感染；成人吸入 20～50 个土拉杆菌（Francisella tularensis）即能发病；在理想条件下，1 g 感染 Q 热立克次体的鸡坯组织，分散成 1 μm 的气溶胶粒子，就可以使 100 万以上的人受感染，12 个被鸟疫衣原体（Chlamydia psittaci）感染的鸡蛋，就可以感染全球居民。如果一种烈性传染病在一个地区流行，就要在当地迅速采取严密封锁和检疫等措施预防病源扩散；若发生在工业中心、交通枢纽或部队集结地域，就会使生产停顿、交通中断、兵力难以调动，而且还要投入大量人力、物力从事医疗和防疫工作。有人计算，如果一个城市 30% 的人突然发病，全市防疫工作必然遭到破坏，其功能几乎丧失。

2. 生物专一性

生物武器可以使人、畜感染得病，并能危及生命，但是不破坏无生命物体，例如武器、装备，以及建筑物等固定设施。因此，适合使用于不拟破坏的目标区。生物专一性的另一表现是有些生物战剂主要对人作用，而另一些仅作用于动物或植物，只有少数战剂具有广泛的致病作用。

3. 面积效应大

现代生物武器可将生物战剂分散成气溶胶状杀伤对方。这种分散技术在适当气象条件下，可造成大面积污染。

曾有人做过这样的比较：100 kg 炭疽粉末在适宜的气候条件下均匀地散布于一个大城市的上空，其对人群的杀伤力将超过 50 枚投掷在广岛的原子弹的威力。要是用化学毒剂来达到同样的杀伤效果，比如用 vx 神经毒气或者沙林毒气，那就得用一整列火车来运输。

据有关资料报道：1950 年 9 月，美军作了一次小型试验，在距离海岸 3.5 公里的军舰甲板上，喷一种不致病的芽孢菌，喷洒 29 min，航行 3.2 公里。4 h 内在陆地上溶胶扩散面积达 256 平方公里，高度 45 米左右。1969 年，联合国秘书长在一次报告中推算：一个 5 000 吨的储水库，投放 0.5 千克沙门氏菌（Salmonella sp.）后，如果均匀分布，就可污染整个水库。人若饮用受污染水 100 毫升，就可能严重发病。如果使用剧毒物氰化钾，则需要 10 吨才能达到同样效果。

据世界卫生组织出版的《化学和生物武器及其可能的使用效果》一书介绍，10 吨生物战剂对无防护人群进行假定的袭击所造成的有效杀伤面积为 10 万平方公里。有的国家已从技术上发展了生物武器的导弹系统，这就更能发挥其大面积效应的特点。

虽然上述数据是理论上的推算，没有考虑各种因素的影响，数据肯定是偏高的。但它在一定意义上说明，如果条件适合，生物武器的面积效应比同量核武器和化学武器要大得多。

4. 危害时间长

由于生物战剂使用的是活的致病微生物，在适当条件下，有的致病微生物可以存活相当长的时间，如 Q 热立克次体（R. burneti）在毛、棉布、沙泥、土壤中可以存活数月，巴西副球孢子菌（Paracoccidioides brasiliensis）的孢子在土壤中可以存活 4 年，炭疽杆菌（Bacillus anthracis）芽孢在阴暗潮湿土壤中甚至可存活 10 年。据报道：1942 年，英国在苏格兰西北部大西洋中的格林纳达岛上作炭疽芽孢污染试验，24 年后（1966 年）检查，发现此岛仍处于严重污染状态，估计可能会延长至 100 年左右。自然环境中有多种昆虫和动物是致病微生物的宿主，可成为传染病的媒介，不少致病微生物能在媒介昆虫体内长期存活或繁殖，甚至经卵传代，长期延续下去。如 Q 热立克次体（R. burneti）能自然感染的野生哺乳动物有 7 类 90 种，蜱类 70 多种，在有的蜱类中能存活长

▷▷▷▷▷

达 10 年之久；流行性乙型脑炎病毒（Japanese Encephalitis Virus，JEV）和黄热病毒（Yellowfever virus，YFV）可在蚊体内保持 3～4 个月或更久；有的蚊虫甚至可终身保存脑炎病毒；啮齿类动物能定期携带鼠疫杆菌（Y. pestis）。

因此，如生物战剂污染区内存在易感动物和相应媒介昆虫，在条件具备时，有可能形成新的疫源地，从而导致严重的生态学后果，危害时间更长。

一般而言，生物战剂气溶胶对地面上的人、畜的危害持续时间，白天约为 2 h，夜间约 8 h，有的可长达数天。它主要受各种气象因素以及地形、地貌和植被等条件制约而有所不同。降落在地面上的生物战剂，由于人员和车辆的活动可能再次飞扬形成再生性气溶胶，如被人、畜吸入，仍有造成感染的可能。

5. 传染途径多、难以发现

生物战剂可透过多种途径使人感染，如从口食入、经由呼吸道吸入、昆虫叮咬、伤口感染、接触皮肤、黏膜感染等等。

生物战剂气溶胶无色、无味，加上都在黄昏、夜间、清晨、多雾时秘密使用，所投放的昆虫、动物与当地原有种属相混淆，而且可同时或先后使用两种以上的生物战剂，造成混合感染，使症状更加复杂，难以及时诊断。从目前对致病微生物的检验手段看，其难度也比发现化学毒剂和放射性物质大得多。

6. 成本费用低

培养微生物或虫媒，一般不需要非常复杂的条件，所用培养基的材料，来源广泛，容易获得。由于现代发酵技术在工业中的应用发展，微生物大量培养工艺和自动化设备已被广泛使用，所以成本很低。据 1969 年联合国化学、生物战专家曾在一份调查报告中计算过不同种类的武器袭击一个居民区需要花多少经费：以常规武器袭击费用最大，每袭击 1 平方公里的居民区需要 2 000 美元，用核武器需 800 美元，而用化学武器则只要 600 美元。相比之下，用生物武器袭击 1 平方公里的居民区只需 1 美元，其代价之低廉令人吃惊。据美国新近的一份分析报告称：基本投资 1 000 万美元就可实施一项行之有效的国家级生物武器计划。因此，生物武器也就成为了"穷国的原子弹"。

二、生物武器效用的局限性

综上所述，生物武器也是一种威慑力强的大规模杀伤性武器。但是，生物武器也有其致命的弱点，概括起来有以下几个方面：

1. 受自然条件影响大

生物战剂多为活的微生物，易受温度、湿度及日光照射的影响。如紫外线对生物战剂气溶胶有较强的灭活作用；风速超过 8 m/s 或近地面大气层处于对流状态都能使生物战剂气溶胶难以保持有效的感染浓度。另外，降水、下雪、浓雾等气象条件也均限制生物战剂的施放。对自然因素掌握不好，就会大大增加生物战剂的衰亡率，达不到使用生物战剂的预定目的。

据 1970 年世界卫生组织顾问委员会的报告，病毒类生物战剂气溶胶每分钟衰亡率约为 30%；立克次体为 10%；鼠疫杆菌（Y. pestis）、野兔热杆菌（即土拉杆菌 F. tularensis）为 2%；炭疽杆菌（B. anthracis）芽孢为 0.1%。此外，地形、地物对生物战剂气溶胶的扩散和传播也有一定的影响。

2. 没有速杀作用

生物战剂侵入人体后，要经过长短不等的潜伏期才能发病。短者数小时（如葡萄球菌肠毒素），长者十余天（如 Q 热）。如能早期发现，并能采取正确防护措施，就能减少或避免其伤害。

3. 难以控制

生物战剂除了受自然因素影响外，在保管储存、运输和使用过程中，均会使生物战剂发生不同程度的衰亡和降解，其杀伤效力也就会受到一定的影响。同时，使用生物武器的目的，是为了消耗和削弱对方有生力量，但是传染性强的生物战剂所引起的疫病流行，也可通过某种途径传回到攻击者自身。因此，生物战剂作为战术武器使用就要受到一定的限制，在军队高速度运动的现代战争中，难以成为理想的武器。

4. 受卫生防疫水平的制约

生物战剂致病是一种人为的瘟疫，因此生物武器的杀伤作用常常与被攻击国家和目标区的卫生状况和防疫水平有很大的关系。

当然，这种武器是受国际公约所禁止的武器，因此，拥有生物武器的一方在未发现理想的攻击目标和做好本身防护之前，是不会轻易使用的。

很多恐怖分子也计划利用此类战剂制造恐慌，如发生在美国的"炭疽事件"事件等。尽管很久以来，人们都认为，科学家如果不是在国家财政支持的高度安全的实验室里工作，从技术上来说不可能培养出可制成生物武器的致命病原体。但是生物恐怖袭击的可能性仍然存在，不能因此而掉以轻心。

▷▷▷▷▷▷

三、生物战剂施放方式

根据军事上的需要和战场上想要达到的目的，生物战剂可以使用火箭发射，飞机布洒，也可以通过带菌昆虫及人为投放；能在战略上使用，也可以在战术上使用；既可单独使用某种生物战剂，也可多种生物战剂混合使用，甚至可以与放射性物质、化学战剂同时使用。这不仅给发现和侦察工作增大了难度，还可提高生物战剂的感染力，使防护和救治工作更加复杂。

1. 施放生物战剂气溶胶

这是现代生物武器的主要施放方式。在攻击目标的上风方向，用飞机、军舰或其他运载工具装载气溶胶发生器，直接喷洒形成生物战剂气溶胶。气溶胶颗粒的大小，既要有利于顺风传播，保持稳定性，又要能在被人吸进后迅速通过肺而吸收。据认为，最适宜的颗粒直径为 $1 \sim 5 \ \mu m$。

形成气溶胶的方法大致有三种类型：即投掷式发射（如爆炸式生物弹）、机械发生器和喷雾装置。

气溶胶的施放方式。可以分为以下三种：

第一种是线源施放。又可分为单线源和多线源。如由飞机连续喷洒，形成空中线源；军舰喷洒形成地面线源；飞机连续投掷小型生物弹，也可连贯形成地面线源。

第二种是用机械发生器，即单点源施放。

第三种是多点源施放，用爆炸性生物弹（许多小型炸弹）造成、当风向不定时，许多点源可连成一片污染区。

以气溶胶方式喷洒的生物战剂，受气象、地形、风向等因素影响较大，目前尚停留在试验性阶段。

2. 散布带菌的媒介物

可以携带致病微生物的媒介物有小昆虫：蚤、蚊、蝇、虱、螨、蜱、蜘蛛、黑跳虫、喇咕等；小动物：老鼠、青蛙、蛤蜊等；杂物：树叶、羽毛、食品、玩具、棉花、纸片等。

虫媒传染病占有相当重要的位置，可分为肠道传染病（霍乱、伤寒、痢疾等）、呼吸道传染病（炭疽、鼻疽、野兔热等）、血液传染病（鼠疫、野兔热、森林脑炎、流行性和地方性斑疹伤寒等）及体表（经皮肤）传染病（各型脑炎等）四大类。

3. 其他方法

如派遣特务潜入对方施放生物战剂；在战场上遗弃污染物品、尸体；释放受染的战俘等。

四、生物武器的感染途径

生物武器的感染途径主要有 3 种：

（1）细菌可以附着在食物上进入肠道，形成肠道性感染；

（2）细菌飘浮在空气中，吸入肺部形成吸入性感染；

（3）手或身体外部接触到细菌后形成接触渗透性感染。皮肤性感染的死亡率只有 30%，而吸入性的死亡率则非常高。

五、生物武器的防范

对上述用于生物战剂的微生物的防护，在技术上主要有：侦、捡、防、消、治 5 个方面。

侦，即侦察易带有病原体的传染源；检，即检测细菌或病毒的种类，找到治疗的突破口，目前细菌战剂都可以检测出来；防，即采取预防措施，比如戴防毒面具、戴防疫口罩、穿防生化衣和注射疫苗等；消，即消灭细菌和病毒等的病原体；治，即用抗生素等药物治疗受感染的人或动物、植物等。

一个国家要应对"生物恐怖"，首先，要储备足够批量的疫苗，有充足的药物和手段，来保证对付一些突发事件。其次，要完善防生物武器系统，建立完整快捷的预防、报告、检测、治疗系统。美国已经要求民众发现不正常的信件和邮包就要立即报警，并送交卫生安全部门检测。要对邮件发送和进口岸货物加强管理和检测，进一步完善国内反生物恐怖措施。

第三节　典型的危险性病原体或毒素

根据国外文献的报道，可以作为生物战剂的致病微生物已知的有 160 多种，

▶▶▶▶▶

但从致病性和传染性等标准来衡量，可以作为有效生物战剂的为数就不多了。根据国外资料记载，大致可归为 6 类 28 种。主要包括：

（1）细菌类：主要有鼠疫杆菌（Y. pestis）、霍乱弧菌（vibrio cholerae）、炭疽杆菌（B. anthracis）、类鼻疽杆菌（Burkholderia pseudomallei）、野兔热杆菌（F. tularensis）、布鲁斯氏杆菌（Brucella sp.）、军团杆菌（Legionella pneumophila）等。

（2）病毒类：主要有天花病毒（Variola virus）、黄热病毒（YFV）、委内瑞拉马脑炎病毒（Venezuelan Equine Encephalitis Virus，VEEV）、森林脑炎病毒（Tick-Borne Encephalitis Virus，TBEV）、裂谷热病毒（Rift Valley Fever Virus，RVFV）、登革病毒（Dengue Virus，DV）、拉沙病毒（Lassa Fever Virus，LFV）等。

（3）立克次体类：主要有 Q 热立克次体（R. burneti）、立氏立克次体（R. rickettsii）、普氏立克次体（R. prowazekii）等。

（4）衣原体类：主要有鸟疫（鹦鹉热）衣原体（C. psittaci）等。

（5）毒素类：主要有肉毒杆菌毒素（BTX，Botulinum Toxin）、葡萄球菌肠毒素（Staphylococcal enterotoxin）等。

（6）真菌类：主要有副球孢子菌（Paracoccidioides sp.）、荚膜组织胞浆菌（Histoplasma capsulatum）等。

在历史上作为细菌武器使用过的战剂有：鼠疫杆菌、霍乱弧菌、类鼻疽杆菌、伤寒杆菌、天花病毒、黄热病毒等。根据生物战剂对人的危害程度，又可将其分为致死性战剂和失能性战剂两类。致死性战剂的病死率均在 10% 以上，甚至达到 50% ～ 90%。炭疽杆菌、霍乱弧菌、野兔热杆菌、伤寒杆菌、天花病毒、黄热病毒、东方马脑炎病毒（Eastern equine encephalitis virus，EEEV）、西方马脑炎病毒、斑疹伤寒立克次体（R. Typhi）、肉毒杆菌毒素等都属于致死性战剂。病死率在 10% 以下的生物战剂为失能性战剂，如布鲁氏杆菌、Q 热立克次体、委内瑞拉马脑炎病毒等。根据生物战剂有无传染性，可将其分为传染性生物战剂和非传染性生物战剂，前者如天花病毒、流感病毒（Influenza Virus）、鼠疫杆菌和霍乱弧菌等，所致疾病能在人群中传播，形成流行疾病；后者有野兔热杆菌、肉毒杆菌毒素等。随着微生物学和有关科学技术的发展，新的致病微生物不断被发现，可能成为生物战剂的种类也在不断增加。据国外文献报道，有的国家从非洲等地搜集拉沙热病毒、埃博拉出血热病毒（Ebola Virus，EBOV）及马尔堡热病毒（Marburg Virus）等致病性强的病毒，作为新的生物战剂。曾经喧嚣一时的所谓"黄雨"，属于真菌——镰刀菌（Fuzarium sp.）产生的单端孢霉烯族毒素（Trichothecenes，Ts），其中 T-2 毒素的毒性最高。

典型的危险性病原体或毒素及其危害见表 11.1。

表 11.1 典型的危险性病原体或毒素及其危害

病原体	引发的疾病	病原体	引发的疾病
炭疽杆菌	炭疽	Q 热立克次体	Q 热
肉毒梭状芽孢杆菌	肉毒中毒	鼻疽杆菌	（动物）鼻疽病
耶尔森氏鼠疫杆菌	鼠疫	布鲁斯氏杆菌	布鲁斯氏杆菌病
天花病毒	天花	产气荚膜梭菌（ε-毒素）	产气荚膜梭菌中毒
土拉弗郎西斯杆菌	土拉菌病（兔热病）	葡萄球菌肠毒素 B	葡萄球菌肠毒素 B 中毒
各种病毒	病毒性出血热	蓖麻毒素	蓖麻中毒

一、鼠 疫

（一）病原体

鼠疫病原体是一种无孢子的细菌，按其发现者法国细菌学家 Alexandre Yersinia 命名为耶尔森氏鼠疫杆菌（Y. pestis），如图 11.1 所示。这种杆菌在干血中可存活数周，痰液中能存活 36 天，在蚤粪或潮湿的泥土中只要环境昏暗，温度在 10 ~ 25 ℃ 则可存活一个月以上，对热、紫外光及消毒剂敏感。湿热 70 ~ 80 ℃、10 min 或 100 ℃、1 min 死亡，干热 160 ℃、1 min 死亡，5% 来苏水或石炭酸、0.2% 的升汞可在 20 min 内杀死痰液中的病菌。

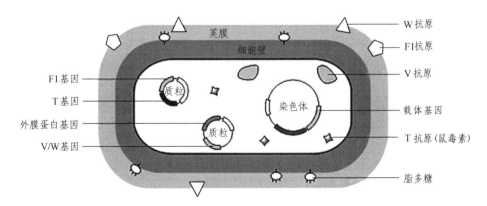

图 11.1 耶尔森氏鼠疫杆菌（Y. pestis）结构模式图

>>>>>>

（二）形态与染色

耶尔森氏鼠疫杆菌（Y. pestis）典型形态为革兰氏阴性短粗杆菌，菌体两端钝圆且浓染，亦易被苯胺染料着色。大小为 0.5 ~ 1.0 μm × 1.0 ~ 2.0 μm。一般分散存在，偶尔成双或呈短链排列。无鞭毛，可与本属其他细菌相区别。不形成芽孢。在死于鼠疫的新鲜动物内脏制备的涂片或印片中，可见吞噬细胞内、外形态典型的菌体，且有荚膜。在腐败材料或化脓性、溃疡性材料中，菌体常膨大呈球形，并且着色不良。如在陈旧培养物或在含 3% 氯化钠的高盐培养基中，菌体呈明显多形性，有球形、杆形、哑铃形等，并可见着色极浅的菌影（ghost）。

（三）培养特性

耶尔森氏鼠疫杆菌（Y. pestis）兼性厌氧。最适生长温度 27 ~ 30 ℃，最适 pH 为 6.9 ~ 7.1。在普通培养基中能够生长，但生长较缓慢，在含血液或组织液的营养培养基中，经 24 ~ 48 h 形成可见菌落。菌落细小，圆形，无色半透明，中央厚而致密，边缘薄而不规则。有毒菌株形成灰白色，黏液性菌落。在肉汤培养基中沉淀生长和形成菌膜，液体一般不混浊，稍加摇动，菌膜下沉呈钟乳石状，此特征有一定鉴别意义。

（四）生化反应

耶尔森氏鼠疫杆菌（Y. pestis）不同菌株有一定差异。该菌所有菌株均发酵葡萄糖，多数菌株能发酵阿拉伯糖、木糖和甘露糖，只有个别菌株能发酵乳糖和蔗糖。多数菌株还原硝酸盐。触酶阳性。一般不分解尿素，不产生硫化氢。

（五）致病物质及所致疾病

耶尔森氏鼠疫杆菌（Y. pestis）毒力很强，少数几个细菌即可使人致病。动物试验结果表明鼠疫毒素可阻断动物肾上腺能神经，引起全身外周血管及淋巴管内皮细胞损伤，出现炎症、坏死、出血，导致血液浓缩和致死性休克，以及肝、肾、心肌纤维损害等。1 μg 鼠疫毒素即可致鼠死亡。对人的损伤机制尚不清楚。F1 抗原、V/W 抗原，外膜蛋白以及内毒素、扩散因子、RNA 酶等与致病性有密切关系，表现为在 37 ℃ 宿主体内的抵抗吞噬细胞吞噬和细胞杀菌作用，引起细胞变性、坏死等细胞毒性等。

鼠疫是自然疫源性传染病，耶尔森氏鼠疫杆菌（Y. pestis）主要寄生于啮齿类动物，传播媒介以鼠蚤为主。蚤因吸吮了受染动物的血液而变为有传染性。病菌在蚤肠内大量繁殖，直至蚤前胃腔全被菌堵塞，而使食物无法通过，饿蚤极力吸血时，先将前胃内容物从吻注入宿主伤口，然后吸血，由此造成传播。在人类鼠疫流行之前，往往先有鼠类鼠疫流行，当大批病鼠死亡，鼠蚤失去原宿主而转向人类，引起人类鼠疫。人患鼠疫后，尚可通过人蚤或呼吸道途径在人群间流行。

临床上常见的有腺型、败血症型和肺型三种类型。

（1）腺型鼠疫：最常见，多发生于流行初期。病菌通过疫蚤叮咬的伤口进入人体后，被吞噬细胞吞噬，在细胞内繁殖，并沿淋巴管到达局部淋巴结，引起出血坏死性淋巴结炎。多见于腹股沟淋巴结。

（2）败血症型鼠疫：可原发或继发。前者常因机体抵抗力弱，病原菌毒力强，侵入体内菌量多所致；后者多继发于腺型鼠疫，病菌侵入血流所致。此型病情凶险，发病初期体温高达 39～40 ℃，皮肤黏膜出现出血点，若抢救不及时，可在数小时至 2～3 天发生休克而死亡。

（3）肺鼠疫：由于吸入带菌尘埃飞沫可直接造成肺部感染（原发型），或由腺鼠疫、败血症型鼠疫继发而致。患者高热、咳嗽，痰中带血及大量病菌，可在 2～3 天内死于休克、心力衰竭等。死者皮肤常呈黑紫色，故有"黑死病"之称。

（六）传播方式

耶尔森氏鼠疫杆菌（Y. pestis）的天然宿主是家鼠或野鼠等啮齿动物。在这种动物身上寄生着吸其血液的跳蚤。当跳蚤另觅宿主并吸血时，已在跳蚤消化道里繁殖的鼠疫杆菌同时被排出，并传播到下一个动物或人身上。跳蚤自身并不得病，而老鼠则可患上此病。因此，如果直接接触患有鼠疫的啮齿动物同样可能被传染。此外，由于鼠疫杆菌即使脱离宿主也能存活，人畜如吸入含有该杆菌的空气也可能被传染。

人群之间只要有人患肺鼠疫而咳嗽，也会传染此病，这种传染方式称为飞沫传染。很遗憾，它可能被模仿，成为生物武器的袭击方式，若用喷洒装置喷出含有耶尔森氏鼠疫杆菌（Y. pestis）的气溶胶，凡吸入被其污染的空气者都会得病。

（七）诊　断

取决于病人有接触史及肺部受累表现，病因诊断取决于痰、血或淋巴结吸

▷▷▷▷▷▷

出物革兰氏染色、培养，有条件的单位可作直接荧光素标记抗体染色，可提供快速的病因诊断。

1. 血象检查

血白细胞一般为 $(10\sim20)\times10^9/L$，明显核左移，甚至出现类白血病反应。

2. 微生物学检查法

（1）采集标本。

因鼠疫传染性极强，采集标本时必须严格无菌操作。根据病型采取淋巴结穿刺液、肿胀部位组织液、脓汁，血液和痰等。人和动物尸体可取肝、脾、肺、病变淋巴结以及心血等。陈旧尸体取骨髓。将采集标本送至有严密防护措施的专门实验室进行检查，禁止在一般实验室进行操作。

（2）直接涂片镜检。

除血液标本外，一般均需涂片或印片，干燥后用甲醇固定，革兰氏染色或吕氏美兰染色，镜检。在不同材料中，菌体大小、形态有很大差异，除典型形态外，往往可见菌体呈多形态性，需加以注意。

（3）分离培养与鉴定。

血液标本需先置肉汤中进行增菌培养。分离培养一般选用血琼脂平板，28 ℃、24 h 后，可见较小的露滴状菌落，继续培养则菌落增大至 1～2 mm，中央厚而致密，周边逐渐变薄。取可疑菌落进行涂片染色镜检，噬菌体裂解试验，血清凝集试验，特异荧光抗体染色等作出鉴定。

（4）血清学试验。

可用于检查耶尔森氏鼠疫杆菌（Y. pestis）抗原或特异性抗体。敏感而特异的试验方法有 ELISA、固相放射免疫分析，SPA 协同凝集试验等。

（5）检测核酸。

用 DNA 探针杂交方法或 PCR 技术检测耶尔森氏鼠疫杆菌（Y. pestis）核酸，有助于鼠疫的诊断。PCR 敏感性极高，蚤体内有 10 个耶尔森氏鼠疫杆菌（Y. pestis）感染即可用 PCR 技术检出。

3. 其他辅助检查

X 线表现为双肺基底部结节影、片状模糊浸润阴影，肺门和纵隔淋巴结肿大，偶尔可见胸腔积液。吸入性原发性肺炎，在起病 24 h 内就可见片状阴影，进一步可出现急性呼吸窘迫综合征（Acute Respiratory Distress Syndrome，ARDS）或肺水肿样改变。

（八）治疗方案

1. 严格隔离

病室灭鼠、灭蚤。病人排泄物须彻底消毒，医务人员应有严密的防护措施。

2. 抗生素治疗

耶尔森氏鼠疫杆菌（Y. pestis）感染应早期足量使用抗菌药物治疗。氨基糖甙类抗生素及磺胺类药物均有效。

腺鼠疫可选用链霉素，每天 2 g，肌内注射。加用四环素，口服，每天 2 g。

肺鼠疫，败血型鼠疫宜联合用药。庆大霉素可替代链霉素作为静脉注射。对于肾功能损害或其他原因不能使用链霉素、庆大霉素的病人，可用氯霉素静脉注射，每天 3 g。用药 3 天内迅速热退，但淋巴结内细菌仍有存活，热退后药物可适当减量，持续用药 10 天。单一药物有效，无需联合用药。

3. 预 防

预防措施包括土埋病死动物，喷杀疫区跳蚤，提醒人们不要进入疫区。确诊患者应立即以"紧急疫情"向卫生防疫机构报告。对可疑病人应立即隔离，对接触了病人的任何人员，尤其是面对面接触过患此病伴咳嗽患者的人员，应给予预防性治疗，即用四环素口服，每天 2 g，用药 5 ~ 10 天。病人隔离应直至痰细菌培养阴性为止。对于常和此菌接触的工作人员，预防接种是有效的，并且是必须的。

二、炭疽与炭疽热

（一）病原体

炭疽杆菌是德国兽医 Davaine 在 1849 年首先发现的。Peur 在 1881 年发现了减毒的芽孢疫苗能预防炭疽，使炭疽成为第一个能用有效菌苗预防的传染病，Sterne 在 1939 年发现的动物疫苗，直至现在仍在使用。炭疽杆菌（B. anthraci）为致病菌中最大的革兰氏阳性杆菌，长 5 ~ 10 μm，宽 1 ~ 3 μm，菌体两端平削，呈竹节状长链排列，无鞭毛。在体内形成荚膜，在体外可形成芽孢，芽孢呈卵圆形，位于菌体中部。在血琼脂平板上形成较大而凸起的灰白色不透明菌落，边缘不规则，如毛发状，不溶血，在肉汤培养基中生长时

▶▶▶▶▶▶

呈絮状沉淀而不混浊。本菌繁殖体对日光、热和常用消毒剂都很敏感，其芽孢的抵抗力很强，在煮沸 10 min 后仍有部分存活，在干热 150 ℃ 可存活 30 ~ 60 min，在湿热 120 ℃、40 min 可被杀死。在 5% 的石炭酸中可存活 20 ~ 40 d。炭疽杆菌的芽孢可在动物、尸体及其污染的环境和泥土中存活多年。

（二）形态与染色

炭疽杆菌（B. anthraci）菌体粗大，两端平截或凹陷，是致病菌中最大的细菌，如图 11.2 所示。排列似竹节状，无鞭毛，无动力，革兰氏染色阳性，本菌在氧气充足，温度适宜（25 ~ 30 ℃）的条件下易形成芽孢。

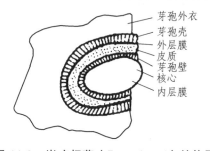

图 11.2　炭疽杆菌（B. anthraci）结构图

在活体或未经解剖的尸体内，则不能形成芽孢。芽孢呈椭圆形，位于菌体中央，其宽度小于菌体的宽度。在人和动物体内能形成荚膜，在含血清和碳酸氢钠的培养基中，孵育于 CO_2 环境下，也能形成荚膜。形成荚膜是毒性特征。

炭疽杆菌（B. anthraci）受低浓度青霉素作用，菌体可肿大形成圆珠，称为"串珠反应"。这也是炭疽杆菌特有的反应。

（三）培养特性

炭疽杆菌（B. anthraci）专性需氧，在普通培养基中易培养，易繁殖。只要掘取一点泥土，放在水里煮一会，接种在加了血液的培养基上就可以了。在培养过程中，最适温度为 37 ℃，最适 pH 为 7.2 ~ 7.4，在琼脂平板培养 24 h。长成直径 2 ~ 4 mm 的粗糙菌落。菌落呈毛玻璃状，边缘不整齐，呈卷发状，有一个或数个小尾突起，这是炭疽杆菌（B. anthraci）向外伸延繁殖所致。在 5% ~ 10% 绵羊血液琼脂平板上，菌落周围无明显的溶血环，但培养较久后可出现轻度溶血。炭疽杆菌（B. anthraci）菌落特征出现最佳时间为 12 ~ 15 h，有黏性，用接种针钩取可拉成丝，称为"拉丝"现象。在普通肉汤培养 18 ~ 24 h，管底有絮状沉淀生长，无菌膜，菌液清亮。有毒株在碳酸氢钠平板、20% CO_2 培养下，形成黏液状菌落（有荚膜），而无毒株则为粗糙状。

（四）致病物质及所致疾病

炭疽杆菌（B. anthraci）能产生毒力很强的外毒素，其是由三种毒性蛋白即保护性抗原（Protective Antigen，PA）、水肿因子（Edema Factor，EF）及致病因子（Lethal Factor，LF）所组成的复合体。可引起组织水肿和出血。其荚膜多糖抗原可保护该菌不被吞噬细胞所吞噬。炭疽杆菌（B. anthraci）芽孢常从皮肤侵入，在皮下迅速繁殖产生强烈外毒素和形成抗吞噬的荚膜，引起局部组织缺血、坏死和周围水肿以及毒血症。其荚膜多糖抗原可阻碍细胞吞噬作用，使该菌易于扩散而引起邻近淋巴结炎和毒血症，以至侵入血流发生败血症。该菌也可以从呼吸道吸入，引起严重肺炎和肺门淋巴结炎；或经胃肠道侵入，引起急性肠炎和局部肠系膜淋巴结炎。也有经口咽黏膜侵入的，引起口咽炭疽。患肺炎和肠炎者易发生败血症。如发生败血症，则该菌播散全身，引起各组织器官的炎症，如并发血源性肺炎和脑膜炎等。炭疽杆菌的外毒素可损伤微血管的内皮细胞而释放出组织凝血活酶，导致弥散性血管内凝血（Disseminated Intravascular Coagulation，DIC），也可引起微循环障碍而发生感染性休克。

潜伏期皮肤炭疽一般为 1 ~ 5 天。肺炭疽可短至 12 h，可长至 12 个月；肠炭疽 24 h。自然感染炭疽以皮肤炭疽为主，生物恐怖相关炭疽以吸入炭疽为主。

1. 皮肤炭疽

皮肤炭疽最为多见，约占炭疽病例的 95%。分为炭疽痈和恶性水肿。

（1）炭疽痈：多见于面、颈、肩、手和脚等裸露部位皮肤，初起为丘疹或斑疹，逐渐形成水疱、溃疡，最终形成黑色似煤炭的干痂，以痂下有肉芽组织，周围有非凹陷性水肿，坚实，疼痛不显著，溃疡不化脓为其特性。发病 1 ~ 2 天后出现发热、头痛、局部淋巴结肿大等症状。

（2）恶性水肿：累及部位多为组织疏松的眼睑、颈、大腿等部位，无黑痂形成而呈大块水肿，扩散迅速，可致大片坏死。局部可有麻木感及轻度胀痛，全身中毒症状明显，如治疗不及时，可引起败血症、肺炎及脑膜炎等并发症。在未使用抗生素的情况下，皮肤炭疽病死率为 20% ~ 30%。

▷▷▷▷▷

2. 肺炭疽

只有少数人会得肺炭疽，临床上也较难诊断。肺炭疽多为原发吸入感染，偶有继发于皮肤炭疽，常形成肺炎。通常起病较急，出现低热、干咳、周身疼痛、乏力等流感样症状。经 2～4 天后症状加重，出现高热、咳嗽加重、痰呈血性，同时伴胸痛、呼吸困难和大汗。肺部啰音及喘鸣。X 线胸片显示肺纵隔增宽，支气管肺炎和胸腔积液。患者常并发败血症、休克、脑膜炎。在出现呼吸困难后 1～2 天死亡，病死率在 80%～100%。

3. 肠炭疽

肠炭疽在临床上较少见。患者出现剧烈腹痛、腹胀、腹泻、呕吐，大便为水样。重者继之高热，血性大便，可出现腹膜刺激症及腹水，并发败血症，因中毒性休克在发病 3～4 天死亡，病死率为 25%～70%。

4. 其他类型

口咽部感染炭疽，出现严重的咽喉疼痛，颈部明显水肿，局部淋巴结肿大。水肿可压迫食管引起吞咽困难，压破气道可出现呼吸困难。

肺炭疽、肠炭疽及严重的皮肤炭疽常引起败血症。除局部症状加重外，患者全身中毒症状加重，并因细菌全身扩散，引起血源性炭疽肺炎、炭疽脑膜炎等严重并发症，病情迅速恶化而死亡。病死率几乎 100%

（五）诊　断

人感染炭疽热的渠道有 3 种、呼吸、饮食和皮肤渗透。

1. 诊断标准

（1）接触史：有与病畜或其皮毛的密切接触史。
（2）临床表现：皮肤炭疽的焦痂（溃疡），肺炭疽的出血性肺炎，肠炭疽的出血性肠炎，败血症的严重全身毒血症与出血倾向等。
（3）确诊：需要细菌涂片染色检查，细菌培养以及动物接种等。

2. 鉴别诊断

皮肤炭疽应同痈、蜂窝组织炎、丹毒、恙虫病、野兔热等鉴别；肺炭疽应于大叶性肺炎、肺鼠疫、钩端螺旋体病等鉴别；肠炭疽应同沙门氏菌肠炎、出血坏死性肠炎及其他急性腹膜炎等鉴别；败血症应同其他细菌引起的败血症鉴别。

3. 辅助检查

（1）血常规：白细胞增高，$10 \times 10^9 \sim 25 \times 10^9$/L。甚至可高达 $60 \times 10^9 \sim 80 \times 10^9$/L。中性粒细胞显著增多，血小板可减少。

（2）细菌涂片与培养：根据临床表现可分别取分泌物、痰液、大便、血液和脑脊液作直接涂片染色镜检，可见粗大的革兰氏阳性杆菌；培养可有炭疽杆菌（B. anthraci）生长。

（3）动物接种：将上述标本接种于家兔、豚鼠与小白鼠皮下，24 h 后出现局部的典型肿胀、出血等阳性反应。接种动物大多于 48 h 内死亡，从其血液与组织中可查出和培养出炭疽杆菌（B. anthraci）。

（4）血清免疫学检查：有间接血凝试验，补体结合试验、免疫荧光法与 ELISA 法等检测血中抗荚膜抗体。炭疽患者发病后 3 天开始产生此抗体，1 周后大多呈阳性。恢复期血清抗体较急性期增加 4 倍以上，即为阳性。ELISA、免疫荧光法敏感性和特异性较高，阳性率达 80% ~ 100%。Ascoli 沉淀实验主要用于检验动物毛与脏器是否染菌。

（5）炭疽皮肤试验：用减毒株的化学提取物皮下注射，症状出现 2 ~ 3 天后，82% 的患者出现阳性结果，4 周后达 99%。

（六）治疗方案

炭疽治疗原则是严格隔离，早诊断，早治疗，杀灭机体内细菌。炭疽热并不是无药可治。自发现炭疽热的病原是炭疽杆菌后，研究人员相继研究出了抗炭疽血清，用于治疗和紧急预防，还研究出了无毒炭疽芽孢疫苗用于预防。此外，磺胺和抗生素也能够抑制炭疽热病感染，条件是在没有受到感染前一周服药可以有效预防，或在接触炭疽热细菌后的 48 h 内使用可以治疗。

1. 基础治疗

给予高热量流质或半流质饮食，必要时静脉补液。严重病例可用激素缓解中毒症状，一般用氢化可的松 100 ~ 300 mg/天，短期静脉滴注，但必须同时应用抗生素；对于皮肤炭疽者的局部伤口切忌挤压及切开引流，否则会引起感染扩散和败血症，可用 1∶5 000 的高锰酸钾液湿敷，或以 1∶2 000 的高锰酸钾液冲洗后，敷以抗菌软膏（如红霉素软膏），再用消毒纱布包扎。肺炭疽、颈部皮肤炭疽病病人，应注意保持呼吸道通畅，严重者输血治疗。循环衰竭者应在补充血容量的基础上给予休克治疗。

▶▶▶▶▶

2. 病原治疗

炭疽杆菌（B. anthraci）对青霉素敏感，临床作为首选用药。一般首选青霉素 G，孕妇只能使用青霉素，老年人首选多西环素（强力霉素）。青霉素用量：皮肤炭疽 240 万～320 万 U，分 3～4 次肌肉注射，疗程 7～10 天；恶性水肿 800 万～1 000 万 U，分 3 或 4 次静滴，疗程 2 周以上；其他型炭疽 1 000 万～2 000 万 U，静脉滴注，并可合用氨基糖苷类药物，疗程 2～3 周。青霉素过敏者，可用氯霉素 2 g，分 3 次或 4 次口服。多西环素 0.2～0.3 g，分 2 或 3 次口服。环丙沙星 0.5 g，每天 2 次口服（儿童禁用）。红霉素 1.5 g，分 3 次或 4 次口服。对于恐怖相关炭疽患者，因病情较重、病死率较高，可选用环丙沙星、氨苄西林等联合用药治疗。先静脉给予环丙沙星 400 mg/12 h 或多西环素 100 mg/12 h，病情稳定后可口服环丙沙星每次 500 mg，每日 2 次，或多西环素每次 100 mg，每日 2 次，疗程 60 天。

3. 炭疽恐惧症的治疗

首先，要对炭疽感染者进行隔离及治疗，以降低病死率，阻止或减少新的炭疽感染者出现；

其次，按照恐惧症的治疗原则采取措施，一般先用药物控制焦虑和惊恐发作，再用行为疗法逐步治疗。

恐惧症的心理疗法包括系统脱敏法、示范疗法、电子游戏法和电震疗法等。

（七）预 防

1. 预防方法

（1）隔离：炭疽病病人应该严格隔离至痊愈，其分泌物、排泄物及其污染的物品与场所，均应按杀灭芽孢的消毒方法进行彻底消毒，不可随意丢弃。患病或病死动物应焚烧或深埋，严禁食用。

（2）检疫与防护：加强对炭疽病的检疫，防止在动物间传播。小量实验操作可用 2 级生物专柜，若操作量较大则应用 3 级生物专柜。当怀疑有炭疽杆菌气溶胶产生时，除一般个人防护外，还须佩带眼罩和呼吸器。战时，个人应穿防护服、戴防毒面具和防疫口罩；无防护器材时，可用手帕或其他纺织品捂住口鼻，并扎紧袖口和裤脚，将上衣塞入裤腰，颈部用毛巾围好，戴手套，外穿雨衣。集体防护可构筑工事或利用地形地物等。

2. 预防药物

（1）疫苗接种：对有关人员接种疫苗。目前采用皮肤划痕法，每次疫苗用量 0.1 mL；国外多采用保护性抗原肌注。对密切接触者应进行医学观察 8 天，必要时尽早进行药物治疗。当前的疫苗具有效力不稳定、对吸入性炭疽的保护率低、免疫程序繁琐、存在副作用等缺点。近年来人们在改造传统疫苗的同时又有一些新的发现，如保护性抗原（PA）的抗体，在体内可杀死芽孢；通过黏膜免疫能够诱导机体分泌 IgA 抗体；抗多聚谷氨酸（γ-D-GA）抗体可以同炭疽杆菌（B. anthraci）的繁殖体作用，从而杀死繁殖体，寻找到新的免疫原。DNA 疫苗、活载体疫苗的出现为新一代安全、免疫程序简单、具更高保护率的疫苗奠定了基础。

（2）炭疽恐惧症的预防：首先，应加强部队对炭疽杆菌（B. anthraci）等生物武器袭击的防护措施训练，保证部队在战时或重大事件后能够及时采取有效措施，减少伤亡；其次，要增强部队的凝聚力，提倡团结协作、互相关心和奉献精神，鼓舞官兵斗志，坚定必胜信心，从而增强对战时各种威胁的心理承受力，减少恐惧症的发生；第三，平时加强对部队的科普宣传，在官兵中普及炭疽杆菌（B. anthraci）等生物武器的知识及其基本医学防护知识，以减少恐惧心理。

三、天　花

（一）病原体

天花，是世界上传染性最强的疾病之一，是由天花病毒（一种痘病毒）引起的烈性传染病。天花病毒外观呈砖形，约 200 nm × 300 nm，抵抗力较强，能对抗干燥和低温，在痂皮、尘土和被服上，可生存数月至一年半之久。这种病毒繁殖快，能在空气中以惊人的速度传播。天花病毒有高度传染性，没有患过天花或没有接种过天花疫苗的人，不分男女老幼包括新生儿在内，均能感染天花。

天花主要通过飞沫吸入或直接接触而传染。天花病毒有两型，毒力强的引起正型天花，弱者引起类天花。

目前，世界上有两个戒备森严的实验室里保存着少量的天花病毒，它们被冷冻在 − 70 °C 的容器里，等待着人类对它们的终审判决。这两个实验室一个在俄罗斯的莫斯科，另一个在美国的亚特兰大。世界卫生组织于 1993 年制定了销毁全球天花病毒样品的具体时间表，后来这项计划又被推迟。

▶▶▶▶▶▶

处理天花病毒的问题上发生了争论：是彻底消灭，还是无限期冷冻。

主张彻底消灭的人认为：彻底消灭现在实验室里的所有天花病毒，是不使天花病毒死灰复燃、卷土重来的最佳良策。但另一些科学家认为，天花病毒不应该从地球上完全清除。因为，在尚不可知的未来研究中可能还要用到它。而一旦它被彻底消灭了，就再也不可能复生。美国政府已向全世界表示，反对销毁现存的天花病毒样品，以便科学家继续研制防止天花感染的疫苗和治疗天花的药物。美国的理由是，"9.11"恐怖袭击事件和"炭疽事件"威胁发生后，美国必须作好对付生物恐怖威胁的准备，为继续研究对付天花的手段，必须保留这一病毒样品。

20世纪80年代前出生的孩子，几乎胳膊上都有一个"种牛痘"的疤痕，这是那个年代防止天花的接种。

（二）发病机制

通过呼吸道吸入是天花的主要传播途径。天花病毒吸附于易感者上呼吸道的上皮细胞表面并入侵，迅速到达局部淋巴结及扁桃体等淋巴组织，大量复制后入血，形成第一次短暂的病毒血症。通过血流，感染全身单核巨噬细胞，并在其内继续复制及释放入血，导致第二次病毒血症。通过血循环，病毒更广泛地播散到全身皮肤、黏膜及内脏器官组织。此时患者发生高热、全身不适。经过2~3天的前驱症状后，出现天花痘疹。

由于天花病毒不耐热，故患者发热后，病毒血症仅维持短暂的时期。发热的次日，患者血中一般难以再检出病毒，病毒主要存在于皮肤等温度较低的组织中。天花病毒入侵皮肤组织细胞后，先在真皮层增生，使真皮层毛细血管扩张，胞质出现空泡、核浓缩、消失，临床上出现斑疹；随后，病毒侵入表皮层细胞大量增生，使局部肿胀，皮层增厚，出现丘疹。此后细胞变性、坏死。细胞间有液体渗出，形成疱疹。破坏不全的细胞在疱疹中成为分隔，形成许多小房；由于深层细胞壁的牵引，使天花的疱疹中央部凹下成脐状。显微镜下观察，疱疹周围上皮细胞的胞质内，可见周界清晰的包涵体，呈圆形，直径为 $1\sim4\ \mu m$。当大量炎症细胞渗入水疱内，即成脓疱疹。脓疱疹内的液体吸收后，则形成硬痂。因破溃及挠抓，脓疱疹易发生继发性细菌感染，使局部皮肤深层病损恶化，也使全身的中毒性症状加重。脓疱疹期，肝脾可肿大。

若口腔、鼻咽部发生继发感染，可导致颈淋巴结肿大。若脓疱只侵及表皮层，脱痂后的瘢痕不甚明显；倘若累及真皮层或有继发感染，则形成遗留终身的凹陷性瘢痕。由于缺乏角质层，黏膜病损的破裂比皮肤破损更快，黏膜的病变很易形成深浅不同的溃疡，而不形成疱疹。病毒易于从溃疡处大量排出；因此，在患者早期的传染性上，黏膜病损起着重要作用。呼吸道、消化管、泌尿道、阴道等处黏膜均可受累。由于溃疡周围显著的炎症反应，可导致严重的症状。倘若波及角膜，可引起角膜混浊、溃疡，或继发细菌性感染，致使患者失明。

（三）诊　断

从患者鼻咽部提取的黏液、疱疹的内容物和血液中可以检测到天花病毒。此外，检查患者血液中的抗体也可以作出诊断。

（四）治疗与预防

到目前为止，对天花还没有确定有效的治疗方法。感染天花的病人通常是以支持疗法进行治疗，例如静脉注射电解质、营养品或以药物控制高烧或疼痛，同时也会以抗生素来预防感染天花病毒后随之而来的细菌感染问题。

采用接种的方法来预防天花由来已久。中国历史上的名医孙思邈用取自天花口疮中的脓液敷着在皮肤上来预防天花。到明代以后，人痘接种法盛行起来。1796 年，英国乡村医生爱德华·詹纳发现了一种危险性更小的接种方法。他成功地给一个 8 岁的男孩注射了牛痘。现在的天花疫苗也不是用人的天花病毒，而是用牛痘病毒做的，牛痘病毒与天花病毒的抗原绝大部分相同，而对人体不会致病。

但是接种天花疫苗中普遍存在的难题是其副作用，而且在某些人身上表现得相当严重，有时甚至导致死亡。首次种痘者因引发脑膜炎而致死的概率为3%。因此，现在尽管担心恐怖分子发动天花病毒袭击，专家们仍都否定对全体民众接种疫苗这一做法。

四、肉毒中毒

（一）病原体

肉毒梭菌（Clostridium botulinum）于 1897 年在比利时一次食物（腐败变质的火腿）中毒事件中由 Van Ermengen 首先分离出。菌体长 2 ~ 4 μm、宽 0.5 ~ 2 μm，菌体有 4 ~ 8 根鞭毛，能运动，无荚膜，在厌氧环境中生长，容易形成

>>>>>

芽孢。幼龄菌体革兰氏染色阳性，形成芽孢后的老龄菌体为阴性。本菌广泛存在自然界中，以芽孢形式存在土壤、蔬菜、水果、谷物中，也可存在于动物粪便中。芽孢耐热性强，煮沸 6 h 仍具有活性，高压灭菌 120 ℃ 需 20 min 才被杀死，干热 180 ℃、5～15 min 才能被杀死。对常用消毒剂不敏感，5% 苯酚或 20% 甲醛溶液需 24 h，10% 盐酸溶液中需 1 h 才能杀灭。肉毒梭菌毒素为肉毒梭菌（C. botulinum）分泌的外毒素，其本质为多肽，被列为世界十大剧毒物质之一。根据外毒素的抗原性不同，目前分成 A、B、C（Ca、Cb）、D、E、F、G 等 8 个型。引起人患病的主要为 A、B、E 三型，F 型、G 型偶有报告。C 型、D 型主要引起野生水鸟、牛、马、鸭、鸡和水貂发病。在已知的化学毒物和生物毒物中，肉毒梭菌毒素的毒性极强，对人的致死量约为 2 μg，是一种嗜神经毒。对神经组织亲和力 A 型最强，E 型次之，B 型较弱。毒素对胃酸有抵抗力，但对热较敏感，80 ℃、30 min 或 100 ℃、10 min 可破坏。在干燥、密封、阴暗常温的条件下，毒素可保存多年。故被肉毒梭菌（C. botulinum）污染的罐头食品中的毒素，可在相当长的时间内保持其毒性。毒素及其经甲醛处理的类毒素具有抗原性，接种动物可产生抗毒血清，能中和同型毒素。

（二）发病机理

人摄入被肉毒梭菌外毒素污染的食物，不能被胃酸和消化酶破坏。由于肉毒梭菌毒素在菌体内是以无毒性前体存在，受自身产生的激活酶作用变成有活性毒素，肠道胰蛋白酶有激活作用。肉毒梭菌外毒素在胃和小肠内被蛋白溶解酶分解成小分子后，吸收进入血液循环，到达运动神经突触和胆碱能神经末梢。

其作用可分为两个阶段。第一阶段，毒素与神经末梢表面部分可逆性结合，可被相应的抗毒素中和。第二阶段，毒素处于乙酰胆碱释放部位，邻近的受体发生不可逆结合，从而抑制神经传导递质-乙酰胆碱的释放，使肌肉不能收缩，导致眼肌、咽肌以及全身骨骼肌处于持续瘫痪状态。

本病病死率高，A 型为 60%～70%，B 型 10%～30%，E 型 30%～50%。E 型死亡较快。近年来，由于早期使用抗毒血清，A 型病死率已降至 10%～25%，B 型为 1.5% 左右。

（三）临床症状

潜伏期长短与进入毒素量有关，潜伏期愈短，病情愈重。但潜伏期长者也可呈重型，或者轻型起病，后发展成重型。临床表现轻重不一，轻者仅轻微不适，无需治疗，重者可于 24 h 内致死。起病急骤，以中枢神经系统症状为主，早期有恶心、呕吐等症状，一般 B 型和 E 型比 A 型常见，继之出现头昏、头痛、全身乏力、视力模糊、复视。当胆碱能神经的传递作用受损，可见便秘、尿潴留及唾液和泪液分泌减少。

肉毒中毒患者一般精神紧张、上眼睑下垂、眼外肌运动无力、眼球调节功能减退或消失。有些患者瞳孔两侧不等大、光反应迟钝。重症者腭、舌、咽、呼吸肌呈对称性弛缓性轻瘫，出现咀嚼困难、吞咽困难、语言困难、呼吸困难等脑神经损害。四肢肌肉弛缓性轻瘫表现深腱反射可减弱和消失。但不出现病理反射，肢体瘫痪则较少见，感觉正常，意识清楚。无继发感染者体温正常。肉毒中毒一旦出现症状，病情进展迅速，变化明显，重症可有呼吸衰竭、心力衰竭，或继发肺部感染，若抢救不及时可于 2~3 天内死亡。经过稳定期后，逐渐进入恢复期，大多于 6~10 天内恢复，长者达 1 个月以上。一般呼吸、吞咽及语言困难先行缓解，随后瘫痪肢体的肌肉渐复原，视觉恢复较慢，有时需数月之久。婴儿肉毒中毒：年龄为 4~26 周，大多为混合喂养，也有单纯母乳喂养，初发症状为便秘、不吃奶、全身弛软、哭声低沉、颈软不能抬头，继而出现脑神经麻痹。病情进展迅猛，可因呼吸麻痹死亡。也有病情较轻者，仅有腹胀，或难以觉察的便秘、乏力。故应警惕漏诊或误诊。创伤性肉毒中毒：由伤口感染到出现中毒症状的潜伏期约 10~14 天，表现与食物中毒型相同，但无恶心、呕吐等胃肠道症状。可以有发热、毒血症表现。

（四）诊断检查

1. 诊　断

根据特殊饮食史及同餐者发病情况，结合临床表现咽干、便秘、视力模糊和中枢神经系统损害等症状和体征，一般不难作出诊断，检出细菌仅能作为辅助依据，其目的在于通过培养检出毒素而获确诊。婴儿肉毒中毒的确诊主要依据检测患儿粪便中肉毒梭菌或肉毒梭菌毒素，因血中毒素可能已被结合而不易检出。创伤性肉毒中毒，主要检测伤口肉毒梭菌或血清中毒素。

2. 实验室检查

1）病原学检查

将可疑食物、呕吐物或排泄物加热煮沸 20 min 后，接种血琼脂作厌氧菌培养，检出致病菌。

▷▷▷▷▷

2）毒素试验

（1）动物试验。将检查标本浸出液饲喂动物，或作豚鼠、小白鼠腹腔内注射，同时设对照组，以加热 80 ℃、30 min 处理的标本或加注混合型肉毒抗毒素于标本中，如试验组动物发生肢体麻痹死亡，而对照组无，则本病的诊断即可成立。

（2）中和试验。将各型抗毒素血清 0.5 mL 注射小白鼠腹腔内，随后接种标本 0.5 mL，同时设对照组，从而判断毒素和定型。

（3）禽眼接种试验。将含有毒素的浸出液，视禽类大小，采用 0.1～0.3 mL 不等注入家禽眼内角下方眼睑皮下，出现眼睑闭合，或出现麻痹性瘫痪和呼吸困难，经数十分钟至数小时死亡，可作为快速诊断。其他辅助检查：肌电图检查有肌纤维颤动，单次刺激反应降低，多次反复刺激电势反而增高，有短持续期小波幅多相运动、电势增加等特点，有助于本病诊断。

（五）治疗方案

1. 一般治疗

清除胃肠内毒：由于肉毒梭菌外毒素在碱性液中易破坏，在氧化剂作用下毒性减弱，故确诊或疑似肉毒中毒时，可用 5% 碳酸氢钠或 1:4 000 高锰酸钾溶液洗胃，清除摄入的毒素。对没有肠麻痹者，可应用导泻剂和灌肠排除肠内未吸收的毒素，但不宜使用枸橼酸镁和硫酸镁。因镁可加强肉毒梭菌毒素引起神经肌肉阻滞作用。

加强护理，密切观察病情变化，呼吸道有分泌物不能自行排出者，应予以定期吸痰，必要时选择气管切开。一旦发生呼吸衰竭，应尽早使用人工呼吸器辅助呼吸，对较轻的病例可作气管插管。对严重肠梗阻患者应用鼻胃管胃肠减压。有尿潴留者应给予持续导尿。

补充液体及营养，有吞咽困难者应予鼻饲饮食或者静脉滴注每天必需的液体、电解质及其他营养。

2. 抗毒素治疗

精制肉毒抗毒血清可中和体液中的毒素。一般主张早期、足量使用。在毒型未能鉴定之前应给予多价抗毒素（A、B、E 混合三联抗毒素）5 万～10 万 U，一次肌内注射或静脉注射，6 h 后重复给药。重症病例，减量或停药均不宜过早。当毒素型别明确时，应采用同型抗毒素血清注射。抗毒素血清注射前，应作皮内过敏试验，如为阳性，必须由小剂量开始、逐步加量脱敏注射，直到病情缓解为止。婴儿肉毒中毒的治疗，由于患儿血中很少有毒素，故一般不建议使用抗毒素，主要采取对症治疗。近来有人主张大剂量青霉素，可减少肠道内肉毒梭菌外毒素的产生和吸收。

3. 释放乙酰胆碱作用

其他治疗如盐酸胍啶有促进周围神经释放乙酰胆碱作用，故认为对神经瘫痪和呼吸功能有改进作用，剂量为 15 ~ 50 mg/（kg.d），可经鼻饲给予，不良反应有胃肠反应、麻木感、肌痉挛、心律不齐等。抗生素仅适用于有并发感染者。

（六）预　防

（1）严格执行食品管理法，对罐头食品、火腿、腌腊食品的制作和保存应进行卫生检查，对腌鱼、咸肉、腊肠必须蒸透、煮透、炒透才能进食。罐头食品顶部膨出现象或有变质者均应禁止出售。

（2）禁止食用腐败变质的食物。

（3）同食者发生肉毒中毒，未发病者可考虑给以多价血清 1 000 ~ 2 000 U 作预防，并进行观察，生活中必须经常食用罐头食品者，可用肉毒梭菌类毒素预防注射，1 mL/次，皮下注射，1 次/周，共注射 3 次。

（4）对于有散布肉毒毒素气溶胶或肉毒毒素结晶污染水源的地区，必要时应对有关人员进行自动免疫。

五、土拉菌病

土拉菌病（Tularenmia）是由土拉弗朗西斯杆菌（F. tularensis）引起的多种野生动物、家畜及人共患病，也称野兔热。

（一）病原体

土拉弗朗西斯菌（F. tularensis）为革兰氏阴性球杆菌，菌体大小为 0.3 ~ 0.5 μm × 0.2 μm，培养物涂片，菌体呈小球形；动物组织涂片，菌体呈球杆状。从脏器或菌落制备的涂片做革兰氏染色，可以看到大量的黏液连成一片呈薄细

▶▶▶▶▶

网状复红色，菌体为玫瑰色，此点为本菌形态学的重要特征。

从生物化学和流行病学上区分，土拉菌病有两种病原体：传染性强的 A 型（美国加利福尼亚州土拉县发现的双卵土拉弗朗西斯杆菌）和毒性较弱的 B 型（欧、亚、非等洲古北地区的双卵土拉弗朗西斯杆菌）。这两种细菌的寿命都较长，而且易产生耐药性。土拉弗朗西斯杆菌（F. tularensis）在水中能存活达 3 个月之久，在潮湿的土壤中可存活 1 个月。患病动物的尸体和其剥下的皮中的土拉杆菌分别在 4 个月和 40 天内仍具传染能力。另经证实，蜱媒上的土拉杆菌可存活约达 2 年之久。

土拉弗朗西斯菌对低温具有特殊的耐受力，在 0 ℃ 以下的水中可存活 9 个月，在 20～25 ℃ 水中可存活 1～2 个月，而且毒力不发生改变。对热和化学消毒剂抵抗力较弱。

（二）流行病学

土拉弗朗西斯菌（F. tularensis）的储存宿主主要是家兔和野兔（A 型）以及啮齿动物（B 型）。A 型主要经蜱和吸血昆虫传播，而被啮齿动物污染的地表水是 B 型的重要传染来源。家禽也可能作为本菌的储存宿主。在有本病存在的地区，绵羊比较容易被感染，主要经蜱和其他吸血昆虫叮咬传播。极少有犬感染的报道，但猫对土拉热菌病易感，经吸血昆虫叮咬、捕食兔或啮齿动物而被感染，甚至被已感染猫咬伤等途径均可感染。人因接触野生动物或病畜而感染。本病出现季节性发病高峰往往与媒介昆虫的活动有关，但秋冬季也可发生水源感染。

人间土拉菌病的传播途径有：

（1）直接接触感染。直接接触死动物，尤其是剥皮或处理动物尸体，以及接触死动物排泄物和污染物（水、食物等），通过皮肤和黏膜、眼结膜侵入机体而感染发病。

（2）消化道感染。通常是吃了污染的食物和饮用污染的水而感染，如果一次性感染的菌量过大，则病情会比较重。

（3）呼吸道感染。由于病死动物排泄物污染粮食、稻草等，在处理或使用过程中产生气溶胶经呼吸道感染。

（4）虫媒叮咬感染。带菌的吸血昆虫（蜱、蚊和虻）通过叮咬刺破表皮，将细菌注入人体，或者在皮肤表面压碎昆虫或昆虫飞进眼睛而直接接触感染。

（三）临床表现

土拉菌病的初期症状一般是发热、头痛和全身肢体痛，患者会感到极为疲劳和虚弱无力。医生根据土拉杆菌侵入人体的部位和方式将其区分为体表型和体内型两种。

感染体表型土拉菌病时，病菌入侵的体表部位会形成一些小丘疹，有时略有痒感，由于痛觉不明显，往往被忽视。这种不引人注意的小丘疹一般在形成溃疡后才有明显变化，并使得附近淋巴结肿大。当病菌最后进入全身淋巴结后，患者就会感到疼痛，体温随之升至 40 ℃。

肿大的淋巴结有时也会溃疡流脓。症状随病菌侵入位置的不同而变化。如果病菌侵入眼睛，会引起明显的结膜炎。如果患者是摄入带此病菌的食物后发病的，则会出现咽喉炎、呕吐、腹痛和腹泻等症状。

在吸入土拉杆菌后，患者会出现肺炎、肋膜炎、胸骨后疼痛和干咳等症状，但随后也可能会出现腹泻和腹部剧痛这些类似伤寒的症状。土拉菌病还可能引起心包炎、脑膜炎和骨髓炎等并发症。

体内型土拉菌病的死亡率在 30%～60%，而体表型土拉菌病的死亡率只有5%，而及时治疗可以使死亡发生的可能性降低为零。凡患过此病者可终生免疫，未见过有二次感染的报道。

（四）诊　断

土拉弗朗西斯杆菌（F. tularensis）可以从患者的溃疡提取物或唾沫中检出，但很麻烦，因为该病原菌传染性很强，如此检测对检测人员是极其危险的，因此只能在特别安全的实验室里进行。

常见的检测土拉弗朗西斯杆菌的方法是免疫诊断或血清学方法。此类方法可以检测到患者血液中的抗体或抗原。在感染后第二周即可检出抗体。疫情严重的紧急情况下，专业人员在专门实验室里利用基因技术可在短短数小时内检出土拉弗朗西斯杆菌（F. tularensis）。

（五）治　疗

抗生素对土拉菌病的病原体具有很好的灭活作用，因此可以选用含有生物活性物质的药品，如链霉素、庆大霉素、环丙沙星或强力霉素来进行灭活。

但美国和苏联已经培养出对大多数抗生素都具有耐药性的土拉菌株，因此

▷▷▷▷▷▷

在检出该病菌后一律应在实验室里对其做耐药性试验。

（六）预　防

德国、奥地利和瑞士现在不允许使用毒性弱化的活菌苗进行预防接种，但事实上毒性弱化的活菌苗可阻止发病或起码能缓和病情。预防接种后大约两周，体内就开始产生免疫力。

疫苗接种后的预防作用就像得过此病终生免疫一样。但疫苗接种的预防作用不是绝对的，接种后仍有可能传染上土拉菌病。

土拉菌病患者必须被隔离，被该杆菌污染的衣物应由专门机构作为特殊废物处理。具体预防措施如下：

（1）卫生措施：本病是一种多宿主、多媒介、多传播途径的自然疫源性疾病。因而其自然疫源地的卫生措施应包括灭鼠、灭虫，搞好环境卫生；做好水源和食品的防鼠工作；做好动物间土拉菌病的监测、预防与控制工作。

（2）个人防护：户外活动应多穿防护衣物，尽量减少裸露部位；防止蚊虫、牛虻等虫媒叮咬；不喝生水，不吃没有煮熟的动物肉类等。

（3）菌苗接种：菌苗接种是防止人间土拉菌病流行的主要手段。土拉冻干活菌苗是菌苗类制品中最好的一种，该菌苗接种后免疫力可持续 5～7 年。

六、病毒性出血热

病毒性出血热泛指一种常伴以出血症状的严重综合症。它是由数类不同组别的病毒引起的疾病。病毒性出血热的重要例子有埃博拉出血热、马堡出血热、拉沙热、裂谷热、登革出血热、黄热病及天花等等。

（一）病原体

引起出血热的各种病毒都有极强的传染性，并且都需要一种所谓的天然宿主赖以生存，而这些宿主往往是哺乳动物或昆虫。宿主自身不会得病，而人体，在任何情况下都只会被感染，而不是出血热病毒的宿主。这一类病毒中最主要的有埃博拉病毒、马尔堡病毒和拉沙病毒。

埃博拉病毒：这种病原体属于丝状病毒科、被世界卫生组织称为迄今已知的所有病毒中最具攻击性的一种。1976 年首次在刚果和苏丹被发现，因此以刚果的埃博拉河命名。迄今业已发现的埃博拉病毒共有四种，其中两种对人类的威胁很大，并且迄今仍不知道何为其天然宿主。有人怀疑一种只生活在非洲的动物才是此病原体的宿主，因为迄今只有在那里流行过骇人听闻的埃博拉出血热疫。

马尔堡病毒：1967年，德国马尔堡市一家实验室从乌干达引进青猴以作科研用，可是在这种动物运到几天后，实验室的工作人员都患上了出血热，后来这种致病病毒被命名为马尔堡病毒。该病毒与埃博拉病毒同属于丝状病毒科，其致病危险性几乎不亚于埃博拉病毒。马尔堡出血热存档病例极少，最近报道的一例马尔堡病毒感染者是一位去肯尼亚旅游时染上此病的年轻人，他最后死于出血热。跟埃博拉病毒一样，马尔堡病毒的宿主动物迄今无人知晓。

拉沙病毒：拉沙病毒是在1969年在尼日利亚拉沙村传道而患出血热致死的两位修女身上发现的，研究人员发现病毒的同时，也成功地追寻到这种病毒的天然宿主——以该村的多乳头小家鼠为代表的啮齿目动物。非洲的小房子里到处都有这种小家鼠，西非每年大约有10万～30万居民染上拉沙出血热，其中约有5 000人死于此病。

（二）传播途径

动物如啮齿动物通常是病毒的宿主。啮齿动物透过人接触它们的尿液、粪便、口水及其他体液而传播这些病毒，包括肾综合症出血热。拉沙热经啮齿动物携带，并透过飞沫或接触其分泌物传播。埃博拉出血热和马堡出血热的宿主尚未能确定。昆虫媒介如蚊子和蜱透过叮咬人或当人拍压蜱媒来传播。克里米亚-刚果出血热经蜱媒传送；裂谷热、登革热等则经蚊叮而传播。

人也可透过照顾或宰杀受感染的动物以被传染的。埃博拉病毒和马堡病毒可以人传人，途径是经直接紧密接触受感染者或其体液，或间接接触受其体液污染的物件如针筒。裂谷热亦可经直接接触受感染动物如绵羊的血液或组织而传播，如饮用未经消毒的牛奶。

（三）临床表现

各种病毒性出血热，临床表现虽有差异，但都有以下几种基本表现：

（1）发热，这是该疾病最基本的症状，不同的出血热，发热持续的时间和热型不完全相同。以蚊为媒介的出血热多为双峰热，各种症状随第二次发热而加剧，流行性出血热，则多为持续热。

（2）出血及发疹，各种出血热均有出血、发疹现象，但出血、发疹的部位、

▷▷▷▷▷

时间和程度各不相同，轻者仅有少数出血点及皮疹，重者可发生胃肠道、呼吸道或泌尿生殖系统大出血。

病情较轻的黄热病或克里米亚-刚果出血热就仅有这些症状，不会进一步恶化，因此就像患上流行性感冒。但致病力很强的埃博拉病毒或马尔堡病毒则会引起呕吐及皮肤黏膜出血，继而引起患者的消化道、泌尿生殖系统也出血，然后往往并发大脑炎，最后因肾衰竭而死。

（四）诊断标准

通过以下诊断，若确有相对应的症状或检测结果，即可初步诊断为病毒性出血热。

（1）血检查：早期白细胞数低或正常，3~4天后明显增多，杆状核细胞增多，出现较多的异型淋巴细胞；血小板明显减少。

（2）尿检查：尿蛋白呈阳性，并迅速加重，伴有显微血尿、管形尿。

（3）血清特异性 IgM 抗体呈阳性。

（4）恢复期，血清特异性 IgG 抗体比急性期有 4 倍以上增高。

（5）从病人血液白细胞或尿沉渣细胞检查到汉坦病毒（或 EHF）抗原或病毒 RNA。

注意：发热期应与上呼吸道感染、败血症、急性胃肠炎和菌痢等鉴别。休克期应与其他感染性休克鉴别。少尿期则与急性肾炎及其他原因引起的急性肾衰竭相鉴别。出血明显者需与消化性溃疡出血、血小板减少性紫癜和其他原因所致弥散性血管内凝血（DIC）鉴别。以急性呼吸窘迫综合征（ARDS）为主要表现者应注意与其他病因引起者区别。腹痛为主要体征者应与外科急腹症鉴别。

（五）治　疗

1. 埃博拉病毒、马尔堡病毒与黄热病病毒的治疗

目前，对这几种病毒还不能直接用药物治疗，只能对症治疗，例如循环系统支持疗法，同时辅以抗生素以防细菌二次感染。

2. 拉沙病毒的治疗

三唑核苷是一种抗毒药，对治疗拉沙出血热很有效。如果在病症初起的 6 天内给药，则病情可能减轻，患者很少死亡。

（六）预 防

1. 埃博拉与马尔堡病毒的预防

对于这两种病毒，现在还没有出现适用于人类的可靠疫苗。非洲有一研究小组成功地研制出能防止一小群类人猿爆发埃博拉出血热的疫苗，美国科学家则在对小家鼠的防疫试验中取得了成功。但要研制出能用于人类的疫苗尚需旷日持久地做大量试验。

迄今唯一可以预防这两种病毒的措施是：应绝对避免接触这两类病毒的受染者及其排泄物，患者应严格隔离，其衣着用品必须当做特殊垃圾处理。医护人员必须戴防毒面具、手套，并穿上防护服。只要采取这些措施就可以防止疫情扩散。

不过，专家们也在不断深入研究人类何以会感染上这类病毒，因为有些人尽管密切接触埃博拉出血热病人，但并未感染上该病毒，他们依然很健康。后来，科学家终于在埃博拉出血热患者身上发现一种破坏免疫系统的病毒蛋白，他们估计可能就是这种病毒蛋白破坏了免疫系统，才使埃博拉病毒能够长驱直入并扩散到全身。但有些人似乎没有发生这种免疫系统被破坏的情况，因此不会染上此出血热。至于为什么会这样，目前尚不清楚。

2. 拉沙病毒的预防

美国疾病控制与预防中心目前正在研制预防拉沙病毒的疫苗。对拉沙病毒患者同样要严格隔离，护理人员必须穿防护服。由于患者病愈后其排泄物中仍可能含有病毒，在感染后的三个月内应避免性接触。

七、Q 热

1937 年，Derrick 在澳大利亚的昆士兰发现并首先描述，因当时原因不明，故称该病为 Q 热。

（一）病原体

伯纳特立克次体（Q 热立克次体，R. burneti）的基本特征与其他立克次体相同，但有如下特点：

▷▷▷▷▷

（1）具有滤过性。

（2）多在宿主细胞空泡内繁殖。

（3）不含有与变形杆菌 X 株起交叉反应的 X 凝集原。

（4）对实验室动物一般不显急性中毒反应。

（5）对理化因素抵抗力强。

这种病原体在感染的细胞质内呈大集团（直径 20~30 μm）存在，其个体形态为短杆状或呈两极染色的细小双球状，有些颗粒象中等大小的细菌，也有的可小到 $0.3×0.15$ μm，可通过平均孔径为 0.4 μm 的滤膜，革兰氏染色阴性，但当用含酒精的碘液作媒染剂时，则为革兰氏阳性。用马夏维洛染色法或布鲁氏菌鉴别染色法，呈淡红色或淡红紫色。用荧光抗体染色能获得更为理想的结果。

Q 热立克次体（R. burneti）能抵抗干燥和腐败，在干燥沙土中 4~6 ℃可存活 7~9 个月，-56 ℃ 能活数年，在 60~70 ℃ 中加热 30~60 min 才能灭活。当病理材料组织中的病原体悬浮在 50% 甘油盐液中时 Q 热立克次体(R. burneti）可长期存活，在粪便、分泌物、水和鲜奶中也可存活很长的时期。Q 热立克次体（R. burneti）对物理和化学杀菌因素的抵抗力相当强大，鲜奶在 63 ℃ 保持 30 min 不能破坏其全部病原体，但在 73 ℃ 维持 15 min 可获得良好的消毒效果。柏内特柯克氏体在黄油和干酪中可保存毒力数天到数周，有传染性的干燥血液可维持其传染性达 6 个月之久；蜱的粪便可保存病原体达 1 年半以上。2% 福尔马林、1% 来苏儿、5% 过氧化氢可杀死柏内特柯克氏体。

Q 热立克次体（R. burneti）为一种专性细胞内寄生性微生物，在无生命的基质上不能生长。腹腔接种豚鼠、兔、田鼠、小鼠时，病原体易增殖，在 6~8 天龄的鸡胚卵黄囊内不易生长。接种的实验动物一般在感染 5~28 天后发热，雄性动物很少出现典型的睾丸炎（斯屈劳斯反应）。柏内特柯克氏体在培养的单层细胞上也可生长，但缺乏明显的病变。

抗原分为两相。初次从动物或壁虱分离的立克次体 Ⅰ 相抗原（表面抗原，毒力抗原）；经鸡胚卵黄囊多次传代后成为 Ⅱ 相抗原（毒力减低），但经动物或蜱传代后又可逆转为 Ⅰ 相抗原。两相抗原在补体结合试验、凝集试验、吞噬试验、间接血凝试验及免疫荧光试验的反应性均有差别。

（二）传播途径

动物间通过蜱传播；人通过下列途径受染：

（1）呼吸道传播，是最主要的传播途径。Q 热立克次体（R. burneti）随动物尿粪、汗水等排泄物以及蜱粪便污染尘埃或形成气溶胶进入呼吸道致病。

（2）接触传播，与病畜、蜱粪接触进行传播，病原体可通过受损的皮肤、黏膜侵入人体。

（3）消化道传播，饮用污染的水和奶类制品也可受染。但因人类胃肠道非该病原体易感部位，而且污染的牛奶中常含有中和抗体，能使病原体的毒力减弱而不致病，故感染机会较少。

屠宰场肉品加工厂、牛奶厂、各种畜牧业、制革皮毛工作者受染几率较高，受染后不一定发病，血清学调查证明隐性感染率可达 0.5% ~ 3.5%。病后免疫力持久。

（三）发病原理及临床表现

1. 发病原理

Q 热立克次体（R. burneti）由呼吸道黏膜进入人体。先在局部网状内皮细胞内繁殖，然后入血形成立克次体血症，波及全身各组织、器官，造成小血管、肺肝等组织脏器病变。血管病变主要有内皮细胞肿胀，可有血栓形成。肺部病变与病毒或支原体肺炎相似。小支气管肺泡中有纤维蛋白、淋巴细胞及大单核细胞组成的渗出液，严重者类似大叶性肺炎。国外近有 Q 热立克次体（R. burneti）引起炎症性假性肺肿瘤的报道。肝脏有广泛的肉芽肿样浸润。心脏可发生心肌炎、心内膜炎及心包炎、并能侵犯瓣膜形成赘生物，甚至导致主动脉窦破裂、瓣膜穿孔。其他脾、肾、睾丸亦可发生病变。

2. 临床表现

潜伏期 12 ~ 39 天，平均 18 天。起病大多急骤，少数较缓。

（1）发热。初起时伴畏寒、头痛、肌痛、乏力、发热在 2 ~ 4 天内升至 39 ~ 40 ℃，呈弛张热型，持续 2 ~ 14 天。部分患者有盗汗。近年发现不少患者呈回归热型表现。

（2）头痛。剧烈头痛是本病突出特征，多见于前额，眼眶后和枕部，也常伴肌痛，尤其腰肌、腓肠肌为主，也可伴关节痛。

（3）肺炎。约 30% ~ 80% 病人有肺部病变。于病程第 5 ~ 6 天开始干咳、胸痛，少数有黏液痰或血性痰，体征不明显，有时可闻及细小湿罗音。X 线检查常发现肺下叶周围呈节段性或大叶性模糊阴影，肺部或支气管周围可呈现纹理增粗及浸润现象，类似支气管肺炎。肺病变于第 10 ~ 14 病日左右最为显著，2 ~ 4 周消失。偶可并发胸膜炎，胸腔积液。

（4）肝炎。肝脏受累较为常见。患者有恶心、呕吐、右上腹痛等症状。肝

▶▶▶▶▶

脏肿大，但程度不一，少数可达肋缘下 10 cm，压痛不显著。部分病人有脾大。肝功能检查胆红素及转氨酶常增高。

（5）心内膜炎或慢性 Q 热。约 2% 患者有心内膜炎，表现长期不规则发热、疲乏、贫血、杵状指、心脏杂音、呼吸困难等。继发的瓣膜病变多见于主动脉瓣，二尖瓣也可发生，与原有风湿病相关。慢性 Q 热指急性 Q 热后病程持续数月或一年以上者，是多系统疾病，可出现心包炎、心肌炎、心肺梗塞、脑膜脑炎、脊髓炎、间质性肾炎等。

急性 Q 热大多预后较好，未经治疗，约有 1% 的死亡率。慢性 Q 热，未经治疗，常因心内膜炎死亡，病死率可达 30～65%。

（四）诊　断

1. 临床诊断

如有与牛羊等家畜接触史，当地有本病存在时，应考虑 Q 热的可能性。对伴有剧烈头痛、肌痛、肺炎、肝炎、外斐氏试验阴性者应高度警惕。

2. 实验室检查

1）血　象

血细胞计数正常，中性粒细胞轻度左移，血小板可减少，血沉中等程度增快。

2）血清学

（1）补体结合试验。急性 Q 热Ⅱ相抗体增高，Ⅰ相抗体呈低水平。若单份血清Ⅱ相抗体效价在 1∶64 以上有诊断价值，病后 2～4 周，双份血清效价升高 4 倍，可以确诊。慢性 Q 热，Ⅰ相抗体相当或超过Ⅱ相抗体水平。

（2）微量凝集试验。Ⅰ相抗原经三氯醋酸处理转为Ⅱ相抗原，用苏木紫染色后在塑料盘上与病人血清发生凝集。此法较补体结合试验敏感，阳性出现率（第一周阳性率 50%，第 2 周阳性率 90%），也可采用毛细管凝集试验。但特异性不如补体结合试验。

（3）免疫荧光及 ELISA 检测 Q 热特异性 IgM（抗Ⅱ相抗原），可用于早期诊断。

3）病原分离

取血、痰、尿或脑脊液材料，注入豚鼠腹腔，在 2～5 周内测定其血清补体结合抗体，可见效价上升；同时动物有发热及脾肿大，剖检取脾组织及脾表面渗液涂片染色镜检病原体；也可用鸡胚卵黄囊或组织培养方法分离立克次体，但须在有条件实验室进行，以免引起实验室内感染。

3. 鉴别诊断

急性 Q 热应与流感、布鲁氏菌病、钩端螺旋体病、伤寒、病毒性肝炎、支原体肺炎、鹦鹉热等鉴别。

Q 热心内膜炎应与细菌性心内膜炎鉴别：凡有心内膜炎表现，血培养多次阴性或伴有高胆红素血症、肝肿大、血小板减少（< 10 万/mm³）应考虑 Q 热心内膜炎。补体结合试验 I 相抗体 > 1/200，可予诊断。国外有报告，直接荧光检测 I、II 相 IgA 呈高效价，用来诊断 Q 热心内膜炎。慢性 Q 热其他表现也要与相应病因所致疾病鉴别。

（五）治　疗

四环素族及氯霉素对本病有特效。每日 2 ~ 3 g 分次服用。服药 48 h 内退热后减半，继服一周，以免复发。复发病例再服药仍有效。亦可服强力霉素 200 mg，每日 1 次，疗程 10 天。对 Q 热心内膜炎者，可口服复方磺胺甲基异恶唑，每日 4 片，分 2 次，连用 4 周，也有疗程需达 4 个月者。或用四环素和林可霉素联合治疗。也可以以 I 相抗体是否下降来决定药物疗程。有心脏瓣膜病变者，可行人工瓣膜置换术。

（六）预　防

（1）管理传染源：患者应隔离，痰及大、小便应消毒处理。注意家畜、家禽的管理，使孕畜与健畜隔离，并对家畜分娩期的排泄物、胎盘及其污染环境进行严格消毒处理。

（2）切断传播途径：

① 屠宰场、肉类加工厂、皮毛制革厂等场所，与牲畜有密切接触的工作人员，必须按防护条例进行工作。

② 灭鼠灭蜱。

③ 对疑有传染的牛羊奶必须煮沸 10 min 方可饮用。

（3）主动免疫：对接触家畜机会较多的工作人员可予疫苗接种，以防感染。牲畜也可接种，以减少发病率。死疫苗局部反应大；弱毒活疫苗用于皮上划痕或糖丸口服，无不良反应，效果较好。

▶▶▶▶▶

八、蜱传脑炎

各种蜱都是大量病毒和细菌的传播媒介。病原体利用这种令人讨厌的小动物作为工具传染给一个又一个受害者，而蜱本身并不得病。许多致命的病原体往往就是由蜱传播的。

由蜱传播的病毒大多数属于黄病毒科并向各大洲进行地域性传播。穿适当的衣服和皮肤上涂驱虫药往往是唯一有效的预防措施。

在德国和奥地利主要在初夏流行凶险的脑膜炎；在美洲主要流行委内瑞拉马脑炎、圣路易斯脑炎和最凶险的玻瓦桑脑炎；在亚洲主要流行日本大脑炎。这些脑炎都是由蜱媒传染的。

以上这些脑炎开始发作时患者都伴高热、头痛和肢体痛，随后脖颈僵直、呕吐、突然抽搐、意识障碍直至昏迷，但也有不发生抽搐和意识障碍的轻型脑炎。

对于这几种脑炎无特效药可治，一般只能采取支持性疗法，例如给服止痛药，必要时加强监护。现有的疫苗接种只能预防初夏脑炎、日本脑炎和委内瑞拉马脑炎。

把这类脑炎病毒用作生物武器的可能性极其有限，但对于生物实验人员来说，在他们无意中吸入委内瑞拉马脑炎病毒后，或许会想到这类脑炎病毒也存在着适合于制造生物武器的潜能。

☞ **蜱咬病**：在我国河南近年来报道的蜱咬病，该病为以发热、胃肠道症状、血小板减少和白细胞减少为主要临床表现，少数患者因多器官衰竭死亡。针对这一可能的新发传染病，在卫生部的组织下，中国疾病预防控制中心开展了探索研究工作。研究确认为蜱虫传播的新型布尼亚病毒，明确了新布尼亚病毒致病的临床和流行病学特征。患者的主要临床表现为发热、消化道症状、血小板减少、白细胞减少、肝肾功能损害，部分患者有出血表现。

2011 年 3 月 17 日出版的国际权威医学刊物《新英格兰医学杂志》刊登了中国疾控中心的这一最新研究成果。这是国际上首次发现这一布尼亚科病毒。目前，该病毒被命名为发热伴血小板减少综合征布尼亚病毒（SFTSV），简称新布尼亚病毒。

除以上几种典型病原之外，其他如马鼻疽杆菌（B. mallei）、布鲁斯氏杆菌（Brucella sp.）、产气荚膜梭菌（Clostredum perfringens）等都可能成为潜在的传染性疾病病原。

　　目前，分子生物学的手段进一步的应用到此类病原的研究中，有些国家试图用基因工程的手段改造获得烈性传染性病原。主要的设想有：

　　（1）引入耐药性基因，使病原对抗生素耐受性增强。

　　（2）将毒力基因引入另一宿主细胞，利用这一宿主细胞混入人体。

　　（3）将不同来源的病原毒力基因混合，共转化到另一宿主细胞中等。

　　预防此类病原引起的传染性疾病，关键是要注意食水的清洁与消毒；环境的排查，切断病原传染的中间宿主环节；及时对染病患者进行隔离和病原确诊；继之以正确的治疗方案。切忌恐慌，应做到组织有序，积极应对。

思考题

一、名词解释

生物武器　　生物恐怖

二、问答题

1. 生物武器的特点有哪些？

2. 生物战剂施放方式有哪些？

附录一　学习本课程推荐浏览网站

1. 中国国家生物安全网

2. 中国国家生物安全信息交换所

3. 中国生物安全信息网

4. 中国生物入侵信息网

5. 中国生物入侵网

6. 中国转基因食品安全网

7. 中国生物技术信息网

8. 中国生物科技安全网

9. 中国公共卫生安全网

10. 转基因产品成分检测

11. 转基因生物信息网

12. 生物安全网

13. IUCN 世界自然保护联盟

14. 澳大利亚转基因生物环境安全管理网站

15. 澳大利亚转基因食品安全管理网站

16. 欧盟转基因生物田间试验数据网

17. 欧盟转基因食用安全数据网

18. 印度生物技术局

19. 国际转基因生物信息港

20. 世界卫生组织生物安全（WHO about Biotechnology）

21. 加拿大生物技术之声

22. 欧洲食品安全管理局（EFSA）

23. 国际生命科学研究所营养成分数据网

24. OECD 生物技术网

25. 农业生物技术信息网

26. AGBIOS

27. ISAAA

28. 英国政府生物安全管理

29. 加拿大政府生物安全管理

30. 澳大利亚政府生物安全管理

31. 美国政府转基因生物安全管理数据检索

32. 美国政府转基因生物安全管理 FDA

33. 美国政府转基因生物安全管理 EPA

34. American Biological Safety Association

35. Biosafety Guidelines and Regulation in the Asia-Pacific Region

36. Belgian Biosafety Server

37. International Center for Genetic Engineering & Biotechnology-ICGEBNET（Italy）

38. IUCN/SSC Invasive Species Specialist Group （ISSG）

附录二　基因工程安全管理办法

国家科委
基因工程安全管理办法
1993 年 12 月 24 日，国家科学技术委员会

第一章　总　则

第一条　为了促进我国生物技术的研究与开发，加强基因工程工作的安全管理，保障公众和基因工程工作人员的健康，防止环境污染，维护生态平衡，制定本办法。

第二条　本办法所称基因工程，包括利用载体系统的重组体 DNA 技术，以及利用物理或者化学方法把异源 DNA 直接导入有机体的技术。但不包括下列遗传操作：

（一）细胞融合技术，原生质体融合技术；

（二）传统杂交繁殖技术；

（三）诱变技术，体外受精技术，细胞培养或者胚胎培养技术。

第三条　本办法适用于在中华人民共和国境内进行的一切基因工程工作，包括实验研究、中间试验、工业化生产以及遗传工程体释放和遗传工程产品使用等。

从国外进口遗传工程体，在中国境内进行基因工程工作的，应当遵守本办法。

第四条　国家科学技术委员会主管全国基因工程安全工作，成立全国基因工程安全委员会，负责基因工程安全监督和协调。

国务院有关行政主管部门依照有关规定，在各自的职责范围内对基因工程工作进行安全管理。

第五条　基因工程工作安全管理实行安全等级控制、分类归口审批制度。

第二章　安全等级和安全性评价

第六条　按照潜在危险程度，将基因工程工作分为四个安全等级：

安全等级 Ⅰ，该类基因工程工作对人类健康和生态环境尚不存在危险；

安全等级 Ⅱ，该类基因工程工作对人类健康和生态环境具有低度危险；

安全等级 Ⅲ，该类基因工程工作对人类健康和生态环境具有中度危险；

安全等级 Ⅳ，该类基因工程工作对人类健康和生态环境具有高度危险。

第七条 各类基因工程工作的安全等级的技术标准和环境标准，由国务院有关行政主管部门制定，并报全国基因工程安全委员会备案。

第八条 从事基因工程工作的单位，应当进行安全性评价，评估潜在危险，确定安全等级，制定安全控制方法和措施。

第九条 从事基因工程实验研究，应当对 DNA 供体、载体、宿主及遗传工程体进行安全性评价。安全性评价重点是目的基因、载体、宿主和遗传工程体的致病性、致癌性、抗药性、转移性和生态环境效应，以及确定生物控制和物理控制等级。

第十条 从事基因工程中间试验或者工业化生产，应当根据所用遗传工程体的安全性评价，对培养、发酵、分离和纯化工艺过程的设备和设施的物理屏障进行安全性鉴定，确定中间试验或者工业化生产的安全等级。

第十一条 从事遗传工程体释放，应当对遗传工程体安全性、释放目的、释放地区的生态环境、释放方式、监测方法和控制措施进行评价，确定释放工作的安全等级。

第十二条 遗传工程产品的使用，应当经过生物学安全检验，进行安全性评价，确定遗传工程产品对公众健康和生态环境可能产生的影响。

第三章 申报和审批

第十三条 从事基因工程工作的单位，应当依据遗传工程产品适用性质和安全等级，分类分级进行申报，经审批同意后方能进行。

第十四条 基因工程实验研究，属于安全等级 Ⅰ 和 Ⅱ 的工作，由本单位行政负责人批准；属于安全等级 Ⅲ 的工作，由本单位行政负责人审查，报国务院有关行政主管部门批准；属于安全等级 Ⅳ 的工作，经国务院有关行政主管部门审查，报全国基因工程安全委员会批准。

第十五条 基因工程中间试验，属于安全等级 Ⅰ 的工作，由本单位行政负责人批准；属于安全等级 Ⅱ 的工作，报国务院有关行政主管部门批准；属于安全等级 Ⅲ 的工作，由国务院有关行政主管部门审批；并报全国基因工程安全委员会备案；属于安全等级 Ⅳ 的工作，由国务院有关行政主管部门审查，报全国基因工程安全委员会批准。

▷▷▷▷▷▷

第十六条　基因工程工业化生产、遗传工程体释放和遗传工程产品使用，属于安全等级Ⅰ至Ⅱ的工作，由国务院有关行政主管部门审批，并报全国基因工程安全委员会备案；属于安全等级Ⅳ的工作，由国务院有关行政主管部门审查，报全国基因工程安全委员会批准。

第十七条　从事基因工程工作的单位应当履行下列申报手续：

（一）项目负责人对从事的基因工程工作进行安全性评价，并填报申请书；

（二）本单位学术委员会对申报资料进行技术审查；

（三）上报申请书及提交有关技术资料。

第十八条　凡符合下列各项条件的基因工程工作，应当予以批准，并签发证明文件：

（一）不存在对申报的基因工程工作安全性评价的可靠性产生怀疑的事实；

（二）保证所申报的基因工程工作按照安全等级的要求，采取与现有科学技术水平相适应的安全控制措施，判断不会对公众健康和生态环境造成严重危害；

（三）项目负责人和工作人员具备从事基因工程工作所必需的专业知识和安全操作知识，能承担本办法规定的义务；

（四）符合国家有关法律、法规规定。

第四章　安全控制措施

第十九条　从事基因工程工作的单位，应当根据安全等级，确定安全控制方法，制定安全操作规则。

第二十条　从事基因工程工作的单位，应当根据安全等级，制定相应治理废弃物的安全措施。排放之前应当采取措施使残留遗传工程体灭活，以防止扩散和污染环境。

第二十一条　从事基因工程工作的单位，应当制定预防事故的应急措施，并将其列入安全操作规则。

第二十二条　遗传工程体应当储存在特定设备内。储放场所的物理控制应当与安全等级相适应。

安全等级Ⅳ的遗传工程体储放场所，应当指定专人管理。

从事基因工程工作的单位应当编制遗传工程体的储存目录清单，以备核查。

第二十三条　转移或者运输的遗传工程体应当放置在与其安全等级相适应的容器内，严格遵守国家有关运输或者邮寄生物材料的规定。

第二十四条　从事基因工程工作的单位和个人必须认真做好安全监督记

录。安全监督记录保存期不得少于十年，以备核查。

第二十五条　因基因工程工作发生损害公众健康或者环境污染事故的单位，必须及时采取措施，控制损害的扩大，并向有关主管部门报告。

第五章　法律责任

第二十六条　有下列情况之一的，由有关主管部门视情节轻重分别给予警告、责令停止工作、停止资助经费、没收非法所得的处罚：

（一）未经审批，擅自进行基因工程工作的；

（二）使用不符合规定的装置、仪器、试验室等设施的；

（三）违反基因工程工作安全操作规则的；

（四）违反本办法其他规定的。

第二十七条　审批机关工作人员玩忽职守、徇私舞弊，由所在单位或者其上级主管部门对直接责任人员给予行政处分。情节严重，构成犯罪的，依法追究刑事责任。

第二十八条　违反本办法的规定，造成下列情况之一的。负有责任的单位必须立即停止损害行为，并负责治理污染、赔偿有关损失；情节严重，构成犯罪的，依法追究直接责任人员的刑事责任：

（一）严重污染环境的；

（二）损害或者影响公众健康的；

（三）严重破坏生态资源、影响生态平衡的。

第二十九条　审批机构的工作人员和参与审查的专家负有为申报者保守技术秘密的责任。

第六章　附　则

第三十条　本办法所用术语的含义是：

（一）DNA，系脱氧核糖核酸的英文名词缩写，是储存生物遗传信息的遗传物质。

（二）基因，系控制生物性状的遗传物质的功能和结构单位，是具有遗传信息的 DNA 片段。

（三）目的基因，系指以修饰宿主细胞遗传组成并表达其遗传效应为目的异源 DNA 片段。

▷▷▷▷▷

（四）载体，系指具有运载异源 DNA 进入宿主细胞和自我复制能力的 DNA 分子。

（五）宿主细胞，系指被导入重组 DNA 分子的细胞。宿主细胞又称受体细胞。

（六）重组 DNA 分子，系指由异源 DNA 与载体 DNA 组成的杂种 DNA 分子。

（七）有机体，系指能够繁殖或者能够传递遗传物质的活细胞或者生物体。

（八）重组体，系指因自然因素或者用人工方法导入异源 DNA 改造其遗传组成的机体。

（九）变异体，系指因自然或者人工因素导致其遗传物质变化的有机体。

（十）重组体 DNA 技术，系指利用载体系统人工修饰有机体遗传组成的技术，即在体外通过酶的作用将异源 DNA 与载体 DNA 重组，并将该重组 DNA 分子导入宿主细胞内，以扩增异源 DNA 并实现其功能表达的技术。

（十一）遗传工程体，系指利用基因工程的遗传操作获得的有机体，包括遗传工程动物、遗传工程植物和遗传工程微生物。

下列变异体和重组体不属于本办法所称遗传工程体：用细胞融合或者原生质体融合技术获得的生物；传统杂交繁殖技术获得的动物和植物；物理化学因素诱变技术其遗传组成的生物；以及染色体结构畸变和数目畸变的生物。

（十二）遗传工程产品，系指含有遗传工程体、遗传工程体成分或者遗传工程体目的基因表达产物的产品。

（十三）基因工程实验研究，系指在控制系统内进行的实验室规模的基因工程研究工作。

（十四）基因工程中间试验，系指把基因工程实验研究成果和遗传工程体应用于工业化生产（生产定型和鉴定）之前，旨在验证、补充相关数据，确定、完善技术规范（产品标准和工艺规程）或者解决扩大生产关键技术，在控制系统内进行的试验或者试生产。

（十五）基因工程工业化生产，系指利用遗传工程体，在控制系统内进行医药、农药、兽药、饲料、肥料、食品、添加剂、化工原料等商业化规模生产，亦包括利用遗传工程进行冶金、采油和处理废物的工艺过程。

（十六）遗传工程体释放，系指遗传工程体在开放系统内进行研究、生产和应用，包括将遗传工程体施用于田间、牧场、森林、矿床和水域等自然生态系统中。

（十七）遗传工程产品使用，系指遗传工程产品投放市场销售或者供人们应用。

（十八）控制系统，系指通过物理控制和生物控制建立的操作体系。

物理控制，系指利用设备的严密封闭、设施的特殊设计和安全操作，使有潜在危险的 DNA 供体、载体和宿主细胞或者遗传工程体向环境扩散减少到最低限度。

生物控制，系指利用遗传修饰，使有潜在危险的载体和宿主细胞在控制系统外的存活、繁殖和转移能力降低到最低限度。

不具备上述控制条件的操作体系，称为开放系统。

第三十一条 国务院有关行政主管部门按照本办法的规定，在各自的职责范围内制定实施细则。

第三十二条 本办法由国家科学技术委员会解释。

第三十三条 本办法自发布之日起施行。

▷▷▷▷▷▷

附录三　生物安全实验室良好工作行为指南

1　引　言

本附录旨在帮助生物安全实验室制定专用的良好操作规程。实验室应牢记，本附录的内容不一定满足或适用于特定的实验室或特定的实验室活动，应根据各实验室的风险评估结果制定适用的良好操作规程。

2　生物安全实验室标准的良好工作行为

2.1　建立并执行准入制度。所有进入人员要知道实验室的潜在危险，符合实验室的进入规定。

2.2　确保实验室人员在工作地点可随时得到生物安全手册。

2.3　建立良好的内务规程。对个人日常清洁和消毒进行要求，如洗手、淋浴（适用时）等。

2.4　规范个人行为。在实验室工作区不要饮食、抽烟、处理隐形眼镜、使用化妆品、存放食品等；工作前，掌握生物安全实验室标准的良好操作规程。

2.5　正确使用适当的个体防护装备，如手套、护目镜、防护服、口罩、帽子、鞋等。个体防护装备在工作中发生污染时，要更换后才能继续工作。

2.6　戴手套工作。每当污染、破损或戴一定时间后，更换手套；每当操作危险性材料的工作结束时，除去手套并洗手；离开实验间前，除去手套并洗手。严格遵守洗手的规程。不要清洗或重复使用一次性手套。

2.7　如果有可能发生微生物或其他有害物质溅出，要佩戴防护眼镜。

2.8　存在空气传播的风险时需要进行呼吸防护，用于呼吸防护的口罩在使用前要进行适配性试验。

2.9　工作时穿防护服。在处理生物危险材料时，穿着适用的指定防护服。离开实验室前按程序脱下防护服。用完的防护服要消毒灭菌后再洗涤。工作用鞋要防水、防滑、耐扎、舒适，可有效保护脚部。

2.10　安全使用移液管，要使用机械移液装置。

2.11　配备降低锐器损伤风险的装置和建立操作规程。在使用锐器时要注意：

（1）不要试图弯曲、截断、破坏针头等锐器，不要试图从一次性注射器上取下针头或套上针头护套。必要时，使用专用的工具操作；

（2）使用过的锐器要置于专用的耐扎容器中，不要超过规定的盛放容量；

（3）重复利用的锐器要置于专用的耐扎容器中，采用适当的方式消毒灭菌和清洁处理；

（4）不要试图直接用手处理打破的玻璃器具等，尽量避免使用易碎的器具。

2.12　按规程小心操作，避免发生溢洒或产生气溶胶，如不正确的离心操作、移液操作等。

2.13　在生物安全柜或相当的安全隔离装置中进行所有可能产生感染性气溶胶或飞溅物的操作。

2.14　工作结束或发生危险材料溢洒后，要及时使用适当的消毒灭菌剂对工作表面和被污染处进行处理。

2.15　定期清洁实验室设备。必要时使用消毒灭菌剂清洁实验室设备。

2.16　不要在实验室内存放或养与工作无关的动植物。

2.17　所有生物危险废物在处置前要可靠消毒灭菌。需要运出实验室进行消毒灭菌的材料，要置于专用的防漏容器中运送，运出实验室前要对容器进行表面消毒灭菌处理。

2.18　从实验室内运走的危险材料，要按照国家和地方或主管部门的有关要求进行包装。

2.19　在实验室入口处设置生物危险标识。

2.20　采取有效的防昆虫和啮齿类动物的措施，如防虫纱网、挡鼠板等。

2.21　对实验室人员进行上岗培训并评估与确认其能力。需要时，实验室人员要接受再培训，如长期未工作、操作规程或有关政策发生变化等。

2.22　制定有关职业禁忌症、易感人群和监督个人健康状态的政策。必要时，为实验室人员提供免疫计划、医学咨询或指导。

3　生物安全实验室特殊的良好工作行为

3.1　经过有控制措施的安全门才能进入实验室，记录所有人员进出实验室的日期和时间并保留记录。

3.2　定期采集和保存实验室人员的血清样本。

3.3　只要可行，为实验室人员提供免疫计划、医学咨询或指导。

3.4　正式上岗前实验室人员需要熟练掌握标准的和特殊的良好工作行为及微生物操作技术和操作规程。

3.5　正确使用专用的个体防护装备，工作前先做培训、个体适配性测试和

▶▶▶▶▶▶

检查，如对面具、呼气防护装置、正压服等的适配性测试和检查。

3.6　不要穿个人衣物和佩戴饰物进入实验室防护区，离开实验室前淋浴。用过的实验防护服按污染物处理，先消毒灭菌再洗涤。

3.7　Ⅲ级生物安全柜的手套和正压服的手套有破损的风险，为了防止意外感染事件，需要另戴手套。

3.8　定期消毒灭菌实验室设备。仪器设备在修理、维护或从实验室内移出以前，要进行消毒灭菌处理。消毒人员要接受专业的消毒灭菌培训，使用专用个体防护装备和消毒灭菌设备。

3.9　如果发生可能引起人员暴露感染性物质的事件，要立即报告和进行风险评估，并按照实验室安全管理体系的规定采取适当的措施，包括医学评估、监护和治疗。

3.10　在实验室内消毒灭菌所有的生物危险废物。

3.11　如果需要从实验室内运出具有活性的生物危险材料，要按照国家和地方或主管部门的有关要求进行包装，并对包装进行可靠的消毒灭菌，如采用浸泡、熏蒸等方式消毒灭菌。

3.12　包装好的具有活性的生物危险物除非采用经确认有效的方法灭活后，不要在没有防护的条件下打开包装。如果发现包装有破损，立即报告，由专业人员处理。

3.13　定期检查防护设施、防护设备、个体防护装备，特别是带生命维持系统的正压服。

3.14　建立实验室人员就医或请假的报告和记录制度，评估是否与实验室工作相关。

3.15　建立对怀疑或确认发生实验室获得性感染的人员进行隔离和医学处理的方案并保证必要的条件（如隔离室等）。

3.16　只将必需的仪器装备运入实验室内。所有运入实验室的仪器装备，在修理、维护或从实验室内移出以前要彻底消毒灭菌，比如生物安全柜的内外表面以及所有被污染的风道、风扇及过滤器等均要采用经确认有效的方式进行消毒灭菌，并监测和评价消毒灭菌效果。

3.17　利用双扉高压锅、传递窗、渡槽等传递物品。

3.18　制定应急程序，包括可能的紧急事件和急救计划，并对所有相关人员培训和进行演习。

4　动物生物安全实验室的良好工作行为

4.1　适用时，执行生物安全实验室的标准或特殊良好工作行为。

4.2　实验前了解动物的习性，咨询动物专家并接受必要的动物操作的培训。

4.3　开始工作前，实验人员（包括清洁人员、动物饲养人员、实验操作人员等）要接受足够的操作训练和演练，应熟练掌握相关的实验动物和微生物操作规程和操作技术，动物饲养人员和实验操作人员要有实验动物饲养或操作上岗合格证书。

4.4　将实验动物饲养在可靠的专用笼具或防护装置内，如负压隔离饲养装置（需要时排风要通过 HEPA 过滤器排出）等。

4.5　考虑工作人员对动物的过敏性和恐惧心理。

4.6　动物饲养室的入口处设置醒目的标识并实行严格的准入制度，包括物理门禁措施（如：个人密码和生物学识别技术等）。

4.7　个体防护装备还要考虑方便操作和耐受动物的抓咬和防范分泌物喷射等，要使用专用的手套、面罩、护目镜、防水围裙、防水鞋等。

4.8　操作动物时，要采用适当的保定方法或装置来限制动物的活动性，不要试图用人力强行制服动物。

4.9　只要可能，限制使用针头、注射器或其他锐器，尽量使用替代的方案，如改变动物染毒途径等。

4.10　操作灵长类和大型实验动物时，需要操作人员已经有非常熟练的工作经验。

4.11　时刻注意是否有逃出笼具的动物；濒临死亡的动物及时妥善处理。

4.12　不要试图从事风险不可控的动物操作。

4.13　在生物安全柜或相当的隔离装置内从事涉及产生气溶胶的操作，包括更换动物的垫料、清理排泄物等。如果不能在生物安全柜或相当的隔离装置内进行操作，要组合使用个体防护装备和其他的物理防护装置。

4.14　选择适用于所操作动物的设施、设备、实验用具等，配备专用的设备消毒灭菌和清洗设备，培训专业的消毒灭菌和清洗人员。

4.15　从事高致病性生物因子感染的动物实验活动，是极为专业和风险高的活动，实验人员必须参加针对特定活动的专门培训和演练（包括完整的感染动物操作过程、清洁和消毒灭菌、处理意外事件等），而且要定期评估实验人员的能力，包括管理层的能力。

4.16　只要可能，尽量不使用动物。

5　生物安全实验室的清洁

5.1　由受过培训的专业人员按照专门的规程清洁实验室。外雇的保洁人

▶▶▶▶▶

员可以在实验室消毒灭菌后负责清洁地面和窗户（高级别生物安全实验室不适用）。

5.2　保持工作表面的整洁。每天工作完后都要对工作表面进行清洁并消毒灭菌。宜使用可移动或悬挂式的台下柜，以便于对工作台下方进行清洁和消毒灭菌。

5.3　定期清洁墙面，如果墙面有可见污物时，及时进行清洁和消毒灭菌。不宜无目的或强力清洗，避免破坏墙面。

5.4　定期清洁易积尘的部位，不常用的物品最好存放在抽屉或箱柜内。

5.5　清洁地面的时间视工作安排而定，不在日常工作时间做常规清洁工作。清洗地板最常用的工具是浸有清洁剂的湿拖把；家用型吸尘器不适用于生物安全实验室使用；不要使用扫帚等扫地。

5.6　可以用普通废物袋收集塑料或纸制品等非危险性废物。

5.7　用专用的耐扎容器收集带针头的注射器、碎玻璃、刀片等锐利性废弃物。

5.8　用专用的耐高压蒸汽消毒灭菌的塑料袋收集任何具有生物危险性或有潜在生物危险性的废物。

5.9　根据废弃物的特点选用可靠的消毒灭菌方式，比如是否包含基因改造生物、是否混有放射性等其他危险物、是否易形成胶状物堵塞灭菌器的排水孔等，要监测和评价消毒灭菌效果。

附录四　实验室生物危险物质溢洒处理指南

1　引　言

本附录旨在为实验室制定生物危险物质溢洒处理程序提供参考。溢洒在本附录中指包含生物危险物质的液态或固态物质意外地与容器或包装材料分离的过程。实验室人员熟悉生物危险物质溢洒处理程序、溢洒处理工具包的使用方法和存放地点对降低溢洒的危害非常重要。

本附录描述了实验室生物危险物质溢洒的常规处理方法，实验室需要根据其所操作的生物因子，制定专用的程序。如果溢洒物中含有放射性物质或危险性化学物质，则应使用特殊的处理程序。

2　溢洒处理工具包

2.1　基础的溢洒处理工具包通常包括：

（1）对感染性物质有效的消毒灭菌液，消毒灭菌液需要按使用要求定期配制；

（2）消毒灭菌液盛放容器；

（3）镊子或钳子、一次性刷子、可高压的扫帚和簸箕，或其他处理锐器的装置；

（4）足够的布巾、纸巾或其他适宜的吸收材料；

（5）用于盛放感染性溢洒物以及清理物品的专用收集袋或容器；

（6）橡胶手套；

（7）面部防护装备，如面罩、护目镜、一次性口罩等；

（8）溢洒处理警示标识，如"禁止进入"、"生物危险"等；

（9）其他专用的工具。

2.2　明确标示出溢洒处理工具包的存放地点。

3　撤离房间

3.1　发生生物危险物质溢洒时，立即通知房间内的无关人员迅速离开，在

➤➤➤➤➤

撤离房间的过程中注意防护气溶胶。关门并张贴"禁止进入"、"溢洒处理"的警告标识，至少 30 min 后方可进入现场处理溢洒物。

3.2 撤离人员按照离开实验室的程序脱去个体防护装备，用适当的消毒灭菌剂和水清洗所暴露皮肤。

3.3 如果同时发生了针刺或扎伤，可以用消毒灭菌剂和水清洗受伤区域，挤压伤处周围以促使血往伤口外流；如果发生了黏膜暴露，至少用水冲洗暴露区域 15 min。立即向主管人员报告。

3.4 立即通知实验室主管人员。必要时，由实验室主管人员安排专人清除溢洒物。

4 溢洒区域的处理

4.1 准备清理工具和物品，在穿着适当的个体防护装备（如：鞋、防护服、口罩、双层手套、护目镜、呼吸保护装置等）后进入实验室。需要两人共同处理溢洒物，必要时，还需配备一名现场指导人员。

4.2 判断污染程度，用消毒灭菌剂浸湿的纸巾（或其他吸收材料）覆盖溢洒物，小心从外围向中心倾倒适当量的消毒灭菌剂，使其与溢洒物混合并作用一定的时间。应注意按消毒灭菌剂的说明确定使用浓度和作用时间。

4.3 到作用时间后，小心将吸收了溢洒物的纸巾（或其他吸收材料）连同溢洒物收集到专用的收集袋或容器中，并反复用新的纸巾（或其他吸收材料）将剩余物质吸净。破碎的玻璃或其他锐器要用镊子或钳子处理。用清洁剂或消毒灭菌剂清洁被污染的表面。所处理的溢洒物以及处理工具（包括收集锐器的镊子等）全部置于专用的收集袋或容器中并封好。

4.4 用消毒灭菌剂擦拭可能被污染的区域。

4.5 按程序脱去个体防护装备，将暴露部位向内折，置于专用的收集袋或容器中并封好。

4.6 按程序洗手。

4.7 按程序处理清除溢洒物过程中形成的所有废物。

5 生物安全柜内溢洒的处理

5.1 处理溢洒物时不要将头伸入安全柜内，也不要将脸直接面对前操作口，而应处于前视面板的后方。选择消毒灭菌剂时需要考虑其对生物安全柜的腐蚀性。

5.2 如果溢洒的量不足 1 mL 时，可直接用消毒灭菌剂浸湿的纸巾（或其他材料）擦拭。

5.3 如溢洒量大或容器破碎，建议按如下操作：

（1）使生物安全柜保持开启状态；

（2）在溢洒物上覆盖浸有消毒灭菌剂的吸收材料，作用一定时间以发挥消毒灭菌作用。必要时，用消毒灭菌剂浸泡工作表面以及排水沟和接液槽；

（3）在安全柜内对所戴手套消毒灭菌后，脱下手套。如果防护服已被污染，脱掉所污染的防护服后，用适当的消毒灭菌剂清洗暴露部位；

（4）穿好适当的个体防护装备，如双层手套、防护服、护目镜和呼吸保护装置等；

（5）小心将吸收了溢洒物的纸巾（或其他吸收材料）连同溢洒物收集到专用的收集袋或容器中，并反复用新的纸巾（或其他吸收材料）将剩余物质吸净；破碎的玻璃或其他锐器要用镊子或钳子处理；

（6）用消毒灭菌剂擦拭或喷洒安全柜内壁、工作表面以及前视窗的内侧；作用一定时间后，用洁净水擦干净消毒灭菌剂；

（7）如果需要浸泡接液槽，在清理接液槽前要先报告主管人员；可能需要用其他方式消毒灭菌后再进行清理。

5.4 如果溢洒物流入生物安全柜内部，需要评估后采取适用的措施。

6 离心机内溢洒的处理

6.1 在离心感染性物质时，要使用密封管以及密封的转子或安全桶。每次使用前，检查并确认所有密封圈都在位并状态良好。

6.2 离心结束后，至少再等候 5 min 打开离心机盖。

6.3 如果打开盖子后发现离心机已经被污染，立即小心关上。如果离心期间发生离心管破碎，立即关机，不要打开盖子。切断离心机的电源，至少 30min 后开始清理工作。

6.4 穿着适当的个体防护装备，准备好清理工具。必要时，清理人员需要佩戴呼吸保护装置。

6.5 消毒灭菌后小心将转子转移到生物安全柜内，浸泡在适当的非腐蚀性消毒灭菌液内，建议浸泡 60 min 以上。

6.6 小心将离心管转移到专用的收集容器中。一定要用镊子夹取破碎物，可以用镊子夹着棉花收集细小的破碎物。

6.7 通过用适当的消毒灭菌剂擦拭和喷雾的方式消毒灭菌离心转子仓室和其他可能被污染的部位，空气晾干。

6.8 如果溢洒物流入离心机的内部，需要评估后采取适用的措施。

▷▷▷▷▷

7 评估与报告

7.1 对溢洒处理过程和效果进行评估，必要时对实验室进行彻底的消毒灭菌处理和对暴露人员进行医学评估。

7.2 按程序记录相关过程和报告。

参 考 文 献

[1] 朱守一. 生物安全与防止污染[M]. 北京：化学工业出版社，1999.

[2] 曾北危. 转基因生物安全[M]. 北京：化学工业出版社，2004.

[3] 刘谦，朱鑫泉. 生物安全[M]. 北京：科学出版社，2001.

[4] 万方浩，郭建英，张峰，等. 中国入侵生物研究[M]. 北京：科学出版社，
2009.

[5] 徐汝梅，叶万辉. 生物入侵理论与实践[M]. 北京：科学出版社，2003.

[6] 薛达元. 转基因生物安全与管理[M]. 北京：科学出版社，2009.

[7] Ferry，N. and A. M. R. Gatehouse. Environmental impact of genetically
modified crops. CABI Publishing，Wallingford，UK，2009.

[8] Hambleton，P. and T. Salisbury. Biosafety in Industrial Biotechnology.
Springer，2001.

[9] Hilbeck，A.，D.A. Andow and E. M. G. Fontes （eds） Environmental Risk
Assessment of Genetically Modified Organisms Vol. 2：Methodologies for
Assessing Bt Cotton in Brazil. CABI Publishing，Wallingford，UK，2006.

[10] Nentwig，W（ed.）Biological invasions. Springer，2007.

[11] 余丽芸，曹宏伟，王景伟. 生物安全[M]. 哈尔滨：哈尔滨地图出版社，
2006.

[12] 杨昌举，黄灿. 转基因作物商品化生产的潜在生态风险[J]. 自然生态学
报，2001，5：19-21.

[13] Bergelson J，Purrington CB，Wichmann G.Promiscuity in transgenic plants[J].
Nature，1998，395：251.

[14] British crop protection council1 Gene flow and agriculture - relevance for
transgenic crops[M]. The University of Keele，Staffordshire，UK，1999.

[15] Chen Z L. The status of agriculture biotechnology in China[A]. In：The 7th
International Symposiumon the Biosafety of Genetically Modified Organisms[C].
Beijing，China，2002.

▷▷▷▷▷

[16] Barber S.Transgenic plants：field testing and commercialisation including a consideration of novel herbicide resistant oilseed rape（Brassica napus L.）[A]. In British Crop Protection Council（ed.）Proceedings NO.72，Gene Flow and Agriculture Relevance for Transgenic Crops[C]. 1999，3-12.

[17] 张树珍. 农业转基因生物安全[M]. 北京：中国农业出版社，2006.

[18] 俞永霆，李太华，董德祥. 生物安全实验室建设[M]. 北京：化学工业出版社，2006.

[19] 马占鸿. 农业生物安全概论[M]. 北京：中国农业出版社，2009.

[20] Roy，H. and E. Wajnberg. Biological Control to Invasion: Ladybird Harmonia axyridis. Springer，2007.

[21] Nentwig，W（ed.）Biological invasions. Springer，2007.

[22] 杨崇良，路兴波，张君亭. 世界农业转基因生物产品研发及其安全性监管——Ⅱ. 农业转基因生物研究和商品化.山东农业科学：2005，2：66-68.

[23] 毕向阳，杨宁. 转基因动物研究及其安全问题[J]. 中国动物保健，2000（17）：6.

[24] 陈红兵，高金燕. 转基因动物性食品研究进展[J]. 中国乳品工业，2001，29（4）：46-48.

[25] 陈乃用. 转基因食品安全性评价和实质等同性[J]. 中国食物与营养，2004（4）：14-16.

[26] 陈永福. 转基因动物[M]. 北京：科学出版社，2002.

[27] 张然，李宁，等. 转基因动物应用的研究现状与生物安全评价[J].生物产业技术，2010.（3）：48-59.

[28] 潘伟荣，霍金龙，等. 转基因动物的研究进展与应用前景[J]. 畜牧与饲料科学，2008，29（6）：58-61.

[29] van Hemert P. Biosafety aspects of a closed system West-falia-continuous centrifuge. Chemstry and Industry，1982，20：889-891.

[30] Parker J，Smith H M. Design and construction of a free-drier incorporating improved standards of biological safety.Journal of Applied Chemistry and Biotechnology，1972，22：925-932.

[31] Weibel E K. Biological safety considerations in the production of health care products from recombinant organisms Biotechology Advances，1994，12：525-538.

[32] 袁朝森. 化学消毒剂研究进展. 中国消毒学杂志，1992，7（2）：98-104.

[33] 李进. 消毒剂二氧化氯研究进展. 中国消毒学杂志，1997，14（1）：24-28.

[34] Georgio R J，Wu J J.Design of large scale contamment facilities for recombinant DNA fermentations.Trends in Biotech，1986，3：60-65.

[35] 周永春，刘谦，徐庆毅. 迈向二十一世纪的生物技术产业[M]. 北京：学苑出版社，1999.

[36] 胡志远，贺福初. 蛋白质组研究进展[J]. 生物化学与生物物理进展，26：202.

[37] 中华人民共和国科学技术委员会. 基因工程安全管理办法，1993.

[38] 中华人民共和国国家质量监督检验检疫总局，中国国家标准化管理委员会. GB 19489—2008 实验室生物安全通用要求.

[39] 叶星，田园园，高风英. 转基因鱼的研究进展与商业化前景[J]. 遗传，2011，（05）.

[40] 张海明，金田译. 生物恐怖：21 世纪的战争. 杭州：浙江文艺出版社，2005.

[41] 于新华，杨清镇. 生物武器与战争. 北京：国防工业出版社，1997.

[42] 罗端德. 病毒性出血热. 北京：人民卫生出版社，2009.

[43] Woodrow. B. anthraci forms,symptoms and treatment. Nurs Stand，2003，17（48）：33-37.

[44] 黄培堂，沈倍奋. 生物恐怖防御. 北京：科学出版社，2005.

[45] 马占鸿. 农业生物安全概论. 北京：中国农业大学出版社，2009.